中 等 职 业 学 校 计 算 机 系 列 教 材

zhongdeng zhiye xuexiao jisuanji xilie jiaocai

可视化编程应用
——Visual Basic 6.0

（第3版）

◎ 高长铎 丁倩 主编

◎ 张玉堂 刘艳 李天全 副主编

U0650771

人民邮电出版社

北 京

图书在版编目（ＣＩＰ）数据

可视化编程应用：Visual Basic 6.0 / 高长铎，丁
倩主编. -- 3版. -- 北京：人民邮电出版社，2012.8（2018.8重印）
中等职业学校计算机系列教材
ISBN 978-7-115-27826-5

Ⅰ．①可… Ⅱ．①高… ②丁… Ⅲ．①
BASIC语言－程序设计－中等专业学校－教材 Ⅳ.
①TP312

中国版本图书馆CIP数据核字(2012)第130883号

内 容 提 要

本书详细介绍了使用 Visual Basic 6.0 进行可视化编程的基础知识和操作方法，帮助读者建立起可视化编程的思想，使之具备使用可视化编程语言进行程序设计的能力。

全书分为 12 章，内容主要包括 Visual Basic 6.0 的集成开发环境、编程基础、标准控件的使用、菜单与工具栏的设计、图形处理、文件管理、数据库编程等。

本书每章都围绕一个经典的案例，介绍相关的基础知识和操作方法，使学生能够在用中学、学中用。全书框架清晰、结构紧凑、难易分明，既方便教师讲授，又便于学生理解掌握。每章的案例力求经典实用，知识讲解的例子力求贴切充实，内容叙述力求通俗易懂。

本书适合作为中等职业学校"可视化编程应用"课程的教材，也可作为 Visual Basic 6.0 初学者的自学参考书和相关计算机工作者的参考用书。

◆ 主　编　高长铎　丁　倩

　副主编　张玉堂　刘　艳　李天全

　责任编辑　王　平

◆ 人民邮电出版社出版发行　　北京市丰台区成寿寺路 11 号
　邮编　100164　电子邮件　315@ptpress.com.cn
　网址　http://www.ptpress.com.cn
　固安县铭成印刷有限公司印刷

◆ 开本：787×1092　1/16
　印张：16　　　　　　　　　2012 年 8 月第 3 版
　字数：387 千字　　　　　　2018 年 8 月河北第 8 次印刷

ISBN 978-7-115-27826-5

定价：30.00 元

读者服务热线：(010)81055256　印装质量热线：(010)81055316
反盗版热线：(010) 81055315
广告经营许可证：京东工商广登字 20170147 号

中等职业学校计算机系列教材编委会

中等职业教育是我国职业教育的重要组成部分，中等职业教育的培养目标定位于具有综合职业能力，在生产、服务、技术和管理第一线工作的高素质的劳动者。

随着我国职业教育的发展，教育教学改革的不断深入，由国家教育部组织的中等职业教育新一轮教育教学改革已经开始。根据教育部颁布的《教育部关于进一步深化中等职业教育教学改革的若干意见》的文件精神，坚持以就业为导向、以学生为本的原则，针对中等职业学校计算机教学思路与方法的不断改革和创新，人民邮电出版社精心策划了《中等职业学校计算机系列教材》。

本套教材注重中职学校的授课情况及学生的认知特点，在内容上加大了与实际应用相结合案例的编写比例，突出基础知识、基本技能。为了满足不同学校的教学要求，本套教材中的 3 个系列，分别采用 3 种教学形式编写。

- 《中等职业学校计算机系列教材——项目教学》：采用项目任务的教学形式，目的是提高学生的学习兴趣，使学生在积极主动地解决问题的过程中掌握就业岗位技能。
- 《中等职业学校计算机系列教材——精品系列》：采用典型案例的教学形式，力求在理论知识"够用为度"的基础上，使学生学到实用的基础知识和技能。
- 《中等职业学校计算机系列教材——机房上课版》：采用机房上课的教学形式，内容体现在机房上课的教学组织特点，学生在边学边练中掌握实际技能。

为了方便教学，我们免费为选用本套教材的老师提供教学辅助资源，教师可以登录人民邮电出版社教学服务与资源网（http://www.ptpedu.com.cn）下载相关资源，内容包括如下。

- 教材的电子课件。
- 教材中所有案例素材及案例效果图。
- 教材的习题答案。
- 教材中案例的源代码。

在教材使用中有什么意见或建议，均可直接与我们联系，电子邮件地址是 wangping@ptpress.com.cn。

中等职业学校计算机系列教材编委会

2012 年 3 月

前　言

　　本书主要面向中等职业学校广大学生，因此在内容的安排上尽量做到精简，在叙述上尽量做到通俗易懂，循序渐进地向学生讲授如何使用 Visual Basic 6.0 来进行可视化编程。

　　本书以 Visual Basic 6.0 为蓝本，详细介绍了使用 Visual Basic 进行可视化编程的基础知识、操作方法，帮助学生建立起可视化编程的思想，熟练掌握可视化编程的方法。

　　本书每章都以一个经典的案例贯穿相关的知识和内容，主要由以下几个部分组成。

- ❖ 案例功能：给出了本章所要实现案例的程序界面和功能要求。使学生了解，通过本章的学习，能够使用 Visual Basic 6.0 做什么。

- ❖ 学习目标：罗列出本章的主要学习内容。使学生了解，要完成本章的案例，需要掌握哪些知识。

- ❖ 预备知识：详细介绍完成本章的案例所需要的基础知识。使学生有针对性地学习 Visual Basic 6.0 的基础知识。

- ❖ 案例实现：将精心准备的案例逐步地做出来。通过案例的实现，使学生进一步掌握相关的知识。同时还对案例进行了拓展，让学生能够举一反三，触类旁通。

- ❖ 知识扩展：在每个案例完成后，介绍案例的引申内容及概念，扩展学生的视野。

- ❖ 习题：在每章内容结束后都准备了一组习题，包括选择题、填空题和上机练习题，以检验学生的学习效果。

　　全书框架清晰、结构紧凑、难易分明，既方便教师讲授，又便于学生理解掌握。每章的案例力求经典实用、知识讲解的例子力求贴切充实、内容叙述力求通俗易懂。

　　为方便教师授课，我们免费提供了本书的 PPT 课件及素材，教师可登录人民邮电出版社教学服务与资源网（www.ptpedu.com.cn）下载资源。

　　本书由高长铎、丁倩任主编，张玉堂、刘艳、李天全任副主编，参加本书编写工作的还有沈精虎、黄业清、宋一兵、谭雪松、向先波、冯辉、计晓明、董彩霞、滕玲、管振起等。由于编者水平有限，书中难免存在疏漏之处，敬请各位读者指正。

编者

2012 年 3 月

目　录

第1章　创建简单的应用程序 ………… 1

1.1　预备知识 ………………………… 1

　1.1.1　VB 6.0 的集成开发环境 …… 1

　1.1.2　VB 6.0 创建应用程序的
　　　　　步骤 ………………………… 5

　1.1.3　VB 6.0 的字符串类型、常
　　　　　量和变量 …………………… 7

　1.1.4　VB 6.0 数据的输入和输出 … 10

　1.1.5　VB 6.0 的赋值语句和注释
　　　　　语句 ……………………… 11

　1.1.6　VB 6.0 的程序结构 ……… 12

1.2　案例的实现 …………………… 14

　1.2.1　案例解析 ………………… 14

　1.2.2　操作步骤 ………………… 15

　1.2.3　案例拓展 ………………… 17

1.3　知识扩展 ……………………… 17

　1.3.1　Visual Basic 的发展过程 … 17

　1.3.2　Visual Basic 的特点 …… 18

小结 ………………………………… 19

习题 ………………………………… 19

第2章　求点到直线的距离 ………… 22

2.1　预备知识 ……………………… 22

　2.1.1　控件的添加、删除和设置 … 23

　2.1.2　标签、文本框和命令按钮 … 25

　2.1.3　数值的数据类型、常量和
　　　　　变量 ……………………… 27

　2.1.4　算术运算、数学函数和
　　　　　算术表达式 ……………… 29

　2.1.5　赋值语句的特点 ………… 33

2.2　案例的实现 …………………… 35

　2.2.1　案例解析 ………………… 35

　2.2.2　操作步骤 ………………… 36

　2.2.3　案例拓展 ………………… 38

2.3　知识扩展 ……………………… 38

　2.3.1　符号常量 ………………… 39

　2.3.2　对象的概念 ……………… 40

小结 ………………………………… 40

习题 ………………………………… 40

第3章　检验与分析日期 …………… 42

3.1　预备知识 ……………………… 42

　3.1.1　布尔类型、布尔常量和
　　　　　布尔变量 ………………… 42

　3.1.2　关系运算和关系表达式 … 44

　3.1.3　常用逻辑运算和逻辑
　　　　　表达式 …………………… 45

　3.1.4　选择结构的语句 ………… 48

3.2　案例的实现 …………………… 52

　3.2.1　案例解析 ………………… 52

　3.2.2　操作步骤 ………………… 54

　3.2.3　案例拓展 ………………… 56

3.3　知识扩展 ……………………… 56

　3.3.1　其他逻辑运算 …………… 57

　3.3.2　窗体的 Print 方法 ……… 57

小结 ………………………………… 59

习题 ………………………………… 59

第4章　查找素数 …………………… 61

4.1　预备知识 ……………………… 61

　4.1.1　For_Next 循环语句 …… 61

　4.1.2　Do_Loop 循环语句 …… 65

　4.1.3　循环的嵌套 ……………… 70

4.2　案例的实现 …………………… 73

　4.2.1　案例解析 ………………… 73

　4.2.2　操作步骤 ………………… 75

4.2.3 案例拓展 ················ 76
4.3 知识扩展 ·················· 77
4.3.1 Exit For 与 Exit Do 语句 ·· 78
4.3.2 工程与模块的概念 ······ 79
小结 ·························· 80
习题 ·························· 80

第5章 统计随机数 ············· 82
5.1 预备知识 ················· 82
5.1.1 Rnd()函数 ············· 82
5.1.2 数组的概念 ············ 83
5.1.3 一维数组 ·············· 84
5.1.4 二维数组 ·············· 89
5.2 案例的实现 ·············· 93
5.2.1 案例解析 ·············· 93
5.2.2 操作步骤 ·············· 96
5.2.3 案例拓展 ·············· 97
5.3 知识扩展 ················· 98
5.3.1 动态数组 ·············· 99
5.3.2 有关数组的函数 ······· 100
小结 ························· 101
习题 ························· 101

第6章 求分数的和 ············ 103
6.1 预备知识 ················ 103
6.1.1 Sub 过程 ············· 103
6.1.2 Function 过程 ········· 108
6.1.3 参数的传递方式 ······· 113
6.2 案例的实现 ············· 115
6.2.1 案例解析 ············· 115
6.2.2 操作步骤 ············· 116
6.2.3 案例拓展 ············· 118
6.3 知识扩展 ················ 119
6.3.1 静态变量 ············· 119
6.3.2 变量的作用域 ········· 120
小结 ························· 123
习题 ························· 123

第7章 显示字体效果 ·········· 125
7.1 预备知识 ···············126

7.1.1 单选按钮、复选框和框架
控件 ·················· 126
7.1.2 列表框和组合框控件 ···· 128
7.1.3 控件的字体属性 ········ 130
7.2 案例的实现 ············· 131
7.2.1 案例解析 ············· 131
7.2.2 操作步骤 ············· 132
7.2.3 案例拓展 ············· 135
7.3 知识扩展 ··············· 136
7.3.1 单选按钮的 Style 属性 ·· 136
7.3.2 复选框的 Style 属性 ···· 137
7.3.3 控件的命名约定 ······· 138
小结 ························· 139
习题 ························· 139

第8章 编写简易的计算器程序 ··· 141
8.1 预备知识 ··············· 141
8.1.1 控件数组 ············· 142
8.1.2 MsgBox 函数 ·········· 143
8.1.3 窗体的常用事件 ······· 145
8.2 案例的实现 ············· 146
8.2.1 案例解析 ············· 146
8.2.2 操作步骤 ············· 152
8.2.3 案例拓展 ············· 154
8.3 知识扩展 ··············· 154
8.3.1 窗体的其他事件 ······· 155
8.3.2 窗体的其他方法 ······· 156
小结 ························· 157
习题 ························· 157

第9章 处理字符串 ············ 159
9.1 预备知识 ··············· 159
9.1.1 添加菜单栏 ··········· 160
9.1.2 添加工具栏 ··········· 162
9.1.3 字符串函数 ··········· 165
9.2 案例的实现 ············· 167
9.2.1 案例解析 ············· 167
9.2.2 操作步骤 ············· 172
9.2.3 案例拓展 ··········· 174
9.3 知识扩展 ··············· 176

9.3.1　文本框控件 ································ 176

9.3.2　弹出快捷菜单 ························· 177

小结 ··· 178

习题 ··· 178

第10章　制作动画 ··········· 181

10.1　预备知识 ···························· 181

10.1.1　图像框控件 ················· 182

10.1.2　定时器控件 ················· 184

10.1.3　滚动条控件 ················· 185

10.1.4　公共对话框控件 ······ 186

10.2　案例的实现 ······················ 189

10.2.1　案例解析 ····················· 189

10.2.2　操作步骤 ····················· 192

10.2.3　案例拓展 ····················· 193

10.3　知识扩展 ···························· 194

10.3.1　图像框控件的图像格式 ··· 194

10.3.2　形状控件和直线控件 ··· 195

小结 ··· 196

习题 ··· 197

第11章　简易画板 ··········· 199

11.1　预备知识 ···························· 199

11.1.1　图片框控件 ················· 200

11.1.2　坐标系统 ····················· 200

11.1.3　绘图属性 ····················· 202

11.1.4　绘图方法 ····················· 203

11.1.5　鼠标事件 ····················· 207

11.2　案例的实现 ······················ 209

11.2.1　案例解析 ····················· 209

11.2.2　操作步骤 ····················· 213

11.2.3　案例拓展 ····················· 214

11.3　知识扩展 ···························· 215

11.3.1　颜色的表示方法 ······ 215

11.3.2　键盘事件 ····················· 216

小结 ··· 217

习题 ··· 218

第12章　学生信息管理系统 ··· 219

12.1　预备知识 ···························· 220

12.1.1　自定义数据类型 ······ 220

12.1.2　文件的基本概念 ······ 221

12.1.3　顺序文件的使用 ······ 223

12.1.4　随机文件的使用 ······ 226

12.1.5　有关文件的函数 ······ 227

12.1.6　多窗体程序设计 ······ 228

12.2　案例的实现 ······················ 231

12.2.1　案例解析 ····················· 231

12.2.2　操作步骤 ····················· 238

12.2.3　案例拓展 ····················· 240

12.3　知识扩展 ···························· 242

12.3.1　驱动器列表控件 ······ 242

12.3.2　文件夹列表控件 ······ 243

12.3.3　文件列表控件 ··········· 244

小结 ··· 245

习题 ··· 245

第1章 创建简单的应用程序

Visual Basic 6.0（简称 VB 6.0）是微软公司推出的一个可视化的、面向对象的、基于事件驱动的集成开发环境，用户可以用它有效快捷地创建各种 Windows 应用程序。本章通过案例"创建简单的应用程序"来介绍使用 VB 6.0 创建应用程序的方法。

案例功能

本章要制作的案例在程序运行时，出现图 1-1 所示的窗口；单击窗口的空白区域，弹出图 1-2 所示的输入信息对话框；在对话框中输入用户姓名后，单击 确定 按钮，弹出图 1-3 所示的输出信息对话框。如果输入的姓名是"张伶俐"，则弹出的对话框如图 1-3 所示。输入其他的姓名，对话框中的名称将随之发生变化。

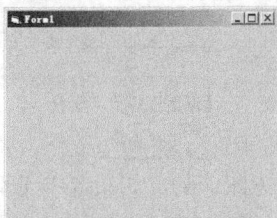

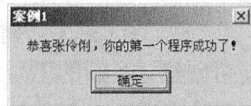

图1-1　程序运行后的出现窗口　　　　图1-2　输入信息对话框　　　　图1-3　输出信息对话框

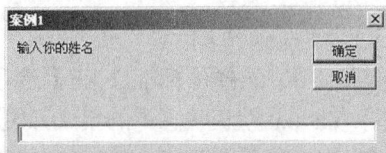

学习目标

- 掌握 VB 6.0 集成开发环境的使用。
- 掌握 VB 6.0 应用程序创建的步骤和方法。
- 掌握 VB 6.0 字符串常量、变量和连接运算的概念。
- 掌握 VB 6.0 输入函数 InputBox 和输出函数 MsgBox。
- 掌握 VB 6.0 注释语句和赋值语句。
- 掌握 VB 6.0 程序结构的概念。
- 掌握 VB 6.0 创建简单应用程序的方法。

1.1 预备知识

要完成本案例所要求的功能，需要掌握相关的基础知识，下面就介绍这些知识。

1.1.1 VB 6.0 的集成开发环境

VB 6.0 的集成开发环境（IDE）是把开发应用程序所需要的界面设计程序、文本编辑程序、编译程序、连接程序、调试程序等不同功能的程序集成在一起，给人的感觉好像只是一个程序一样。在这个集成开发环境中，用户通过菜单栏、工具栏、快捷键或快捷菜单，很容易使用这些程序，这大大方便了应用程序的开发。

1.　VB 6.0 的启动

同其他应用软件一样，只有当 Windows 操作系统安装了 VB 6.0 后，才能启动 VB 6.0。由于 VB 6.0 安装过程简单明了，这里就不再详述其安装过程了。

在安装了 VB 6.0 的 Windows 操作系统中，选择【开始】/【程序】/【Microsoft Visual Basic 6.0 中文版】/【Microsoft Visual Basic 6.0 中文版】命令（见图 1-4），就可启动 Microsoft Visual Basic 6.0 中文版。

启动 VB 6.0 后，会弹出如图 1-5 所示的【新建工程】对话框。

图1-4 从【开始】菜单中启动 VB 6.0 中文版

图1-5 【新建工程】对话框

在对话框的【新建】选项卡中，选择【标准 EXE】选项，然后单击 打开(0) 按钮，系统便可创建一个新的工程并进入 VB 6.0 默认状态下的集成开发环境（见图 1-6）。如果选中【不再显示这个对话框】复选框，下次启动时将不再弹出【新建工程】对话框，直接进入 VB 6.0 集成开发环境。

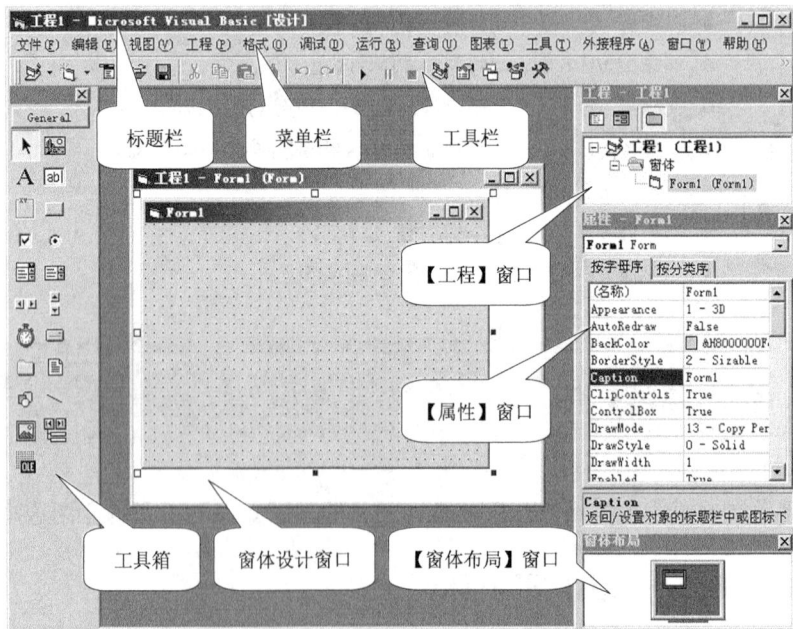

图1-6 默认状态下 VB 6.0 的集成开发环境

由于本书中所创建的应用程序都为"标准 EXE"程序，因而创建的工程都为"标准 EXE"工程，因此在以后的案例操作中，把以上操作步骤都简称为"启动 VB 6.0，创建'标准 EXE'工程"。

2. VB 6.0 集成开发环境的组成

与标准的 Windows 应用程序窗口一样，VB 6.0 的集成开发环境也包含标题栏、菜单栏、工具栏，除此之外，还包括工具箱、窗体设计窗口、【工程】窗口、【属性】窗口、【窗体布局】窗口、代码编辑器窗口等。

(1) 标题栏

VB 6.0 的标题栏中显示了 VB 6.0 的图标、当前工程名、当前工作状态（包含 3 种状态：设计、运行、中断。图 1-6 所示为"设计"状态）、窗口系统按钮（包含 ▬、□、╳ 3 个按钮，用于缩小、放大（或还原）、关闭窗口）。

(2) 菜单栏

菜单栏中显示了所有的 VB 6.0 菜单命令。除了提供标准的【文件】、【编辑】、【视图】、【窗口】和【帮助】菜单之外，还提供了编程专用的功能菜单，如【工程】、【格式】、【调试】、【运行】、【查询】、【图表】、【工具】、【外接程序】等。

(3) 工具栏

工具栏在编程环境下提供对于常用命令的快速访问。单击工具栏上的相应按钮，则执行该按钮所代表的操作。按照默认规定，启动 VB 6.0 之后显示【标准】工具栏（见图 1-7）。附加的【编辑】、【窗体设计】和【调试】工具栏可以通过【视图】/【工具栏】命令移进或移出。

图1-7 【标准】工具栏

如果忘记了工具栏上某个按钮的功能，只需简单地将鼠标指针停留在这个工具按钮上，VB 6.0 就会显示出该按钮的简单提示。把鼠标指针停靠在 ▶ 按钮上的提示如图 1-8 所示。

图1-8 工具栏按钮的提示

(4) 工具箱

工具箱（见图 1-9）提供了一组工具，设计时用于在窗体设计窗口的窗体中放置控件。除了默认的工具箱布局之外，用户还可以在工具箱中添加其他控件，具体方法在以后的案例中详细说明。

(5) 窗体设计窗口

VB 6.0 创建的应用程序的窗口，在设计阶段称为窗体。窗体设计窗口（见图 1-10）是 VB 6.0 集成开发环境的子窗口，用于设计应用程序的窗口。用户可以在窗体中添加控件、图形和图片，也可以改变窗体的大小。如果一个应用程序有多个窗口，就会有各自相应的窗体设计窗口。

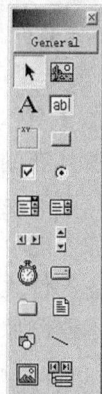

图1-9 工具箱

(6) 【工程】窗口

在 VB 6.0 中，每个工程可以由一个或几个各种类型的模块（如窗体模块、代码模块等）组成，每个模块通常对应一个文件，工程是各种类型文件的集合，【工程】窗口列出了当前工程中的所有窗体和模块。VB 6.0 启动后，默认建立的工程是"工程 1"，在"工程 1"工程中，默认只有窗体模块，并且窗体模块中默认只有一个窗体"Form1"（见图 1-11）。【工程】窗口类似于 Windows 下的资源管理器，在这个窗口中列出了当前工程中用到的所有文件，其结构也是采用树状层次结构。

(7) 【属性】窗口

【属性】窗口（见图 1-12）用于显示和设置选定窗体或控件的属性。属性是指对象的特征，如大小、标题或颜色等。

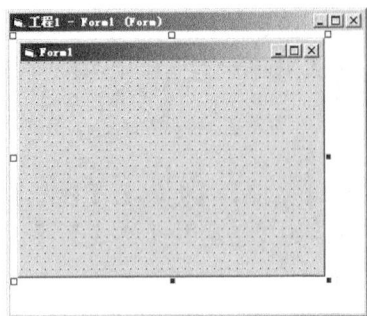

图1-10 窗体设计窗口

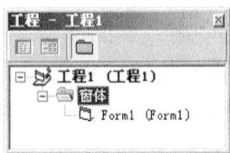

图1-11 【工程】窗口

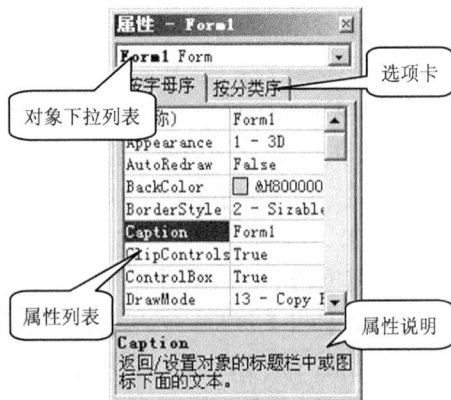

图1-12 【属性】窗口

【属性】窗口主要包括以下几部分。

- 对象下拉列表：位于【属性】窗口的顶部，显示当前选定对象的名称以及所属的类。单击下拉列表框右侧的下拉按钮，可列出当前窗体以及该窗体上包含的全部对象的名称，可以从中选择要查看或更改其属性的对象。图 1-12 所示对象下拉列表中出现的是 "Form1 Form"。
- 选项卡：有【按字母序】和【按分类序】两个选项卡，打开其中一个选项卡后，将按相应的顺序显示所选对象的属性。
- 属性列表：分左右两列。左列显示所选对象的所有属性名，右列显示对应左列属性名的属性值。在左列中选择一个属性后，可在对应的右列中设置其属性值。
- 属性说明：在【属性】窗口的底部，显示所选属性的简短说明。

(8) 【窗体布局】窗口

【窗体布局】窗口（见图 1-13）用于显示和设置应用程序中各窗体在屏幕中的初始位置。窗口中的显示器图像代表整个屏幕，显示器中的矩形图像表示当前窗体，矩形图像在显示器图像中的位置，就是应用程序运行时在屏幕上的初始位置。可以通过【窗体布局】窗口改变窗体的位置，其方法是：用鼠标拖动【窗体布局】窗口中代表窗体的矩形图像，矩形图像在显示器图像中的新位置，就是应用程序运行时在屏幕上的新初始位置。

(9) 代码编辑器窗口

默认情况下，VB 6.0 集成开发环境不显示代码编辑器窗口。在窗体设计窗口的窗体上（如 Form1）双击鼠标左键，便会出现一个如图 1-14 所示的代码编辑器窗口。

图1-13 【窗体布局】窗口

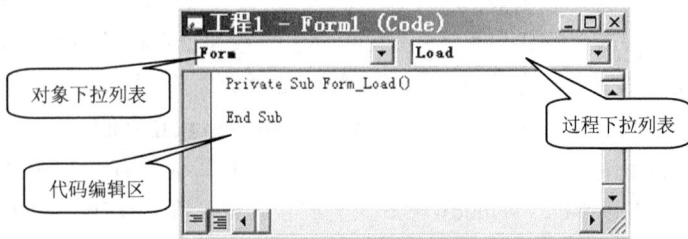

图1-14 代码编辑器窗口

代码编辑器窗口是输入应用程序代码的编辑器。应用程序的每个窗体或代码模块都有一个单独的代码编辑器窗口。代码编辑器窗口的组成如下。

- 对象下拉列表：包含当前窗体及所包含的所有对象名称。图 1-14 所示对象下拉列表所选择的对象是"Form"。
- 过程下拉列表：包含了所选对象的所有事件名。图 1-14 所示过程下拉列表所选择的事件名是"Load"。
- 代码编辑区：代码编辑区是程序代码输入和编辑区域。它有两种显示方式：过程查看（只显示插入点光标所在过程的代码）和全模块查看，可以通过代码区左下方两个按钮切换。

代码编辑器窗口就像一个高度专用的字处理器，它的许多特性使得在 VB 6.0 中编写代码成为一件很容易的事。

3. VB 6.0 的退出

退出 VB 6.0 有以下两种方法。

- 选择【文件】/【退出】命令。
- 单击 VB 6.0 集成开发环境中的 ⨯ 按钮。

无论采用哪种方法退出，如果在退出操作系统之前没有对修改过的文件进行保存，退出前 VB 6.0 都会弹出【Microsoft Visual Basic】对话框（见图 1-15），提示用户是否保存这些文件。

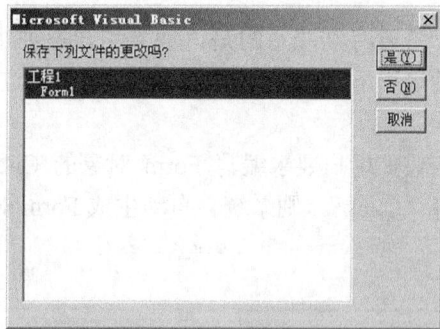

图1-15 【Microsoft Visual Basic】对话框

1.1.2 VB 6.0 创建应用程序的步骤

在 VB 中创建应用程序一般需要经过以下几个步骤：新建工程、设计界面、编写代码、保存工程、运行和调试程序。

1. 新建工程

在每次启动 VB 6.0 时，弹出【新建工程】对话框（见图 1-5），选择【标准 EXE】工程类型（这是 VB 6.0 应用程序最常见的工程形式），再单击 打开(O) 按钮，即新建了一个标准工程。

除在启动 VB 6.0 时创建工程外，还可选择【文件】/【新建工程】命令，系统会提示将现在正在编辑的工程保存，之后弹出【新建工程】对话框。在该对话框中选择工程类型，单击 打开(O) 按钮就可以了。

2. 设计界面

Windows 环境下的应用程序通常都有一个窗口界面，因此在创建 Windows 环境下应用程序的过程中，设计界面是不可缺少的环节。设计界面通常有以下两项工作。

- 设置窗体：即设置窗体的大小、标题、前景/背景色等属性。
- 添加和设置对象：即在窗体中添加和设置所需要的控件。

由于本案例中不需要设置窗体，也不需要在窗体中添加和设置对象，因此这里不介绍相应的操作，在以后的案例中再作详细介绍。

3. 编写代码

由于 VB 6.0 采用了事件驱动的编程机制，程序代码主要是对象（如窗体、命令按钮等）事件（如单击事件）过程的代码。

在窗体设计窗口中双击一个对象，即可打开代码编辑器窗口（见图 1-14）。如果该对象的某个事件过程的代码已经编写过，则在代码编辑器窗口中，鼠标光标直接定位到这一事件过程的代码的开始处。如果该对象的任何事件过程的代码都没编写过，则在代码编辑器中，会生成该对象默认事件过程的代码的框架。通常情况下，窗体的默认事件是 Load 事件，命令按钮默认的事件是 Click 事件，文本框的默认事件是 Change 事件。

一个新建的"标准 EXE"工程，在窗体设计窗口中双击窗体，在代码编辑器窗口中会自动生成 Form 对象的默认事件（Load 事件）过程的代码的框架如下：

```
Private Sub Form_Load()

End Sub
```

需要特别注意的是，如果用户所要求的事件与默认事件不一样，需要在代码编辑器窗口的过程下拉列表中选择所需要的事件过程，系统会自动生成该对象指定事件过程的代码的框架。

假如用户要求编写 Form 对象的 Click 事件过程的代码，这时，用户在过程下拉列表中选择"Click"，则系统会自动生成 Form 对象的 Click 事件过程的代码的框架如下：

```
Private Sub Form_Click()

End Sub
```

编写代码是创建 VB 6.0 应用程序的重要工作，需要掌握 VB 6.0 程序语言的基础知识，由于本案例的程序代码比较简单，有关 VB 6.0 程序语言的知识将在以后的案例中详细介绍。

4. 保存工程

完成以上 3 项工作后，工程中的所有文件只是存留在计算机的内存或临时文件中，还没有永久保存。这时如果出现意外死机的情况，这些信息将会丢失。因此，用户应及时保存工程。工程通常包括以下两类文件。

- 窗体文件：保存当前工程中所建立窗体的信息，该类文件的扩展名是".frm"。
- 工程文件：保存当前工程的信息，该类文件的扩展名是".vbp"。

单击工具栏上的 ⊟ 按钮，或者选择【文件】/【保存】命令，即可保存工程。如果是第一次保存工程，将弹出【文件另存为】对话框（见图 1-16）。

【文件另存为】对话框用来保存窗体文件，可进行以下操作。

- 在【保存在】下拉列表中选择要保存的文件夹。通常情况下，该文件夹事先已经建立好。在本书中选择的 "D:\案例" 文件夹（见图 1-16）。
- 在【文件名】文本框中，输入要保存的窗体文件名（默认的窗体文件名是 "Form1.frm"）。在本书中以案例编号作为窗体文件名。在本案例中，窗体文件名为"案例 1.frm"。
- 【保存类型】下拉列表使用默认设置（"窗体文件"），不能选择其他文件类型。
- 单击 保存(S) 按钮，将按所做的选择或设置保存窗体文件。

保存完窗体文件后，紧接着弹出【工程另存为】对话框（见图 1-17）。

图1-16 【文件另存为】对话框　　　　　　图1-17 【工程另存为】对话框

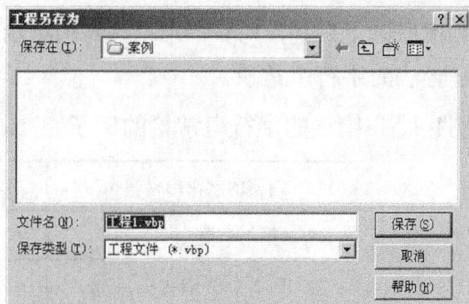

【工程另存为】对话框用来保存工程文件，可进行以下操作。

- 在【保存在】下拉列表中选择要保存的文件夹。通常情况下，该文件夹与保存窗体文件的文件夹相同。在本书中选择的是 "D:\案例" 文件夹（见图1-17）。
- 在【文件名】文本框中输入要保存的工程文件名（默认的工程文件名是 "工程 1.vbp"）。在本书中以案例编号作为工程文件名。在本案例中，工程文件名为 "案例 1.vbp"。
- 【保存类型】下拉列表使用默认的设置（"工程文件"），不能选择其他文件类型。
- 单击 保存(S) 按钮，将按所做的选择或设置保存工程文件。

5. 运行和调试程序

编写的程序是否正确，程序能否按照预期的方式运行，这一切都要通过程序的运行来验证。要运行程序，可以使用以下方法之一。

- 单击工具栏上的启动按钮 ▶。
- 选择【运行】菜单中的【启动】命令。
- 按键盘上的 F5 键。

在程序的运行过程中，如果代码中出现错误，系统将给出提示信息，根据这些提示信息可以修改相应的错误。

1.1.3 VB 6.0 的字符串类型、常量和变量

VB 6.0 可以处理多种类型的数据，在本案例中，仅涉及字符串类型的数据。在图 1-2 所示的对话框中输入的姓名是字符串，在图 1-3 所示的对话框中显示的信息也是字符串。

1. 字符串类型

字符串类型是 VB 6.0 一种基本的数据类型。字符串类型的数据就是一个字符序列，字符可以是英文字符，也可以是汉字。字符串通常用来表示一个名称或作为输入输出的信息。字符串的长度是字符串中所包含的字符的个数（1 个汉字也算作 1 个字符），长度为 0（不含任何字符）的字符串称为空字符串。

在 VB 6.0 中，每一种数据类型都有一个名称，字符串类型的名称是 "String"。

2. 字符串常量

常量是指在程序运行过程中永不发生变化的量。常量也叫做直接量，从字面上就可以理解。字符串常量是用英文双引号（"）括起来的字符序列。空字符串常量用""表示。

根据以上规则，"第 1 个根 x1="、"第 2 个根 x2="、"输入你的姓名"、"三角形的面积"都是合法的字符串常量。

【例1-1】 错误的字符串常量的例子。

错误的字符串常量	错误原因
"第 1 个根 x1=	缺少一个双引号
'第 2 个根 x2='	使用了单引号
"输入你的姓名"	使用了中文双引号
三角形的面积	没有双引号

3. 字符串变量

变量是指在程序运行过程中随时可以发生变化的量。变量在内存中占有一定的存储单元，在该存储单元中存放变量值。

每个变量都有一个名字，在 VB 6.0 中，变量的命名有以下规则。

- 变量名的第一个字符必须是字母，其余的字符可以由字母、数字或下画线组成。
- 一个变量名的长度不能超过 255 个字符。
- 不能用 VB 6.0 中的保留字做变量名，保留字包括 VB 6.0 的属性、事件、方法、过程、函数等系统内部的标识符。

根据以上规则，sum、a1、MyName 和 x_old 都是正确的变量名。

【例1-2】 错误变量名的例子。

错误的变量名	错误原因
sina.com	有非法字符"."
1a	不是以字母开头
a+b	有非法字符"+"
"Good"	不是以字母开头
End	End 是 VB 6.0 的保留字

需要注意的是，在 VB 6.0 中，变量名中的字母是不区分大小写的，也就是说 abc、aBc 和 ABC 是同一个变量名，这一点与 C、C++、Java 语言有明显的不同。

变量在使用前应先定义，定义变量可以用 Dim 关键字，也可以用 Private 关键字，其语法格式为：

```
Dim <变量名> [As <数据类型>] [,<变量名> [As <数据类型>]]…
```

或

```
Private <变量名> [As <数据类型>] [,<变量名> [As <数据类型>]]…
```

有关语法格式的约定，在本书是统一的，说明如下。

- 语法格式中出现的英文单词或英文缩写，是 VB 6.0 的保留字。例如，以上语法格式中的"Dim"、"Private"和"As"。
- 用尖括号（<>）括起来的内容表示一个语法项，需要另外的规定和说明。例如，以上语法格式中的<变量名>和<数据类型>。

- 没有被方括号（[]）括起来的内容，表示是必须的，是不可省略。例如，以上语法格式中的"Dim <变量名>"。
- 用方括号（[]）括起来的内容表示不是必须的，是可以省略的。例如，以上语法格式中的"[As <数据类型>]"。
- 方括号（[]）后面的…表示该方括号中的内容可以省略、可以重复 1 次、也可以重复多次。例如，以上语法格式中的"[,<变量名> [As <数据类型>]]…"。
- 在编程代码中，语法格式中的空格可以是一个空格，也可以是多个空格，但不能省略。例如，以上语法格式中 Dim 和<变量名>之间的空格，As 和<数据类型>之间的空格。

关于定义变量的语法格式，说明如下。

- <变量名>必须是一个合法的变量名（如 MyName）。
- <数据类型>必须是一个合法的数据类型名，如前面提到的 String。如果"As <数据类型>"省略，那么变量默认的数据类型是变体类型（其类型名是 Variant）。

用 Dim 关键字和用 Private 关键字定义变量的作用是一样的，通常用 Dim 关键字定义变量。关于用 Private 关键字定义变量的内容可参见"6.3.2 变量的作用域"一节。

【例1-3】 正确 Dim 语句的例子。

Dim 语句	语句的作用
Dim Temp	定义了一个变体类型的变量 Temp
Dim MyName As String	定义了一个字符串类型变量 MyName
Dim S1 As String, S2 As String	定义了两个字符串类型变量 S1 和 S2
Dim A, B As String	定义了变体类型变量 A 和字符串类型变量 B

【例1-4】 错误 Dim 语句的例子。

错误的 Dim 语句	错误原因
Dima As String	"Dim"和"a"之间缺少空格
Dim a String	缺少关键字"As"
Dim a As Sting	"Sting"不是合法的数据类型名
Dim a As String b As String	第 2 个变量 b 前缺少逗号","

在 VB 6.0 中，变量可以不加定义就使用，变量的类型为变体类型。变体类型的变量可以作为任何一种类型的变量来使用，编程时非常方便，但变体类型的变量要多占用内存空间，并且运算速度也慢。因此，应尽量避免使用变体类型的变量。

用 Dim 语句定义变量后，自动为该变量赋一个初值，对字符串类型的变量，其初值为空字符串。其他类型的变量将在以后的案例中详细介绍。

4．字符串的连接运算

字符串的连接是将两个或多个字符串连接成一个字符串，参与连接的字符串可以是字符串常量、字符串变量或字符串函数。如果一个数参与连接，VB 6.0 把这个数转换成相应的字符串后再连接。字符串连接最常用的连接符是"&"。

【例1-5】 字符串连接运算符"&"的例子。

字符串连接表达式	结果
"我" & "相当高兴"	"我相当高兴"
"VB" & "程序" & "设计"	"VB 程序设计"
"123" & 456	"123456"
"ABC" & 123	"ABC123"

字符串连接还有一个连接符是"+"，如果将字符串用"+"进行连接，结果与"&"相同。如果将字符串和数用"+"连接或将数和字符串用"+"连接，连接符"+"试图先做加法运算，有时会出现错误。因此通常不用连接符"+"来连接字符串。

【例1-6】 字符串连接运算符"+"的例子。

字符串连接表达式	结果
"我" + "相当高兴"	"我相当高兴"
"VB" + "程序" + "设计"	"VB 程序设计"
"123" + 456	589
"ABC" + 123	出现错误

1.1.4 VB 6.0 数据的输入和输出

程序一般都要有输入和输出，如果一个程序没有输入，那么这个程序只能对程序内部的数据进行处理，没有通用性，实用性也不强；如果一个程序没有输出，那么用户不知道这个程序究竟干了些什么，可以说，这样的程序是没有意义的。

在 VB 6.0 中，程序的输入和输出方法多种多样，其中最常见的输入方法是通过 InputBox 函数，最常见的输出方法是通过 MsgBox 函数。

1. InputBox 函数

InputBox 函数的功能是：弹出一个对话框（见图 1-2），用户在对话框中输入一个字符串，返回这个字符串的值。

InputBox 函数有多个参数，如果调用时有两个或两个以上参数，则参数之间必须用英文逗号（,）分开。InputBox 函数常用的参数是前两个。

- 第一个参数是提示信息参数，这个参数是必需的，不能省略。例如，调用函数 InputBox（"输入你的姓名"），则对话框的提示信息是"输入你的姓名"（见图 1-2）。
- 第 2 个参数是对话框标题参数，这个参数可以省略。如果省略了该参数，则系统把工程名作为标题（见图 1-2）。例如，调用函数 InputBox（"输入你的姓名","提示信息"），则对话框的标题是"提示信息"。

需要注意的是，InputBox 函数的两个参数类型都是字符串类型，可以是字符串常量、字符串变量、字符串函数或字符串连接的表达式。

在对话框（见图 1-2）的文本框中，用户根据需要输入相应的信息，输入完毕后，单击 确定 按钮，用户输入的信息作为 InputBox 函数的返回值，InputBox 函数的返回值的类型是字符串类型。

通常情况下，InputBox 函数的返回要保存到变量中，这需要赋值语句来完成。赋值语句将在"1.1.5 VB 6.0 的赋值语句和注释语句"一节中详细介绍。

2. MsgBox 函数

MsgBox 函数的功能是：弹出一个对话框（见图 1-3），在这个对话框中显示相应的信息。MsgBox 函数有多个参数，如果调用时有两个或两个以上参数，则参数之间必须用英文逗号（,）分开。MsgBox 函数常用的参数是前 3 个。

- 第 1 个参数是提示信息参数，这个参数是必需的，不能省略。用户就是利用这个参数来显示信息。例如，调用函数 MsgBox（"我很高兴"），则对话框的提示信息是"我很高兴"。
- 第 2 个参数是对话框按钮设置参数，这个参数可以省略。如果省略了该参数，则对话框只有一个 [确定] 按钮（图 1-3 就是如此）。
- 第 3 个参数是对话框标题参数，这个参数可以省略。如果省略了该参数，则系统把工程名作为标题（图 1-3 就是如此）。

MsgBox 函数也有返回值，其返回值是用户单击该对话框中的按钮的编号（[确定] 按钮的编号是 0），如果以后不使用这个返回值，不需要用赋值语句保存到一个变量中。例如，MsgBox（"你好！"）。

1.1.5 VB 6.0 的赋值语句和注释语句

VB 6.0 的语句用来编写程序代码。在 1.1.3 节介绍了变量定义语句，下面介绍赋值语句和注释语句。

1. 赋值语句

赋值语句用来把一个表达式的值赋予一个变量、数组元素或对象的某个属性。赋值语句的语法格式为：

<赋值目标> = <运算表达式>

以上语法格式说明如下。

- <赋值目标> 指的是要赋值的对象，可以是一个变量名（如 MyName），也可以是一个数组元素（如 A(1)），还可以是一个对象的属性（如 Text1.Text）。
- "=" 称为"赋值号"，表示要把 "=" 右边的表达式的值赋予 "=" 左边的目标。赋值语句中的 "=" 与数学上的等号意义不一样，这点需要特别注意。
- <运算表达式> 可以是一个常量、变量、函数调用或运算表达式。

赋值语句的功能是，计算"运算表达式"的值，然后把这个值赋予"赋值目标"。

【例1-7】 赋值语句的例子。

赋值语句	赋值语句的作用
first = 1	把数值常量 1 赋予变量 first
second = 15+3	把表达式的值（18）赋予变量 second
Text1.Text = a	把变量 a 的值赋予 Text1 对象的 Text 属性
MyName = InputBox("输入你的姓名")	把 InputBox 函数的返回值赋予变量 MyName

2. 注释语句

注释语句用来对编写的程序进行注释，以便用户更好地理解程序。在程序运行时，注释语句不被执行，也不起任何作用。

注释语句有两种方式，一种是用"Rem"关键字，另一种是利用英文单引号"'"。注释语句的语法格式如下：

```
Rem [<注释内容>]　或　'[<注释内容>]
```

其中<注释内容>可以是任意内容。使用"Rem"关键字的注释语句，必须为单独一行。使用英文单引号"'"的注释语句，可以单独一行，也和以位于其他语句的末尾。

【例1-8】　注释语句的例子。

```
Rem 下面的代码求三角形的面积

X = 1'给变量X赋值1
```

在一条语句前加"Rem"关键字或英文单引号"'"，其作用相当于把该语句删除；删除添加的在行首的"Rem"关键字或英文单引号"'"，其作用相当于取消对该语句的删除。

3. 语句的书写格式

在 VB 6.0 程序中，规定一条语句只能写一行，一行也只能写一条语句（在语句尾部包含使用英文单引号"'"的注释语句除外）。

在编写程序过程中，有时为了程序紧凑，希望多条语句写在一行上，只要在语句间用冒号"："分隔即可，用其他符号（如逗号或空格）分割则不行。

【例1-9】　一行上书写多条语句的例子。

```
a=1 : b=2 : c=3
```

在编写程序过程中，有时一条语句很长，为了方便阅读，希望将该语句分成多行书写，只要在行末加续行标志（即一个空格和一个下画线"_"）即可。

【例1-10】一条语句书写在多行上的例子。

```
Message = "恭喜" _
          & Myname _
          & "，你的第一个程序成功了！"
```

1.1.6　VB 6.0 的程序结构

从宏观上看，VB 6.0 的程序是由一系列过程组成的，而每一个过程又是由一系列语句组成的。下面就介绍这两部分内容。

1. 过程的分类和作用

将公用的、能完成某一特定功能的程序设计成可供其他程序调用的、独立的程序段，这种程序段就称为子程序（也称为过程）。在 VB 6.0 中，有两类过程：事件过程和通用过程。

(1) 事件过程

当用户对一个对象发出动作时，会产生一个事件，然后自动地调用与该事件相关的事件过程。事件过程就是在响应事件时执行的程序段。在 1.1.2 节中介绍过，Form 对象的 Click 事件过程的代码框架如下：

```
Private Sub Form_Click()

End Sub
```

这个事件过程的代码仅有一个框架（头部和尾部），没有其他语句，因此这个事件过程代码什么也没做。要想让 Form 对象的 Click 事件做某些事情，需要在框架中添加相应的语句。

（2）通用过程

与事件过程不同，通用过程并不与任何特定的事件直接相联系，即并不是由于某一事件发生后直接调用它，而是在事件过程或另外的通用过程中，通过过程调用语句来调用它。有关通用过程的内容，在第 6 章中详细介绍。

2．过程中的语句

无论是事件过程还是通用过程，它们的组织结构是相同的，即由一系列语句构成。

（1）语句的书写顺序

在 VB 6.0 中，过程中的语句书写顺序有一定的要求。对于一个变量，要求先定义后再使用，反之会出现错误。

【例1-11】错误语句顺序的例子。

```
Private Sub Form_Click()

    a = "Hello"

    Dim a As String

End Sub
```

以上 Form 对象的 Click 事件过程的代码，在运行时会出现错误。通常情况下，在编写程序代码时，先要对所用到的变量进行定义，然后再进行输入、赋值、输出等操作。

（2）语句的执行顺序

在一个过程中，语句的排列顺序，也是语句的执行顺序。也就是说，一个过程按照书写的顺序逐条执行各语句。

【例1-12】语句执行顺序的例子 1。以下为 Form 对象的 Click 事件过程的代码：

```
Private Sub Form_Click()

    Dim a As String, b As String, c As String

    a = "Hello "

    b = "World!"

    c = a & b

    Msgbox (c)

End Sub
```

先执行"Dim a As String, b As String, c As String"语句，定义了 3 个变量，它们的初始值都是空字符串；再执行"a = "Hello ""语句，变量 a 的值为"Hello "；然后执行"b = "World!""语句，变量 b 的值为 "World!"；然后执行"c = a & b"语句，变量 c 的值为"Hello World!"；最后执行"Msgbox (c)"语句，弹出一个对话框，在对话框中显示"Hello World!"。

【例1-13】语句执行顺序的例子 2。以下为 Form 对象的 Click 事件过程的代码：

```
Private Sub Form_Click()
```

```
    Dim a As String, b As String, c As String
    c = a & b
    a = "Hello "
    b = "World!"
    MsgBox (c)
End Sub
```

先执行"Dim a As String, b As String, c As String"语句，定义了 3 个变量，它们的初始值都是空字符串；再执行"c = a & b"语句，变量 c 的值为空字符串；再执行"a = "Hello ""语句，变量 a 的值为"Hello "；然后执行"b = "World!""语句，变量 b 的值为 "World!"；最后执行"Msgbox (c)"语句，在此之前，尽管变量 a 和 b 的值发生了变化，而变量 c 的值却没变，仍然是空字符串，所以，执行"Msgbox (c)"语句的结果是，弹出一个对话框，在对话框中显示的信息是空。

1.2 案例的实现

有了以上预备知识，下面可以制作本章开始所介绍的案例了。首先对本案例进行解析，然后给出具体的操作步骤，最后对本案例进行拓展，以巩固提高所学的知识。

1.2.1 案例解析

要用 VB 6.0 实现该案例，根据创建应用程序的一般步骤，逐步进行解析。

首先要新建一个工程。这一任务很容易完成，启动 VB 6.0 就会自动创建一个工程，并且工程中默认包含一个窗体。

其次是根据案例的功能要求设计界面。本案例的界面非常简单，只有一个窗口，我们用 VB 6.0 工程中默认的窗体即可，不需要对窗体进行设置。

然后是编写事件过程代码。在编写事件过程代码前首先要搞清楚要编写哪些对象的哪些事件过程代码，从案例的功能要求中可知，我们要编写窗体的单击事件过程代码。根据前面所讲，很容易让系统自动生成 Form 对象的 Click 事件过程的代码的框架。

接下来的工作就是在代码框架中填写相应的代码。根据案例的功能要求，首先输入姓名，使用 InputBox 函数即可。输入的名字保存到一个变量里，本例保存到字符串类型的变量 MyName 中。这样，用以下赋值语句即可。

```
    MyName = InputBox ("输入你的姓名")
```

输出的信息是连接起来的，这个可用字符串的连接运算来完成，但连接后的字符串需要保存，本例保存到字符串类型的变量 Message 中。这样，用以下赋值语句即可。

```
    Message = "恭喜" & Myname & "，你的第一个程序成功了！"
```

输出变量 Message 的内容用 MsgBox 函数，用以下语句即可。

```
    MsgBox(Message)
```

代码中用到了两个字符串类型的变量：MyName 和 Message。根据前面所讲的内容，这两个变量需要事先定义，其定义语句如下：

```
Dim MyName As String, Message As String
```

至此，代码编写的问题全部解决了。接下来的工作是保存工程和运行程序，前面已讲得很清楚了，不再赘述。

1.2.2 操作步骤

有了以上的案例解析，下面只需要按步骤操作即可。

操作步骤

(1) 选择【开始】/【程序】/【Microsoft VB 6.0 中文版】/【Microsoft VB 6.0 中文版】命令，启动 VB 6.0 集成开发环境，弹出【新建工程】对话框。

(2) 在【新建工程】对话框中，选择【标准 EXE】后，单击 打开(O) 按钮，屏幕上会显示 VB 6.0 集成开发环境主窗口。

(3) 双击窗体的空白处，打开代码编辑器窗口（见图 1-14）。在代码编辑器窗口的过程下拉列表中选择 "Click"，则系统会自动生成 Form 对象的 Click 事件过程的代码的框架（见图 1-18）。

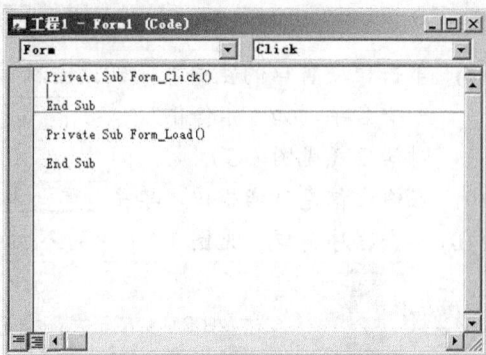

图1-18 Form 的 Click 事件过程代码框架

> **要点提示** Form 对象的 Load 事件过程的代码的框架还保留着，可不必理会。等保存完工程后，这些多余的事件过程的代码的框架会自动消失。

(4) 在光标闪动的地方，添加如下代码：

```
Private Sub Form_Click()
    Dim Myname As String, Message As String

    Myname = InputBox("输入你的姓名")
    Message = "恭喜" & Myname & "，你的第一个程序成功了！"
    MsgBox (Message)
End Sub
```

> **要点提示** 事件过程的首尾两行（粗体），是系统自动生成的代码，不必重复输入。

(5) 选择【文件】/【保存工程】命令，弹出【文件另存为】对话框（见图 1-16）。在【保存在】下拉列表中选择 "D:\案例" 文件夹（该文件夹应事先创建），在【文件名】文本框中输入 "案例1"，然后单击 保存(S) 按钮。

(6) 保存完窗体文件后，紧接着弹出【工程另存为】对话框（见图 1-17）。在【工程另存为】对话框中，在【保存在】下拉列表中，选择 "D:\案例" 文件夹，在【文件名】文本框中输入 "案例1"，然后单击 保存(S) 按钮。

在以后的案例中，以上两步简称为"以'案例 1.frm'为文件名保存窗体文件到'D:\案例'文件夹；以'案例 1.vbp'为文件名保存工程文件到'D:\案例'文件夹。"

(7) 单击工具栏上的【启动】按钮▶运行工程，出现程序窗口（见图 1-1）。

程序一旦运行，VB 6.0 集成开发环境的状态变为运行状态，同时工具栏上的【结束】按钮■变为可用状态，如图 1-19 所示。

图1-19 VB 6.0 集成开发环境的运行状态

(8) 单击程序窗口的空白处，弹出输入信息对话框（见图 1-2），在对话框的文本框中输入一个名字，如"张伶俐"，单击 确定 按钮，输入信息对话框关闭，同时弹出输出信息对话框（见图 1-3）。

(9) 在输出信息对话框中，单击 确定 按钮，输出信息对话框关闭。

(10) 单击程序窗口（见图 1-1）中的 ✕ 按钮，结束程序运行。

单击 VB 6.0 集成开发环境工具栏中的 ■ 按钮，也可以结束程序的运行。

如果程序中有错误，如把"InputBox"输出成"IputBox"，则程序运行到该句时，弹出如图 1-20 所示的【Microsoft Visual Basic】对话框，单击 确定 按钮，将回到代码编辑界面，同时 VB 6.0 集成开发环境的状态变为中断状态，出错的地方会用蓝色高亮度显示，可根据提示修改代码，如图 1-21 所示。修改完错误后，再单击 ▶ 按钮，可继续运行程序。

图1-20 错误提示对话框

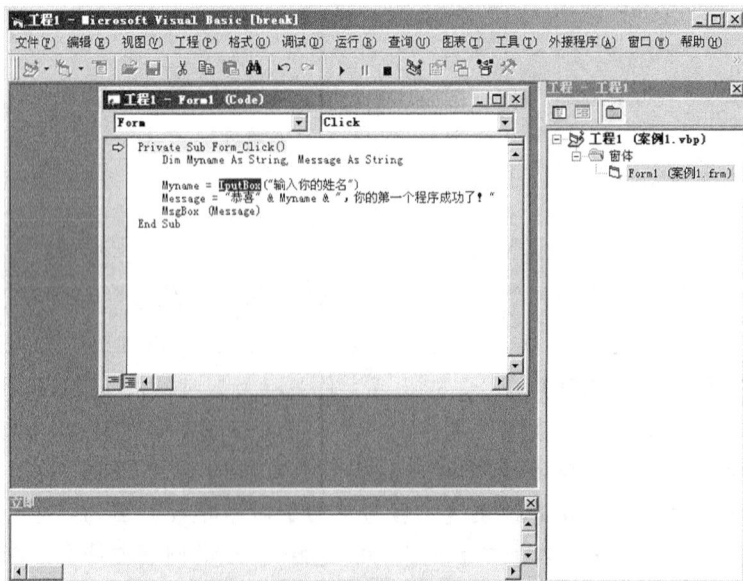

图1-21 VB 6.0 集成开发环境的中断状态

1.2.3 案例拓展

完成以上案例后，下面对该案例进行拓展。

功能要求

在本章案例的基础上继续操作，当在图 1-3 所示的对话框中单击 确定 按钮后，紧接着弹出一个对话框，如图1-22 所示。

图1-22 第 2 个提示信息对话框

操作提示

只需要对案例 1 中的 Form 对象的 Click 事件代码进行扩充即可，参考代码如下：

```
Private Sub Form_Click()

    Dim Myname As String, Message As String, Message2 As String


    Myname = InputBox("输入你的姓名")

    Message = "恭喜" & Myname & ", 你的第一个程序成功了！"

    Message2 = Myname & ", 你是最棒的！"

    MsgBox (Message)

    MsgBox (Message2)

End Sub
```

1.3 知识扩展

在 1.1 节中介绍了本案例所用到的基础知识，下面对前面的内容进行扩充，以扩大视野。

1.3.1 Visual Basic 的发展过程

Visual Basic 是在 BASIC（Beginner's All-Purpose Symbolic Instruction Code，初学者通用符号指令代码）语言的基础上发展起来的，BASIC 语言是美国达特茅斯学院（Dartmouth College）的 John Kemeng 和 Tomas Kurtz 两位教授于 1963 年开发出来的。BASIC 语言简单易学，便于初学者学习，主要用于教学。BASIC 语言功能很弱，很难进行大型应用程序的开发，当时常用于中小型事务处理。

自从 1990 年 5 月微软公司推出 Windows 3.0 操作系统后，图形用户接口（GUI）下的应用程序已成为应用程序的主流。在 Visual Basic 推出前，Windows 下的图形用户接口应用程序通常用 C 语言开发，开发者通过 Windows 应用程序接口（API）亲自控制 GUI 下的各元素的外观和位置，开发工作非常困难。

为了能够快速、方便地开发 Windows 应用程序，1991 年，微软公司推出了 Visual Basic 1.0 版，Visual 一词的原意是"可视的"，Visual Basic 被称为"可视化的程序设计语言"，即不需编写大量代码去描述接口元素的外观和位置，而只要把预先建立的对象安放到设计窗体的某一位置即可。1992 年微软公司对 Visual Basic 1.0 版本修改后，发布了 Visual Basic 2.0 版本。1993 年再次修改完善后，又发布了 Visual Basic 3.0 版本。Visual Basic 3.0 版本推出两年后，于 1995 年发布了 Visual Basic 4.0 版本。1997 年发布了 Visual Basic 5.0 版本，1998 年发布了 Visual Basic 6.0 版本。Visual Basic 6.0 是非常成熟稳定的开发系统，能让企业快速建立多层的系统以及 Web 应用程序，是当前 Windows 系统上最流行的 Visual Basic 版本。

Visual Basic 6.0 及以前的版本都是基于 Windows 的开发系统，微软公司在推出.NET Framework 后，不再推出新的 Visual Basic 版本，取而代之的是 Visual Basic .NET，并且用年号取代版本号。从 2002 年微软公司推出 Visual Basic .NET 2002 开始，目前最新版本是 Visual Basic .NET 2011。Visual Basic .NET 是基于.NET Framework 的面向对象的中间解释性语言，可以看做是 Visual Basic 在.Net Framework 平台上的升级版本。

1.3.2　Visual Basic 的特点

Visual Basic 是新型的计算机程序设计语言，与传统程序设计语言相比，Visual Basic 最突出的特点是可视化、事件驱动和交互式。

1．可视化

使用传统的计算机高级语言开发应用程序，应用程序界面都需要程序员编写语句来实现。对于图形界面的应用程序，只有在程序运行时才能看到效果，一旦不满意，还需要修改程序，所以开发工作非常繁杂。

Visual Basic 是 Windows 环境下的应用程序开发工具，用它开发应用程序主要有两部分工作：设计界面和编写代码。Visual Basic 是可视化程序开发工具，在开发过程中所看到的界面与程序运行时的界面基本相同。同时 Visual Basic 还向程序员提供了若干界面设计所需要的对象（称为控件），程序员在设计界面时，只要将需要的控件放到窗体的指定位置即可，整个界面设计过程基本不需要编写代码。

2．事件驱动

在传统的或"过程化"的应用程序中，应用程序自身控制了执行哪一部分代码及按何种顺序执行代码。从第一行代码执行程序并按应用程序中预定的路径执行，必要时调用过程。

Visual Basic 开发的应用程序，代码不是按照预定的路径执行，而是在响应不同的事件时执行不同的代码片段。事件可以由用户操作触发，也可以由来自操作系统或其他应用程序的消息触发，甚至由应用程序本身的消息触发。这些事件的顺序决定了代码执行的顺序，因此应用程序每次运行时所经过的代码路径都是不同的。

因为事件的顺序是无法预测的，所以在代码中必须对执行时的"各种状态"作一定的假设。当作出某些假设时（例如，假设在运行某一输入字段的过程之前，该输入字段必须包含确定的值），应该组织好应用程序的结构，以确保该假设始终有效。在执行中代码也可以触发事件。如果原来假设该事件仅能由用户的交互操作所触发，则可能会产生意料之外的结果。

3. 交互式

开发传统的应用程序，其开发过程可以分为 3 个明显的步骤：编码、编译和测试代码。但是 Visual Basic 与传统的语言不同，它使用交互式方法开发应用程序，使 3 个步骤之间不再有明显的界限。

在大多数语言里，如果编写代码时发生了错误，则在开始编译应用程序时该错误就会被编译器捕获。此时必须查找并改正该错误，然后再次进行编译，对每一个发现的错误都要重复这样的过程，比较麻烦。Visual Basic 在编程者输入代码时便进行解释，实时捕获并突出显示大多数语法或拼写错误。看起来就像一位专家在监视代码的输入。

除实时捕获错误以外，Visual Basic 也在输入代码时部分地编译该代码。当准备运行和测试应用程序时，只需极短时间即可完成编译。如果编译器发现了错误，则将错误突出显示于代码中。这时可以更正错误并继续编译，而不需要从头开始。

由于 Visual Basic 的交互特性，因此可以发现在开发应用程序时，编译器也正频繁地编译正在编写的应用程序。通过这种方式，代码运行的效果可以在开发时就进行测试，而不必等到编译完成以后。

小结

本章围绕案例，首先介绍了实现该案例所用到的基础知识，包括 VB 6.0 的集成开发环境，VB 6.0 创建应用程序的步骤，VB 6.0 的字符串，VB 6.0 的输入和输出，VB 6.0 的基本语句，VB 6.0 的程序结构。然后详细介绍了案例的实现，包括案例解析、操作步骤和案例拓展。最后介绍了一些扩展知识，包括 Visual Basic 的发展过程和 Visual Basic 的特点。

习题

一、选择题

1. 在设计阶段，当双击窗体上的某个控件时，所打开的窗口是（ ）。
   A.【工程】窗口　　　　　　　　B. 工具箱
   C. 代码编辑器窗口　　　　　　　D.【属性】窗口

2. 在一个工程中，初次为窗体对象编写代码，如果双击窗体的空白处，所生成的是窗体的（ ）事件过程的代码的框架。
   A. Load　　　　　　　　　　　　B. Click
   C. Change　　　　　　　　　　　D. Run

3. 以下选项中，（ ）是合法的空字符串常量。
   A. "　　　　　　　　　　　　　B. ""
   C. ' '　　　　　　　　　　　　　D. " "

4. 以下选项中，（ ）是合法的变量名。

A．My　Name   B．If
C．3.14   D．x_2

5. 变量名 Abc 与以下选项中的（　　　　）是不同的。
   A．ABc   B．ABC
   C．aBC   D．Acb

6. 字符串连接运算符除了&还有（　　　　）。
   A．+   B．#
   C．@   D．%

7. 语句"Dim Temp"所定义的变量 Temp 是（　　　　）类型的。
   A．字符串   B．变体
   C．空   D．整数

8. InputBox 函数的返回值的类型是（　　　　）类型。
   A．字符串   B．变体
   C．空   D．整数

9. 调用 InputBox 函数或 MsgBox 函数时，如果有两个或两个以上参数，那么参数之间应该用（　　　　）分割。
   A．空格   B．，
   C．；   D．：

10. 注释语句除了用 Rem 关键字开始外，还可以用（　　　　）开始。
    A．'   B．"
    C．/   D．\

二、填空题

1. VB 6.0 集成开发环境有 3 种状态，分别是_____、_____和_____状态。

2. 在程序的设计阶段，编写 Visual Basic 程序代码需要在_____窗口中进行，修改对象的属性需要在_____窗口中进行，改变程序窗口中运行时的初始位置应该在_____窗口中进行。

3. 保存一个工程时，窗体文件的扩展名是_____，工程文件的扩展名是_____。

4. 要把两条语句书写在一行上，这两个语句之间应该用_____分割。要把一条语句写成在多行上，应在除最后一行的各行末尾加续行符，续行符是空格再加上一个_____符号。

5. 在 VB 6.0 中，有两类过程：_____过程和_____过程，其中窗体的单击事件过程属于_____过程。

6. VB 6.0 是一种面向_____的_____化编程语言，采用了_____的编程机制。

三、上机练习

用 VB 6.0 设计一个程序，要求如下。

🔍 **操作要求**

- 程序运行时，弹出如图 1-23 所示的【Form1】窗口。
- 单击【Form1】窗口的空白区域，弹出如图 1-24 所示的【案例 1 上机】对话框。
- 在对话框中输入第 1 个人的姓名后，单击 确定 按钮，弹出如图 1-25 所示的【案例 1 上机】对话框。

- 在对话框中输入第 2 个人的姓名后，单击 确定 按钮，弹出如图 1-26 所示的【案例 1 上机】对话框。
- 如果输入第 1 个人的姓名是"张伶俐"，输入第 2 个人的姓名是"李聪明"，弹出的对话框如图 1-26 所示。

图1-23 程序运行后的出现的【Form1】窗口

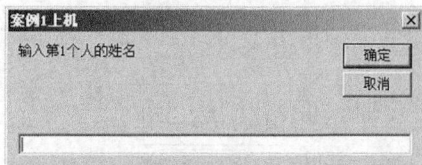

图1-24 第 1 个输入信息对话框

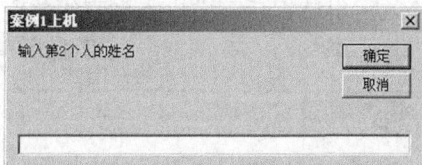

图1-25 第 2 个输入信息对话框

图1-26 输出信息对话框

第2章 求点到直线的距离

顺序结构是程序设计的 3 种基本结构之一，顺序结构的功能是按照顺序逐条执行程序中的语句。本章通过案例"求点到直线的距离"，介绍如何用顺序结构编写程序。

案例功能

程序运行时，出现如图 2-1 所示的窗口，在【点的坐标】对应的两个文本框中输入一个点的坐标 p 和 q；在【直线方程】对应的 3 个文本框中，输入直线方程"$Ax+By+C=0$"的 3 个参数 A、B、C；单击 计算距离 按钮，在最后一个文本框中将显示点到直线的距离。要求输入的 p、q、A、B、C 都是整数，点到直线的距离是单精度数。提示：点（p,q）到直线 $Ax+By+C=0$ 的距离公式是：

$$\frac{|Ap+Bq+C|}{\sqrt{A^2+B^2}}$$

在图 2-2 所示的窗口中输入一组数据后可求出点到直线的距离。

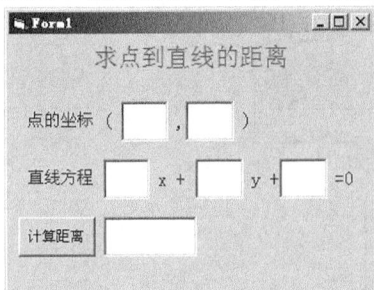

图2-1 程序运行后出现的窗口

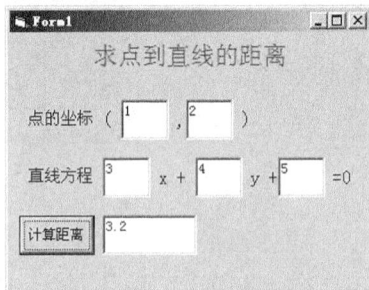

图2-2 一组数据的输出结果

学习目标

- 掌握添加、删除和设置控件的方法。
- 掌握标签、文本框和命令按钮的使用。
- 理解设置的数据类型、常量和变量的概念。
- 理解算术运算、数学函数和算术表达式的概念。
- 理解赋值语句的特点。
- 掌握用顺序结构编写程序的方法。

2.1 预备知识

要完成本案例所要求的功能，需要掌握相关的基础知识，下面就介绍这些知识。

2.1.1 控件的添加、删除和设置

在第 1 章的案例中介绍了在 VB 6.0 集成开发环境的窗体设计窗口中，可以把工具箱中的控件添加到窗体中，从而设计应用程序的界面。下面介绍这些基本操作。

1. 控件的添加

添加控件的方法有两种，即按默认方式添加和按自定义方式添加。在窗体上添加一个控件后，系统会自动为控件命名。其命名方式是，控件的控件名前缀（不同类型的控件，其控件名前缀是不同的）再加上一个序号。例如，命令按钮的控件名前缀为"Command"，第 1 个添加的命令按钮，其名称是 Command1，第 2 个添加的命令按钮，其名称是 Command2，依此类推。对于其他类型的控件，也依此类推。

(1) 按默认方式添加

按默认方式在窗体上添加控件很简单，只要在工具箱中双击某个控件，该控件会自动添加到窗体的中央，其大小是默认的大小。

(2) 按自定义方式添加

单击工具箱中的某个控件，将鼠标指针移到窗体上，这时鼠标指针变成"＋"字形，"＋"字指针用于绘制该控件的矩形外框。在合适的位置按下鼠标左键并拖曳鼠标到合适位置，然后放开鼠标左键，这时在窗体的该位置上出现一个相应大小的控件。有些控件（如定时器控件）的大小是固定的，其控件的大小不受用户拖曳鼠标的影响。

2. 选定控件

对于添加的窗体中的控件，如果要对其进行操作，需要先选定控件。如果要选定一个控件，只要用鼠标单击这个控件即可，选定的控件四周就会出现 8 个蓝色的小方块（以 Command1 控件为例，见图 2-3）。

图2-3 选定的控件

选定多个控件有两种方法：逐个选定法和区域选定法。

(1) 逐个选定法

逐个选定控件的方法是：按住 Shift 键，然后逐个单击要选择的控件，这些控件的四周都会出现小方块，只有最后一个被选中的控件的四周是蓝色的小方块，其他控件四周都是白色的小方块，如图 2-4 所示。

(2) 区域选定法

区域内选定控件的方法是：将鼠标指针移动到窗体中合适的位置，按住鼠标左键并拖曳鼠标，这时在窗体中会出现一个虚线框，这个虚线框所圈住的控件都会被选中。

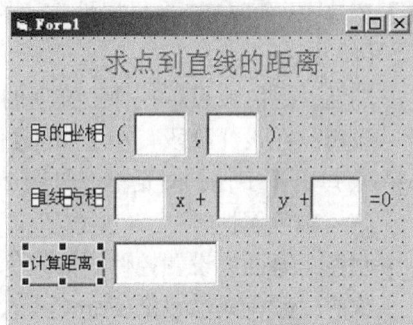

图2-4 被选定的多个控件

一般选择一组控件时都使用"区域选定法"，也可以两种方法配合使用，先用区域选定法选择大多数控件，然后再用逐个选定法选择其余控件。

3. 控件的删除

如果不需要窗体上的某个控件，可将其删除。方法是：选定控件后，按 $\boxed{\text{Delete}}$ 键，即可删除选定的控件。

4. 控件的属性设置

在 VB 6.0 中，虽然各个控件都有各自的属性，但许多控件的某些属是相同的。下面简单介绍这些属性的设置方法。

(1) 名称属性

功能：唯一标识一个控件。

说明：每一个控件都有各自的唯一的名称，在程序代码中，通过控件名称来使用控件。在设计阶段，在【属性】窗口的"（名称）"属性右边的文本框中，可修改控件的名称。名称属性中的程序代码不允许被改变。修改控件的名称应当在编写代码之前完成，编写完代码后再修改控件的名称，代码中控件的名称不会主动修改，这就会造成 VB 6.0 无法识别代码中所用到的旧名称。

(2) 位置属性

功能：返回或设置控件的位置或大小。

说明：位置属性包括 Left、Top、Width 和 Height4 个属性。其中，Left 和 Top 属性决定了控件的左上角在窗体中的实际位置；Width 属性决定了控件的宽度；Height 属性决定了控件的高度。在设计阶段，在【属性】窗口 Left（或 Top、Width、Height）属性右边的文本框中，修改其中的数值，可改变控件的位置或大小。在窗体设计窗口中，通过鼠标拖曳选定的控件，或拖曳选定控件四周的某个小方块，来改变控件的位置或大小，这时，【属性】窗口中的 Left、Top、Width、Height 属性的值也会随之改变。

(3) Visible 属性

功能：返回或设置控件是否可见。

说明：Visible 属性值是布尔类型（有关布尔类型的内容，将在第 3 章的案例中详细介绍），如果取值为 True（这是默认值），则控件在窗体上是可见的；如果取值为 False，则程序运行时，窗体上不显示该控件，但在设计阶段，该控件仍然可见。在设计阶段，在【属性】窗口中，可在 Visible 属性右边的下拉列表中选择 True 或 False。

(4) Font 属性

功能：返回或设置控件上文字的字体。

说明：在设计阶段，在【属性】窗口中选择 Font 属性，单击 Font 属性右边文本框内的 ⋯，会弹出【字体】对话框（见图 2-5），在【字体】对话框中可设置字体。

(5) 颜色属性

功能：返回或设置控件的前景色和背景色。

说明：颜色属性包括 ForeColor、BackColor 两个属性。其中，ForeColor 是前景色（即显示的文字的颜色），BackColor 是背景色。在设计阶段，打开【属性】窗口 BackColor 属性右边的下拉列表，会出现一个颜色选择器（见图 2-6），有【调色板】和【系统】两个选项卡，用户可从中选择所需要的颜色。

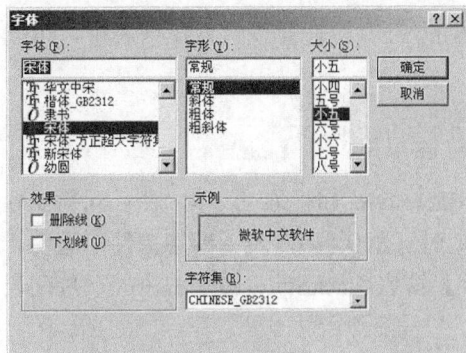

图2-5 【字体】对话框

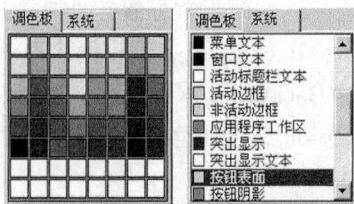

图2-6 颜色选择器

(6) Alignment 属性

功能：返回或设置控件中文本的对齐方式。

说明：Alignment 属性的取值有 3 个，即 0（默认值）、1 和 2，分别表示文本左对齐、文本右对齐、文本居中。在设计阶段，在【属性】窗口 Alignment 属性右边的下拉列表中可选择所需要的对齐方式。

(7) Enabled 属性

功能：返回或设置控件能否响应事件。

说明：Enabled 属性值是布尔类型，如果取值为 True（这是默认值），则控件能够响应事件；如果取值为 False，则控件不能响应事件。在设计阶段，在【属性】窗口 Visible 属性右边的下拉列表中，可选择 True 或 False。

2.1.2 标签、文本框和命令按钮

标签、文本框和命令按钮是 VB 6.0 程序设计中 3 个最常用的控件，下面介绍如何使用它们。

1. 标签

标签控件是最常用的控件之一，在工具箱中的图标是 A。标签控件主要是用来显示文本，通常用来说明或标识其他控件，如文本框控件、列表框控件和组合框控件。标签控件所显示的文本在程序运行时不能进行编辑。

标签控件常用的属性除了前面介绍过的控件的公共属性外，还有以下几个重要属性。

(1) Caption 属性

功能：Caption 属性返回或设置标签上所显示的文本。

说明：在设计阶段，在【属性】窗口 Caption 属性右边的文本框中，输入或修改其中的文本，同时标签上所显示的文本也随之改变。在程序运行阶段，可通过对标签的 Caption 属性（该属性的数据类型是字符串型）赋值，改变标签上所显示的文本。例如，使标签 Label1 中显示的内容为"你好！"的语句是：

```
Label1.Caption = "你好！"
```

(2) AutoSize 属性

功能：返回或设置标签是否自动改变大小，以显示全部的内容。

说明：AutoSize 属性值是布尔类型，如果取值为 True，控件会自动改变宽度以便显示全部的文本内容；如果取值为 False（这是默认值），控件的大小保持不变，超出控件范围的

内容不能被显示。在设计阶段，在【属性】窗口 AutoSize 属性右边的下拉列表中，可选择 True 或 False。

(3) BackStyle 属性

功能：返回或设置标签控件是否透明。

说明：BackStyle 属性有两个取值：0 或 1。BackStyle 属性取 0 时，表示标签控件透明，此时 BackColor 属性无效；BackStyle 属性取 1 时（默认值），表示标签控件不透明，此时 BackColor 属性才有效。在设计阶段，在【属性】窗口 BackStyle 属性右边的下拉列表中可选择 0 或 1。

(4) BorderStyle 属性

功能：返回或设置标签控件的边框样式。

说明：BorderStyle 属性有两个取值，即 0 或 1。BorderStyle 属性为 0 时（默认值），表示标签控件无边框；BorderStyle 属性为 1 时，表示标签控件有固定的单线边框。在设计阶段，在【属性】窗口 BorderStyle 属性右边的下拉列表中可选择 0 或 1。

2. 文本框

文本框控件也是最常用的控件之一，在工具箱中的图标为 <u>abl</u>，主要用于建立文本的输入或编辑区，以实现数据的输入、编辑、显示等。

文本框控件常用的属性除了前面介绍过的公共属性外，还有许多属性，下面介绍文本框的 Text 属性、Locked 属性和 BorderStyle 属性。其他属性在以后的案例中详细介绍。

(1) Text 属性

功能：返回或设置文本框控件中的文本。

说明：文本框控件无 Caption 属性，文本框中所显示的内容是由 Text 属性决定的。在设计阶段，在【属性】窗口 Text 属性右边的文本框中，输入或修改其中的文本，同时文本框中所显示的文本也随之改变。在程序运行阶段，可通过对文本框的 Text 属性（该属性的数据类型是字符串型）赋值，改变文本框中所显示的文本。例如，使文本框 Text1 中的内容为"你好！"的语句是：

```
Text1.Text = "你好！"
```

(2) Locked 属性

功能：返回或设置文本框控件中的文本能否被编辑。

说明：Locked 属性值是布尔类型，如果取值为 True，文本框中的文本不能被编辑；如果取值为 False（这是默认值），文本框中的文本可以被编辑。在设计阶段，在【属性】窗口 Locked 属性右边的下拉列表中可选择 True 或 False。

(3) BorderStyle 属性

功能：返回或设置文本框控件的边框样式。

说明：BorderStyle 属性有两个取值，即 0 或 1。BorderStyle 属性为 0 时（默认值），表示标签控件无边框；BorderStyle 属性为 1 时，表示标签控件有固定的单线边框。在设计阶段，在【属性】窗口 BorderStyle 属性右边的下拉列表中可选择 0 或 1。

3. 命令按钮

命令按钮控件也是最常用的控件之一，在工具箱中的图标为 <u>⌐</u>，主要用于响应单击事件，从而实现对程序的控制。命令按钮控件无 ForceColor 属性、BackColor 属性、Alignment

属性。命令按钮控件最常用的是 Caption 属性和 Click 事件。

(1) Caption 属性

功能：返回或设置命令按钮上所显示的文本。

说明：在设计阶段，在【属性】窗口 Caption 属性右边的文本框中，输入或修改其中的文本，同时命令按钮上所显示的文本也随之改变。

(2) Click 事件

Click 事件是在程序运行期间，在命令按钮上单击鼠标所激发的事件，如果编写了该命令按钮的 Click 事件过程代码，则执行该代码；如果没有该命令按钮的 Click 事件过程代码，程序什么也不做。

需要注意的是，只有在命令按钮的 Enabled 属性值设置为 True（这是默认值）时，单击命令按钮会响应其 Click 事件，否则不响应其 Click 事件。

在设计阶段，在窗体设计窗口中双击命令按钮（以 Command1 为例），在代码编辑器窗口中会自动生成 Command1 对象的默认事件（Click 事件）过程的代码的框架。

```
Private Sub Command1_Click()

End Sub
```

2.1.3　数值的数据类型、常量和变量

在第 1 章的案例中，程序处理的是字符串，VB 6.0 还有强大的数值处理能力。下面介绍数值的数据类型、常量与变量这些基本概念。

1.　数值数据类型

在 VB 6.0 中提供的数值数据类型主要包括整数、长整数、单精度和双精度类型。其中，整数、长整数类型类似于数学中的整数；单精度和双精度类型类似于数学中的实数。这些不同的数值数据类型的区别主要体现在 3 个方面：取值范围和精度、存储时所占的空间以及所能参与的运算。

(1) 整数类型

整数类型类似于数学中的整数，不同的是 VB 6.0 中的整数是有限的。

- 类型名：Integer。
- 取值范围：−32 768～32 767。
- 占用存储空间：2 字节。
- 能参与的运算：+、−、*、/、^、\、MOD（详见 2.1.4 节）。

(2) 长整数类型

长整数类型的取值范围和所占用的存储空间比整数类型大。

- 类型名：Long。
- 取值范围：−2 147 483 648～2 147 483 647。
- 占用存储空间：4 字节。
- 能参与的运算：+、−、*、/、^、\、MOD（详见 2.1.4 节）。

(3) 单精度类型

单精度类型类似于数学中的实数，不同的是 VB 6.0 中的单精度数的有效数字和范围都是有限的。

- 类型名：Single。
- 取值范围：正数的取值范围为 $1.401\,298 \times 10^{-45} \sim 3.402\,823 \times 10^{38}$。

  负数的取值范围为 $-3.402\,823 \times 10^{38} \sim -1.401\,298 \times 10^{-45}$。
- 有效数字：7 位。
- 占用存储空间：4 个字节。
- 能参与的运算：+、−、*、/、^（详见 2.1.4 节）。

(4) 双精度类型

双精度类型的取值范围、有效数字和所占用的存储空间比单精度类型大。

- 类型名：Double。
- 取值范围：正数的取值范围为 $4.940\,65 \times 10^{-324} \sim 1.797\,693\,134\,862\,316 \times 10^{308}$。

  负数的取值范围为 $-1.797\,693\,134\,862\,316 \times 10^{308} \sim -4.940\,65 \times 10^{-324}$。
- 有效数字：15 位。
- 占用存储空间：8 个字节。
- 能参与的运算：+、-、*、/、^（详见 2.1.4 小节）。

2. 数值类型的常量

在第 1 章的案例中介绍过，常量是指在程序运行过程中永不发生变化的量。与数值数据类型相对应，数值常量分为整数常量、长整数常量、单精度常量和双精度常量。

(1) 整数常量

整数常量与数学中的整数写法一样，但只能在-32 768～32 767 范围之内。如 123、-789 等都是整数常量。

(2) 长整数常量

长整数常量与数学中的整数写法一样，但只能在-2 147 483 648～2 147 483 647 范围之内。对于-32 768～+32 767 的常量，VB 6.0 作为整数常量看待，若要强制作为长整数常量，需要在其末尾加上一个长整数类型符号 "&"，如 123、-789 是整数常量，而 123&、-789& 是长整数常量。

(3) 双精度常量

双精度常量有两种表示方法：小数形式和指数形式。小数形式双精度常量的表示方法和数学中的小数写法一样，如 3.14159、0.618 等都是双精度常量。指数形式用来表示数学中的科学计数法的数，表示方法是把 "×10" 用 "D" 来表示，如 3×10^9 表示为 3D9，2.14×10^{-6} 表示为 2.14D-6。

(4) 单精度常量

单精度类型直接常量有两种表示方法：小数形式和指数形式。VB 6.0 规定，凡小数形式的常量都作为双精度常量，若要强制作为单精度常量，需要在其末尾加上一个单精度类型符号 "!"，如 3.141 59、0.618 是双精度常量，而 3.14159!、0.618! 是单精度常量。指数形式单精度常量与指数形式双精度常量类似，不同的是 "×10" 用 "E" 表示，如 3×10^9 表示为 3E9，2.14×10^{-6} 表示为 2.14E-6。

3. 数值类型的变量

在第 1 章的案例中曾经定义了字符串类型的变量，同样可以定义数值类型的变量。只要在变量定义语句中，数据类型选择 Integer、Long、Single 或 Double 即可。

【例2-1】 定义数值类型变量的例子。

定义语句	定义语句的功能
Dim MyAge As Integer	定义一个整数类型的变量 MyAge
Dim MyHight As Single	定义一个单精度类型的变量 MyHight
Dim OneLong As Long	定义一个长整数类型的变量 OneLong
Dim OneDouble As Double	定义一个双精度类型的变量 OneDouble

需要注意的是，在实际应用中，究竟用什么样的数值类型，需要根据实际情况。例如，要表示一个整数，如果这个整数的范围在-32 768~32 767 之间，用 Integer 类型的变量是合适的，当然，用 Long 类型也可以，但由于 Long 类型的变量所占用的存储空间比 Integer 类型的变量大，因此，用 Integer 类型的变量更好些。

在第 1 章的案例中曾提到过，一旦定义了一个变量，VB 6.0 都为其赋一个初值。对于数值类型的变量，无论是 Integer、Long、Single 和 Double 中的哪种类型的变量，定义后，变量所赋的初值都为 0。

2.1.4 算术运算、数学函数和算术表达式

在 VB 6.0 中，通过运算符可以完成一个基本的运算，通过内部函数可以完成一个复杂的运算，通过表达式可以完成一系列的运算。

1. 算术运算

数值类型的数据可以进行算术运算，在 VB 6.0 中提供了 8 种算术运算符，如表 2-1 所示。

表 2-1   VB 6.0 中的算术运算符

运算符名称	运 算 符	表达式例子
幂	^	A^2
取负	-	-A
乘法	*	A*B
浮点除法	/	A/B
整除	\	A\B
取余	Mod	A Mod B
加法	+	A+B
减法	—	A-B

加（+）、减（−）、乘（*）、除（/）以及取负（-）几个运算符的含义和用法与数学中的基本相同，下面介绍其他几种运算符的含义和用法。

(1) 幂运算

幂运算（^）与数学运算中的指数运算类似，用来进行乘方和方根运算。例如，2^8 表示 2 的 8 次方，即为数学运算中的 2^8。

【例2-2】 幂运算的例子。

幂运算表达式	表达式的意义
10^3	即 10^3，等于 1000
81^0.5	即 $81^{0.5}$，等于 9
10^−1	即 10^{-1}，等于 0.1
1.21^0.5	即 $1.21^{0.5}$，等于 1.1

(2) 整除运算

整除运算符（\）进行整除运算，结果为整数。整除的操作数一般为整型数。当其操作数为浮点型时，首先四舍五入为整型或长整型，然后进行整除运算。其运算结果被截断为整型数（Integer）或长整型数（Long），不进行舍入处理。

【例2-3】 整除运算的例子。

整除运算表达式	表达式的意义
5\3	结果是 1，而不是 1.666
21.81\3.4	等价于 22\3，其结果是 7
x\10	去掉 x 的最后 1 位，若 x=1234，则结果是 123
x\100	掉 x 最后 2 位，若 x=1234，则结果是 12

(3) 取余运算

取余运算符（Mod），又称模运算，用来求余数。其结果为第一个操作数整除第 2 个操作数所得的余数。同整数的除法运算一样，取余运算符的操作数一般也为整型数。当其操作数为浮点型时，首先四舍五入为整型或长整型，然后进行取余运算。

【例2-4】 取余运算的例子。

取余运算表达式	表达式的意义
5 Mod 3	结果为 2，因为 5 除以 3，余数是 2
21.81 Mod 3.4	等价于 22 Mod 3，其的结果为 1
x Mod 10	取出 x 个位数，若 x=1234，则结果是 4
x Mod 100	仅保留 x 的最后 2 位，若 x=1234，则结果是 34

2. 数学函数

VB 6.0 提供了大量的内部函数，其常用的数学函数如表 2-2 所示。

表 2-2　　　　　　　　　　VB 6.0 中常用的数学函数

函 数 名	作 用
Abs(x)	返回 x 的值绝对值
Sqr(x)	返回 x 的值平方根，x 不能为负数
Int(x)	返回不大于 x 的最大整数
sgn(x)	返回 x 的符号，x 为正数时返回 1，为 0 时返回 0，若 x 为负数则返回−1

函 数 名	作 用
Exp(x)	返回以自然数 e(≈2.71828)为底的 x 的指数的值
Log(x)	返回以自然数 e(≈2.71828)为底的 x 的对数的值
Sin(x)	返回 x 的正弦值，x 为弧度，而不是角度
Cos(x)	返回 x 的余弦值，x 为弧度，而不是角度
Tan(x)	返回 x 的正切值，返回值为弧度，而不是角度
Atn(x)	返回 x 的余切值，返回值为弧度，而不是角度

表 2-2 已经把常用的数学函数的功能叙述得很清楚了，对于一些易混淆和容易出错的函数，举例说明如下。

【例2-5】 常用内部函数调用的例子。

内部函数调用	内部函数调用的意义
Int(3.14)	结果为 3，因为不大于 3.14 的最大整数就是 3
Int(-3.14)	结果为-4，而不是-3，因为-3>-3.14
Log(3.14)	等同于数学中求 Ln3.14 的值，而不是求 lg3.14 的值
Log(3.14)/Log(10)	等同于数学中求 Ln3.14/Log_e10，即求 lg3.14 的值
Sin(30)	由于 30 是弧度值，等同于数学中求 sin(180°×30/π)的值

3. 算术表达式

由运算符和操作数组成的运算式称为表达式。运算结果为数值类型的表达式称为算术表达式。

表达式描述了对哪些数据以何种顺序进行什么样的操作。操作数可以是常量，也可以是变量，还可以是函数。例如，2+3、a－b、2*Sin(x)、b*b-4*a*c、a=2、PI*r*r 等都是表达式，单个变量和常量也可以看成是表达式。

(1) 算术表达式的运算顺序

算术表达式的运算顺序与数学表达式的运算顺序是一样的，其规则如下。

① 先进行括号内的运算，后进行括号外的运算。

② 函数可当做一个数来看待，当函数参与运算时求函数的值。

③ 先进行优先级高的运算，再进行优先级低的运算。算术运算符优先级由低到高为

　　幂(^)→取负(-)→乘除(*、/)→整除(\)→取余(Mod)→加减(+、-)

④ 同一优先级（乘除运算或加减运算），从左到右进行运算。

【例2-6】 求算术表达式"12 * 3 ^ 4 \ 5 * 6 Mod 7 + 8 * 9"的值。

解：表达式的计算顺序如下（带下画线的运算是当前要进行的运算）：

```
 12 * 3 ^ 4 \ 5 * 6 Mod 7 + 8 * 9

= 12 * 81 \ 5 * 6 Mod 7 + 8 * 9

= 972 \ 5 * 6 Mod 7 + 8 * 9

= 972 \ 30 Mod 7 + 8 * 9
```

```
=  32 Mod 7 + 8 * 9
=  32 Mod 7 + 72
=  4+72
=  76
```

(2) 数学表达式转换为 VB 表达式

与数学表达式相比，VB 6.0 中的表达式与其有类似的地方，但也有区别，在书写表达式时应注意以下几点。

① 正确处理因式。

数学中因式里乘号可以省略，也可以是“.”，但在 VB 表达式中，只能是“*”，这一点一定要注意。

【例2-7】 把数学表达式“$2ax+by$”转换为 VB 表达式。

解：转换结果为：

```
2*a*x+b*y
```

② 正确处理分式。

数学中分式可以分成上下两层书写，但 VB 表达式只能写在一行上。在转换过程中，必要时应用括号把分子和分母括起来，不能简单地把分数线用除号（/）代替，这样很容易使转换后的 VB 表达式与数学表达式不等价。

【例2-8】 把数学表达式“$\dfrac{a+x}{2y}$”转换为 VB 表达式。

解：转换结果为：

```
(a+x)/(2*y)
```

> **要点提示**
>
> 注：如果转换成：“a+x/2*y”相当于求表达式 $a+\dfrac{x}{2}y$ 的值，那就大错特错了。

③ 正确处理括号。

数学表达式中的括号有大括号“{ }”，中括号“[ ]”和小括号“( )”，但在 VB 表达式中，只能使用小括号。

【例2-9】 把数学表达式“$2\{a[b\div(c+d)]\}$”转换为 VB 表达式。

解：转换结果为：

```
2*(a*(b/(c+d)))
```

④ 正确处理特殊运算符。

数学中的一些运算（如开平方根、求绝对值）在 VB 中是找不到运算符的，这需要用 VB 提供的内部函数来进行转换。

【例2-10】把本章开始给出的计算距离的数学公式 $\dfrac{|Ap+Bq+C|}{\sqrt{A^2+B^2}}$ 转换为 VB 表达式。

解：转换结果为：

```
Abs(A*p+B*q+C)/Sqr(A^2+B^2)
```

⑤ 正确处理隐形常量。

数学表达式中出现的一些隐形常量（如 π 等），在转换为 VB 表达式时，要么使用直接常量，要么先定义一个符号常量，千万不能把数学表达式中隐形常量照抄过来。

【例2-11】把数学表达式 "2πr" 转换为 VB 表达式。

解：转换结果为：

```
2*3.14159 *r
```

2.1.5　赋值语句的特点

在第 1 章的案例中曾经介绍过赋值语句，下面介绍赋值语句的两个特点：破坏性和类型转换。

1.　破坏性

所谓"破坏性"是指赋值语句完成后，赋值目标所保存的原有的值被破坏掉，取而代之的是运算表达式的值。

【例2-12】下列语句执行完后，变量 A 和 B 的值是什么？

```
A = 1 : B = 2
A = A - B : B = A + B
```

解：前两句执行完后，变量 A、B 的值是 1 和 2，而第 3 句执行完后，变量 A 的值变成了-1，变量 A 所保存的 1 被破坏掉。执行第 4 句时，由于 A 的值是-1，所以给 B 赋的值是 1（即 - 1+2）。所以，以上语句执行完后，变量 A 和 B 的值分别是-1 和 1。

【例2-13】写出交换两个变量 A 和 B 值的语句。

解：如果我们不假思索地写出下面语句：

```
A = B
B = A
```

最后的结果是，变量 A 和 B 的值都是变量 B 原来的值，变量 A 的值被破坏掉了。正确的解决方法是，先用一个临时变量 T 保存变量 A 的值，语句如下：

```
T = A
A = B
B = T
```

【例2-14】写出轮换 3 个变量 A、B、C 值的语句，即把变量 B 的值给变量 A、把变量 C 的值给变量 B、把变量 A 原来的值给变量 C。

解：仿照例 2-13，我们也用一个临时变量 T 保存变量 A 的值，轮换 3 个变量 A、B、C 值的语句如下：

```
T = A
A = B
B = C
C = T
```

2. 类型转换

在赋值语句中，当赋值号两边的类型不一致时，VB 6.0 会自动把赋值号右边运算表达式的值的类型转换为赋值号左边变量的类型。

假设变量 A、B 是整数类型，赋值语句"A = 3.14 : B = "123""完成后，变量 A 所保存的值是 3，而变量 B 所保存的值是 123。

在赋值语句执行过程中，当类型不能正确转换时，便会发生错误。假设变量 A 是整数类型，赋值语句"A = "abc""执行时就会发生错误，原因是不可能把"abc"转换成一个整数。

尽管赋值语句可以自动进行数据类型转换，但有时候为了使程序的意义更加明确，程序员用类型转换函数明显地进行类型转换。常用的数据类型转换函数是 Val()函数和 Str()函数。

(1) Val()函数

Val()函数用来把一个字符串类型的数据转换为数值类型的数据。该函数的参数是字符串类型的数据，而函数的返回值是数值类型的数据。Val()函数进行数据类型转换时，会把字符串数据尽可能多地转换为数值数据，遇到无法转换的字符串（如"abc"），函数的返回值是 0。

【例2-15】Val()函数调用的例子。

Val()函数调用	结果
Val("123")	结果为 123
Val("3.14")	结果为 3.14
Val("1+2")	结果为 1，转换到+就停止了
Val("1E2")	结果为 100，把 1E2 当成一个单精度常量
Val("Money")	结果为 0

(2) Str()函数

Str()函数与 Val()函数刚好相反，用来把一个数值类型数据转换成对应的字符串类型数据。该函数的参数是数值类型数据，而函数的返回值是字符串类型数据。与 Val()函数不同的是，Str()函数总能成功地把数值类型数据转换成字符串类型数据，而不会发生错误。Str()函数进行数据转换时，如果数据是大于等于 0 的数，转换后字符串的第 1 个字符是空格（可以理解为用空格代替了那个隐含的"+"号），否则，转换后字符串的第 1 个字符是符号"－"。

【例2-16】Str()函数调用的例子。

Str()函数调用	结果
Str(123)	"123"
Str(- 123)	"−123"
Str(3.14)	"3.14"
Str(- 3.14)	"−3.14"

2.2 案例的实现

有了以上预备知识，下面可以实现本章开始所介绍的案例了。首先对本案例进行解析，然后给出具体的操作步骤，最后对本案例进行拓展，以巩固提高所学的内容。

2.2.1 案例解析

要用 VB 6.0 实现该案例，主要有两个任务：设计界面和编写代码。

1. 设计界面

设计界面主要有两项工作：在窗体上添加控件和设置控件。

(1) 在窗体上添加控件

在窗体上添加控件首先要确定添加哪些控件，然后再添加这些控件。从案例的程序界面可以出，在窗体上需要添加 9 个标签控件、6 个文本框控件和 1 个命令按钮。在预备知识中已经介绍过添加控件的方法，这个工作不难完成。

(2) 设置控件

设置控件首先要确定设置控件的哪些属性，然后再去设置这些属性。从案例的程序界面可以看出，首先要设置所添加控件的位置和大小；其次设置标签控件和命令按钮的 Caption 属性；设置标签控件的字体和前景色（第 1 可标签的前景色为红色，其他标签的前景色为蓝色）；设置文本框的 Text 属性，使文本框中的文本为空；设置 6 个文本框的名称属性，使其名称容易理解，文本框的名称分别为 TextX、TextY、TextA、TextB、TextC、TextD。设置最后一个文本框（TextD）的 Locked 属性值为 True，使输出的结果不能被更改。

2. 编写代码

编写代码首先要确定要编写哪些对象的哪些事件过程代码，从案例的功能中可知，本案例只需要编写命令按钮的单击（Click）事件过程代码。根据预备知识中所讲的，我们很容易让系统自动生成命令按钮的 Click 事件过程的代码的框架。

下面讨论如何编写命令按钮的 Click 事件过程代码。编写代码通常有 4 项工作：定义变量、输入数据、计算距离、输出结果。

(1) 定义变量

根据程序的要求，我们需要 6 个变量，用于保存坐标值的两个变量 x 和 y、用于保存直线方程的 3 个变量 A、B、C，以及用于保存最终结果的变量 d。其中前 5 个变量为 Integer 类型，最后 1 个变量为 Single 类型。代码如下：

```
Dim x As Integer, y As Integer
Dim A As Integer, B As Integer, C As Integer
Dim d As Single
```

(2) 输入数据

由于数据是从文本框中输入的，因此只需要把相应文本框的 Text 属性值赋值给相应的变量即可。由于文本框的 Text 属性值是 String 类型，而变量是 Integer 类型，尽管赋值语句可以自动进行类型转换，我们还是利用 Val 函数进行强制转换。代码如下：

```
x = Val(TextX.Text)
y = Val(TextY.Text)
A = Val(TextA.Text)
B = Val(TextB.Text)
C = Val(TextC.Text)
```

(3) 计算距离

数据计算就是用给出的距离公式计算出距离来，并且赋值给变量 d，把数学的距离公式转换为 VB 的表达式在预备知识中已介绍过，代码如下：

```
d = Abs(A * x + B * y + C) / Sqr(A ^ 2 + B ^ 2)
```

(4) 输出结果

由于结果是输出到文本框中，因此只需要把变量 d 赋值给 TextD 文本框的 Text 属性即可。由于文本框的 Text 属性值是 String 类型，而变量 d 是 Integer 类型，尽管赋值语句可以自动进行类型转换，我们还是利用 Str()函数进行强制转换。代码如下：

```
TextD.Text = Str(d)
```

2.2.2 操作步骤

有了以上的案例解析，下面只需要按步骤操作即可。

🔧 操作步骤

(1) 启动 VB 6.0，创建"标准 EXE"工程。

(2) 调整窗体的大小，使其符合要求。注：该步骤可随时进行。

(3) 单击工具箱中的标签控件，将鼠标指针移到窗体上，这时鼠标指针变成"＋"字形，在窗体的合适位置拖曳鼠标，添加一个合适大小的标签（用于显示程序的标题）。如果添加后觉得大小或位置不合适，可再进行设置。

(4) 在【属性】窗口中选择 Caption 属性，修改其右边文本框中的内容为"求点到直线的距离"。

(5) 在【属性】窗口中选择 AutoSize 属性，在其右边的下拉列表中选择"True"。

(6) 在【属性】窗口中选择 Font 属性，单击 Font 属性右边的文本框内的 ⬚，弹出【字体】对话框（见图 2-5），在该对话框中，设置字体的大小为"三号"。

(7) 在【属性】窗口中选择 ForeColor 属性，打开其右边的下拉列表，从颜色选择器的【调色板】选项卡（见图 2-6 左图）中选择红色。

➕ 要点提示 在以后的案例中将省略控件属性设置的具体步骤，用表格给出要设置的属性以及属性值，如表 2-3 所示。

表 2-3　　　　　　　　　　　　　　对象的属性设置

控　　件	属性	属性值
Label1	Caption	"求点到直线的距离"
	AutoSize	True
	Font	大小为"三号"
	ForeColor	红色

(8) 用步骤(3)～(7)的方法，添加另外 8 个标签（这些标签的字体为"五号"，前景色为蓝色）。

(9) 单击工具箱中的文本框控件，将鼠标指针移到窗体上，这时鼠标指针变成"＋"字形，在窗体的合适位置拖曳鼠标，添加一个合适大小的文本框。如果添加后觉得大小或位置不合适，可再进行设置。

(10) 在【属性】窗口中选择【(名称)】属性，修改【(名称)】属性右边文本框中的内容为"TextP"。

(11) 用步骤(9)～(10)的方法，添加另外 5 个文本框。

(12) 单击工具箱中的命令按钮控件，将鼠标指针移到窗体上，这时鼠标指针变成"＋"字形，在窗体的合适位置拖曳鼠标，添加一个合适大小的命令按钮。如果添加后觉得大小或位置不合适，可再进行设置。

(13) 在【属性】窗口中选择 Caption 属性，修改 Caption 属性右边文本框中的内容为"计算距离"。

(14) 双击命令按钮，打开代码编辑器窗口（见图 2-7）。

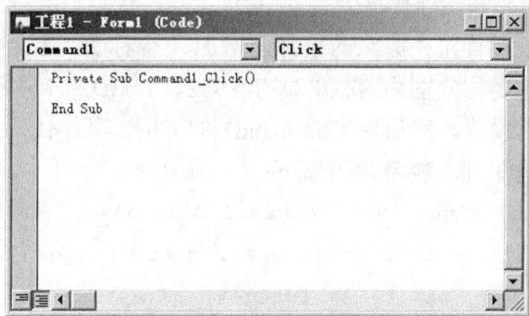

图2-7 代码编辑器窗口

(15) 在代码编辑器窗口中，输入以下代码：

```
Private Sub Command1_Click()

    Dim p As Integer, q As Integer
    Dim A As Integer, B As Integer, C As Integer
    Dim d As Single


    p = Val(TextP.Text)
    q = Val(TextQ.Text)
    A = Val(TextA.Text)
    B = Val(TextB.Text)
    C = Val(TextC.Text)


    d = Abs(A * p + B * q + C) / Sqr(A ^ 2 + B ^ 2)


    TextD.Text = Str(d)

End Sub
```

(16) 以"案例 2.frm"为文件名保存窗体文件到"D:\案例"文件夹；以"案例 2.vbp"为文件名保存工程文件到"D:\案例"文件夹。

(17) 单击工具栏上的【启动】按钮 ▶ 运行工程，出现程序窗口（见图 2-1）。

(18) 在 6 个文本框中输入相应的数据，然后单击 计算距离 按钮，查看输出的结果。

(19) 单击程序窗口中的 ✕ 按钮，结束程序运行。

2.2.3 案例拓展

完成以上案例后，下面对该案例进行拓展。

功能要求

在本章案例的基础上，再增加一个点，求两个点到一条直线的距离，程序界面如图 2-8 所示。

操作提示

首先在原来的窗体上增加 4 个标签，3 个文本框（名称分别为 TextP2、TextQ2、TextD2,），并作相应的设置。然后对 Command1 的 Click 事件代码进行扩充即可，参考代码如下：

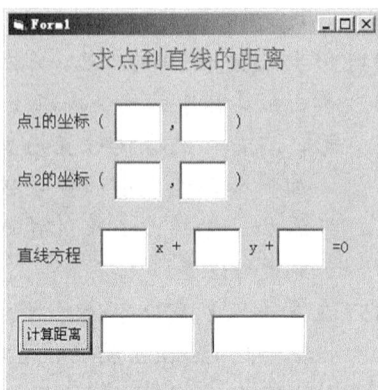

图2-8 拓展案例程序界面

```
Private Sub Command1_Click()
    Dim p As Integer, q As Integer
    Dim p2 As Integer, q2 As Integer
    Dim A As Integer, B As Integer, C As Integer
    Dim d As Single, d2 As Single

    p = Val(TextP.Text)
    q = Val(TextQ.Text)
    p2 = Val(TextP2.Text)
    q2 = Val(TextQ2.Text)
    A = Val(TextA.Text)
    B = Val(TextB.Text)
    C = Val(TextC.Text)

    d = Abs(A * p + B * q + C) / Sqr(A ^ 2 + B ^ 2)
    d2 = Abs(A * p2 + B * q2 + C) / Sqr(A ^ 2 + B ^ 2)

    TextD.Text = Str(d)
    TextD2.Text = Str(d2)
End Sub
```

2.3 知识扩展

在 2.1 节中介绍了本案例所用到的基础知识，以下内容对前面的内容进行扩充，以扩大视野。

2.3.1　符号常量

以前所提到的常量都是直接常量，直接常量最大优点是，看到直接常量就知道其值是多少。符号常量就是用一个标识符来表示一个常量。VB 6.0 中的符号常量包括两类：标准符号常量和自定义符号常量。

1.　标准符号常量

标准符号常量是由 VB 6.0 定义好了的，用户可以直接使用的符号常量。标准符号常量通常以"vb"开始，表示红色的符号常量是 vbRed、表示绿色的符号常量是 vbGreen 等。在以后的学习中会遇到标准符号常量。

2.　自定义符号常量

自定义符号常量是用户自己定义的符号常量。自定义符号常量用 Const 语句定义，其语法格式如下：

```
Const <常量名> [As <类型名>] = <常量表达式>
```

以上语法格式说明如下。

- <常量名>是常量的名字，其命名规则和变量名的命名规则相同。
- "As <类型名>"用来指定符号常量的类型，可以省略。当省略时，常量的类型就是<常量表达式>的值的类型。
- <常量表达式>可以是一个常量，也可以是一个由常量组成的运算式。

【例2-17】Const 语句的例子。

Const 语句	语句的意义
Const PI = 3.1416	定义常量 PI，值为 3.1416，类型是双精度类型
Const MAX_M = 100	定义常量 MAX_M，值为 100，类型是整数类型
Const MIN_M As Integer = 10	定义常量 MIN_M，值为 10，类型是整数类型
Const LAST As Integer = 10+3	定义常量 LAST，值为 13，类型是整数类型

符号常量定义后，可以跟直接常量一样使用。例如，在上面的例子中定义了符号常量 PI，要计算圆的面积，可用如下的代码：

```
S=PI*r^2
```

其中"S"和"r"分别是存放圆的面积和半径的变量。程序执行到此处时，自动将常量"PI"换成 3.1416。

使用符号常量可以为维护程序带来很大的方便。例如，在一个程序中有多处用到圆周率，现要修改这个程序，把圆周率的精度提高（比如把原来的 3.1416 变成 3.141 592 6）。如果原来的程序中，圆周率都用直接常量，那么需要把所有的圆周率出现的地方都修改一遍，这可能会漏掉某个圆周率，或把某个圆周率改错。如果原来的程序中，圆周率都用符号常量，那么，我们只需要在定义符号常量 PI 的地方修改一次就可以了。因此，在程序设计中，应尽可能地使用符号常量。

2.3.2 对象的概念

对象是 Visual Basic 程序设计中最基本、最重要的概念，是 Visual Basic 程序设计的核心。Visual Basic 采用面向对象的编程，使得编程人员围绕对象来编写程序。在 Visual Basic 中到处都存在着对象，窗体是一个对象，2.1.2 小节介绍的标签、文本框和命令按钮也是对象。

对象有 3 个要素：属性、方法和事件。

1. 属性

属性是对象的一个基本要素，它描述了对象在程序中的外观特征，如文本框的长度和宽度，文本框中的文本等。改变对象的属性，也就改变了对象的外观特征。例如，改变文本框对象的宽度值，文本框的宽度也随之改变。改变对象的属性有两种方法：在设计阶段改变和在运行阶段改变。在程序设计阶段，可以在窗体窗口中，针对某一对象拖动鼠标，以改变对象的位置和大小，也可在【属性】窗口中设置对象的某一个属性。在程序运行阶段，通过程序中的赋值语句，修改对象的属性赋值。

2. 方法

对象的方法是指对象可以进行的操作。我们知道，对象是包含了数据和处理该数据代码的逻辑实体，其代码的组织形式是过程和函数，这些过程和函数被称为方法。方法的内容是不可见的，只能通过特定的方式使用它；通过方法，可以使对象完成相应的操作。

3. 事件

对象所响应的事件就是它所能识别的所发生的事情，是使对象产生动作的一个"通道"。当对象接收到一个事件发生，就会调用相应的事件过程。事件过程中是用户编写的代码，控制对象完成某种操作。VB 程序的执行是靠事件驱动的，只有在事件发生时，程序才会执行，在没有事件时，整个程序处于"停滞"状态。

小结

本章围绕案例，首先介绍了实现该案例所用到的基础知识，包括控件的添加、删除和设置，标签、文本框和命令按钮，数值的数据类型、常量和变量，算术运算、数学函数和算术表达式，赋值语句的特点。然后详细介绍了案例的实现，包括案例解析、操作步骤和案例拓展。最后介绍了一些扩展知识，包括符号常量和对象的概念。

习题

一、选择题

1. 在工具箱中（　　　　）一个控件，该控件会自动添加到窗体的中央。
   A．单击　　　　　B．双击　　　　　C．右单击　　　　　D．右双击
2. 逐个选定控件的方法是：按住（　　　　）键然后逐个单击要选择的控件。
   A．Shift　　　　　B．Ctrl　　　　　C．Alt　　　　　D．Tab

3. 选定控件后，按（　　　　）键，即可删除选定的控件。

    A．Delete   B．Backspace   C．Enter   D．Tab

4. 标签控件的（　　　　）属性决定标签是否自动改变大小。

    A．SizeAuto   B．AutoSize   C．WidthAuto   D．AutoWidth

5. 当命令按钮 Enabled 属性值设置为（　　　　）时，命令按钮不响应其 Click 事件。

    A．True   B．False   C．Click   D．NoClick

6. 一个长整型的变量所占用的存储空间是（　　　　）字节。

    A．1   B．2   C．4   D．8

7. 以下算术运算符中，优先级最高的是（　　　　）。

    A．+   B．\\   C．/   D．Mod

8. 文本框中所显示的文本是由其（　　　　）属性决定的。

    A．Text   B．Caption   C．Word   D．Content

9. 定义一个整数类型的变量后，变量所赋的初值为（　　　　）。

    A．0   B．1   C．False   D．""

10. 以下（　　　　）是单精度类型的常量。

    A．1.2   B．1.2#   C．1.2!   D．1.2&

二、填空题

1. 控件的_____属性唯一标识一个控件，控件的_____属性决定这个控件是否可见。

2. 整数类型的取值范围从_____到_____。

3. 表达式 Int(3.14)*Int(-1.414)的值是_____。

4. 表达式 $9-8*7\backslash6+5^4 \text{ Mod } 3+2*1$ 的值是_____。

5. 表达式 $9-8*7\backslash6+5^4 \text{ Mod } 3+2*1$ 的值是_____。

6. 把下列数学表达式转换成 VB 的表达式。

$$\frac{\sqrt{x}+\sqrt{y}}{2z} \qquad \frac{x\times30\%+y\times70\%}{(a+b)(c+d)}$$

三、上机练习

设计一个程序，程序运行时，出现图 2-9 所示的窗口，在 3 个文本框分别输入三角形 3 条边的边长，然后单击 计算面积 按钮，在最右边的文本框中显示该三角形的面积。在图 2-10 所示的窗口中输入一组数据后求出三角形的面积。要求输入的 3 条边长都是整数，而所求的面积是单精度数。

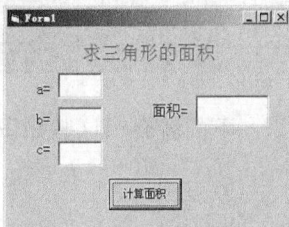

图2-9　程序运行后出现的窗口　　　　　　图2-10　一组数据的输出结果

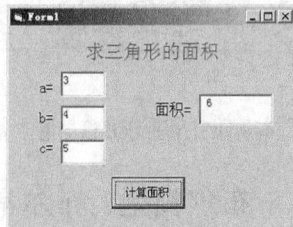

提示：三角形三条边的长度分别为 a、b、c，则其面积公式是：

$$\sqrt{p(p-a)(p-b)(p-c)}，\text{其中 } p=(a+b+c)/2$$

第3章 检验与分析日期

选择结构也是程序设计的 3 种基本结构之一，选择结构的功能是根据一定的条件有选择地执行程序中的语句。本章通过案例"检验与分析日期"，介绍如何用选择结构编写程序。

案例功能

程序运行时，出现图 3-1 所示的窗口，在前 3 个文本框中输入一个日期的年、月、日，然后单击 [查询] 按钮，如果输入的是一个合法的日期（如 2008 年 8 月 8 日），则在最后一个文本框中显示该年的属相以及天数（见图 3-2）；否则，在最后一个文本框中显示"错误的日期！"（见图 3-3）。

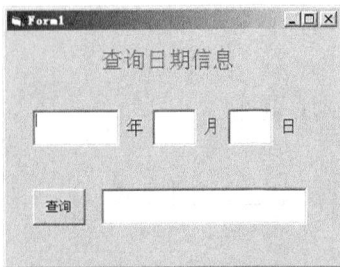

图3-1 程序运行后出现的窗口　　图3-2 正确日期的输出结果　　图3-3 错误日期的输出结果

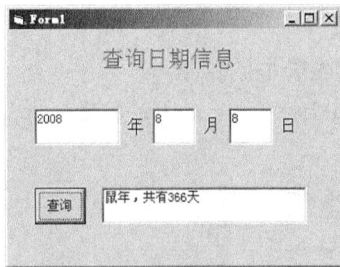

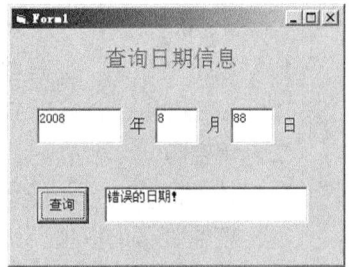

学习目标

- 理解布尔类型、布尔常量和布尔变量的概念。
- 理解关系运算和关系表达式的概念。
- 理解逻辑运算和逻辑表达式的概念。
- 掌握把数学判断表达式转换为逻辑表达式的方法。
- 掌握选择结构 4 种语句的使用方法。
- 掌握用选择结构编写程序的方法。

3.1 预备知识

要完成本案例所要求的功能，需要掌握相关的基础知识，下面就介绍这些知识。

3.1.1　布尔类型、布尔常量和布尔变量

除了案例 1 和案例 2 中介绍的字符串类型和数值类型（包括整数类型、长整数类型、单精度类型和双精度类型）外，布尔（Boolean）类型也是 VB 6.0 的基本数据类型。在案例 2 中曾提到过，控件的 Visible 属性、Enabled 属性、AutoSize 属性、Locked 属性都是布尔类型。下面介绍布尔类型的详细内容。

1. 布尔类型

布尔类型与字符串类型以及数值类型有所不同，它只有两个值，用来表示真或假。

- 类型名：Boolean。
- 取值范围：只有两个值 True 和 False。
- 占用存储空间：2 个字节。
- 能参与的运算：Not、And、Or（详见 3.1.3 小节）。

布尔类型的两个值中，True 表示真，False 表示假。这两个值通常用于逻辑判断，在 3.1.4 节中将讲详细介绍它们的作用。

2. 布尔常量

前面讲了，布尔类型只有两个值 True 和 False ，这两个值就是布尔类型的常量，并且它们都是 VB 6.0 的保留字，不能作为变量名。

需要注意的是，True 与"True"是不同的，True 是布尔类型的常量，而"True"则是字符串类型的常量。False 与"False"也如此。

另外还要注意，True 和 Ture 也是不同的，初学者经常把两者混淆。

3. 布尔变量

在案例 1 和案例 2 中曾经定义了字符串、整型等类型的变量，同样也可以定义布尔类型的变量。例如，用以下语句定义一个布尔类型的变量 IsBadDate：

```
Dim IsBadDate As Boolean
```

其中 IsBadDate 是变量名，Boolean 是布尔类型的类型名。

实际应用中，仅有两个值的信息可用布尔类型的变量来表示，如真或假、是或否、开或关等状态。在本案例中，涉及判断一个年份是否合法，仅有两个值（合法、非法），所以用前面定义的 IsBadDate 变量是合适的。

在前面的案例中曾提到过，一旦定义了一个变量，VB 6.0 都为其赋一个初值，对于布尔类型的变量也不例外，系统为变量所赋的初值为 False。

在前面的案例中曾提到过，赋值语句有类型自动转换的功能，对于布尔类型变量的赋值也是如此。

- 把一个数值赋值给布尔类型变量，如果这个值不为 0，则把 True 赋予该变量，否则把 False 赋予该变量。
- 把一个字符串赋值给布尔类型变量，如果字符串的值是"True"（忽略大小写，下同），则把 True 赋予该变量；如果字符串的值是"False"，则把 False 赋予该变量。如果字符串的值既不是"True"也不是"False"，则程序运行时会出现错误。

【例3-1】 布尔类型变量赋值的类型转换例子，假设变量 a 是布尔类型变量。

赋值语句	赋值语句的作用
a = 123	等同于 a = True
a = 0	等同于 a = False
a = "true"	等同于 a = True
a = "FALSE"	等同于 a = False
a = "Ture"	运行时会出现错误

另外，把布尔类型值赋值给数值变量或字符串变量也存在类型转换。

- 把一个布尔类型值赋予数值型变量，如果布尔类型值为 True，则把-1 赋予该变量（注意不是 1），否则把 0 赋予该变量。
- 把一个布尔类型值赋予字符型变量，如果布尔类型值为 True，则把"True"赋予该变量，否则把"False"赋给该变量。

3.1.2　关系运算和关系表达式

关系运算就是比较运算，两个值进行比较构成了关系表达式。

1. 关系运算

关系运算是用来对两个表达式的值进行比较的运算，也称比较运算。VB 6.0 中提供了 6 种关系运算符，如表 3-1 所示。

表 3-1　　　　　　　　　　　　　　VB 6.0 关系运算符

关系运算符	关系运算符的含义	关系运算符	关系运算符的含义
=	相等	>	大于
<>	不相等	<=	小于或等于
<	小于	>=	大于或等于

两个数进行比较，其结果是一个布尔类型值（True 或 False）。当比较关系成立时，结果为 True；当比较关系不成立时，结果为 False。

【例3-2】　两个数比较的例子。

整数的比较运算	比较的结果
1 > 1	False
1 >= 1	True
1 <> 1	False

关系运算符既可以进行数值的比较，也可以进行字符串的比较。当进行字符串比较时，首先比较两个字符串的第一个字符，其中 ASCII 值较大的字符所在的字符串大。如果第一个字符相同，则比较第 2 个，依此类推。如果其中一个字符串已比较完，而另一个没比较完，则没比较完的字符串大。根据 ASCII 值的大小，单个字符的大小有以下关系：

" "(空格) < "0" < "9" < "A" < "Z" < "a" < "z"

【例3-3】　两个字符串比较的例子。

整数的比较运算	比较的结果
"ABC" > "abc"	False
"ABC" > "ABCD"	False
"ABC" > "ABC"	True
" ABC" > "ABC"	False
"ABC" > "123"	True

2. 关系表达式

用关系运算符连接的两个数或算术运算表达式组成的式子叫关系表达式。对于关系表达式，要搞清楚以下两个问题。

(1) 关系表达式的运算顺序

由于关系表达式仅包含一个关系运算符（像后面出现的 1<x<10，由于其意义与数学中的意义不同，不算作关系表达式），因此也不存在 6 个关系运算优先级高低的问题。

由于关系表达式中参与比较运算的可以是一个算术表达式，这里就存在着算术运算和关系运算的优先级问题。VB 6.0 规定，算术运算的优先级要高于关系运算的优先级，如关系表达式"$1+2>3+4$"的其运算顺序相当于"$(1+2)>(3+4)$"。

尽管算术运算的优先级要高于关系运算，但在编写程序时，为了美观和易读，人们往往把算术表达式用括号括起来。

(2) 数学关系表达式转换为 VB 关系表达式

在案例 2 中介绍了如何把数学表达式转换为 VB 6.0 的表达式。下面介绍把数学关系表达式转换为 VB 6.0 表达式应注意的几个问题。

① 正确处理数学比较运算符。

常见的数学比较运算符转换为 VB 6.0 关系运算符如表 3-2 所示。

表 3-2   数学比较运算符转换为 VB 6.0 关系运算符

数学比较运算符	VB 6.0 关系运算符
≤或≦	<=
≥或≧	>=
≮	>=
≯	<=
≠	<>

② 正确处理数学中的连续比较。

在数学中经常会遇到连续的比较，如 1<x<10，但在 VB 6.0 中，这样连续比较的结果却与实际大不一样。对于 1<x<10，当 x=100 时，我们期望的结果是 False，而在 VB 6.0 中，它的值却是 True！

这是因为，VB 6.0 中，1<x<10 的运算顺序是(1<x)<10，当 x=100 时，1<x 的值是 True。也就是说 1<x<10 的值等于 True<10，这是两种不同类型数据之间的比较，VB 6.0 自动转换为两个数的比较，即把 True 转换为数-1。也就是说 1<x<10 的值等于-1<10 的值，即 True。

因此，数学中的连续比较不能直接作为 VB 6.0 的关系表达式，应转换为 VB 6.0 的逻辑表达式（参见下一节内容）。

3.1.3 常用逻辑运算和逻辑表达式

布尔类型的数据也可以进行运算，称为逻辑运算。由两个或多个布尔类型的数据进行运算的表达式构成了逻辑表达式。

1. 常用逻辑运算

逻辑运算符也称布尔运算符。在 VB 6.0 中有 6 种逻辑运算符，最常用的逻辑运算符有 3 个。表 3-3 按优先级从高到低列出了这 3 种常用的逻辑运算符。

表 3-3   逻辑运算符

逻辑运算符	逻辑运算符的含义
Not	非
And	与
Or	或

（1） Not 运算

Not 运算是单目运算符，即只有一个布尔类型的数据参与运算，其意义是：对参与运算的布尔类型的数据"求反"，即把 True 变成 False，把 False 变成 True。

【例3-4】 Not 运算的例子。

Not 运算	运算的结果
Not True	False
Not False	True

（2） And 运算

And 运算是对两个布尔类型的数据进行"与"运算，即：如果两个布尔类型的数据均为 True，结果才为 Ture；否则为 False。

【例3-5】 And 运算的例子。

And 运算	运算的结果
True And True	True
True And False	False
False And True	False
False And False	False

（3） Or 运算

Or 运算是对两个布尔类型的数据进行"或"运算，即：如果两个布尔类型的数据均为 False，结果才为 False；否则为 True。

【例3-6】 Or 运算的例子。

Or 运算	运算的结果
True Or True	True
True Or False	True
False Or True	True
False Or False	False

2. 逻辑表达式

与关系表达式类似，对于逻辑表达式，也应要搞清楚以下两个问题。

(1) 逻辑表达式的运算顺序

由于逻辑表达式中可以包含多个逻辑运算符，在前面已经介绍了 3 个常用逻辑运算符的优先级。另外，对于两个相同的 Not 运算符（这种情况很少出现），运算顺序是从右向左，对于两个相同的 And 或 Or 运算符，运算顺序是从左向右。这样就确定了逻辑表达式的运算顺序。

【例3-7】 求逻辑表达式 "False Or Not Not False And True Or False And Not True" 的值。

解：表达式的计算顺序如下（带下画线的运算是当前要进行的运算）：

```
  False Or Not Not False And True Or False And Not True

= False Or Not True And True Or False And Not True

= False Or False And True Or False And Not True

= False Or False And True Or False And False

= False Or False Or False And False

= False Or False Or False

= False Or False

= False
```

由于逻辑表达式中参与逻辑运算的可以是一个关系表达式，就存在着关系运算和逻辑运算的优先级问题。VB 6.0 规定，关系运算的优先级要高于逻辑运算的优先级，如逻辑表达式 "1 > 2 Or 2 > 1" 其运算顺序相当于 "(1 > 2) Or (2 > 1)"。

尽管关系运算的优先级要高于逻辑运算，但在编写程序时，为了美观和易读，往往把关系表达式用括号括起来。

(2) 数学关系表达式转换为 VB 逻辑表达式

在介绍关系表达式时，遇到了 1<x<10 不能用 VB 6.0 关系表达式正确表示的问题。下面就解决这个问题。

【例3-8】 把数学表达式 "1<x<10" 转换成 VB 6.0 的逻辑表达式。

解：1<x<10 相当于两个关系表达式 1<x 和 x<10 同时都满足，也就相当于 And 运算。所以转换 VB 6.0 的逻辑表达式是：

```
(1<x) And (x<10)
```

【例3-9】 把数学描述 "k 不同时被 m 和 n 整除" 转换成 VB 6.0 的逻辑表达式。

解：这句话可以这样理解：Not "k 同时被 m 和 n 整除"。而 "k 同时被 m 和 n 整除" 又可以这样理解："k 被 m 整除" And "k 被 n 整除"。而 "k 被 m 整除" 可用 "k Mod m = 0" 表示，而 "k 被 n 整除" 可用 "k Mod n = 0" 表示。转换成 VB 6.0 的逻辑表达式是：

```
Not((k Mod m = 0) And (k Mod n = 0))
```

注意，Not 后面的括号不能省略，因为 Not 的优先级要高于 And 的优先级。

【例3-10】 对于年号 y，写出判断 y 年为闰年的逻辑表达式。

解：闰年的条件是：年份能被 400 整除是闰年，或者年份被 4 整除，但不能被 100 整除也是闰年。可以这样理解："y 能被 400 整除" Or "y 被 4 整除 And y 不能被 100 整除"。而 "y 能被 400 整除" 可用 "y Mod 400 = 0" 表示，而 "y 被 4 整除" 可用 "y Mod 4

= 0"表示,而"y 不能被 100 整除"可用"y Mod 100 <> 0"表示。转换成 VB 6.0 的逻辑表达式是:

```
(y Mod 400 = 0) Or (y Mod 4 = 0) And (y Mod 100 <> 0)
```

3.1.4　选择结构的语句

选择结构可根据不同的条件进行不同的处理,选择结构有 4 种语句:行 If 语句、双分支块 If 语句、多分支块 If 语句、Select Case 语句。

1.　行 If 语句

行 If 语句是写在一行内的 If 语句,根据判断条件,可做不同的处理。其语法格式如下:

```
If <条件> Then <语句1> [ Else <语句2>]
```

以上语法格式说明如下。

- <条件>是一个计算结果为布尔类型的表达式(其值为 True 或 False),可以是布尔类型的变量、返回值为布尔类型的函数、关系表达式、逻辑表达式等。
- <语句 1> 和<语句 2>是 VB 6.0 的语句。<语句 1> 和<语句 2>只能是 1 条语句,不能多于 1 条。
- "Else <语句 2>"可以省略,但有 Else 关键字时,<语句 2>不能省略。

行 If 语句的功能是:首先计算<条件>的值,如果为 True,则执行<语句 1>;否则,当"Else <语句 2>"没有省略时,执行<语句 2>,当"Else <语句 2>"省略时,什么也不做。

【例3-11】行 If 语句的例子。

行 If 语句	语句的功能
If (x >= 0)　Then y = sqr(x)	如果变量 x 的值大于等于 0,则把 x 的平方根的值赋予变量 y,否则什么也不做
If (x >= 0) Then y = x Else y = -x	如果变量 x 的值大于等于 0,则把 x 的值赋予变量 y,否则把 x 的相反数赋予变量 y。该语句与语句"y = Abs(x)"等价

2.　双分支块 If 语句

行 If 语句有明显的局限性,就是<语句 1> 和<语句 2>都只能是 1 条语句。如果对于某个条件需要多条语句时,这就需要双分支块 If 语句。其语法格式如下:

```
If <条件> Then
  <语句块 1>
[ Else
  <语句块 2>]
End If
```

以上语法格式说明如下。

- <条件>的含义同前。
- <语句块 1> 和<语句块 2>是 VB 6.0 的语句序列,可以是 1 条语句,也可以是多条语句。
- "Else / <语句块 2>"可以省略。

- "If　<条件>　Then"、"Else"、"End If"都是单独一行，<语句块 1>和<语句块 2>在单独的一行或多行内。

双分支块 IF 语句的功能是：首先计算<条件>的值，如果为 True，则执行<语句块 1>中的各语句；否则，当"Else / <语句块 2>"没有省略时，执行<语句块 2>中的各语句，当"Else / <语句块 2>"省略时，什么也不做。

【例3-12】编写窗体的单击事件过程代码，输入一元二次方程 $ax^2 + bx + c = 0$ 的 3 个系数 a、b、c，判断方程是否有实数根，如果有则输出实数根，否则输出"该方程无实数根！"。

解：我们要用到 6 个单精度类型的变量 a、b、c、d、$x1$、$x2$，其中 a、b、c 用来保存方程的系数，d 用来保存判别式 (b^2-4ac) 的值，$x1$、$x2$ 用来保存方程的两个根。a、b、c 的输入用 InputBox 函数，输出的信息用窗体的 Print 方法（将在 3.3.2 节中详细介绍）。完整的程序如下：

```
Private Sub Form_Click()
    ' 以下语句用来定义 6 个变量
    Dim a As Single, b As Single, c As Single
    Dim d As Single, x1 As Single, x2 As Single
    ' 以下语句用来输入 a、b、c 的值
    a = InputBox("输入系数 a")
    b = InputBox("输入系数 b")
    c = InputBox("输入系数 c")
    ' 以下语句用来求判别式的值
    d = b ^ 2 - 4 * a * c
    ' 以下 If/Else/End If 语句用来根据判别式的值分情况处理
    If (d >= 0) Then
        x1 = (-b + Sqr(d)) / (2 * a)
        x2 = (-b - Sqr(d)) / (2 * a)
        Print x1, x2
    Else
        Print "该方程无实数根！"
    End If
End Sub
```

3. 多分支块 If 语句

双分支块 If 语句也有局限性，就是只有两个分支，在有多于两个分支的问题中，需要用多个双分支块 If 语句来解决。多分支块 If 语句的语法格式如下：

```
If　<条件 1>　Then
  <语句块 1>
[ElseIf　<条件 2>　Then
  <语句块 2>]
[ElseIf　<条件 3>　Then
  <语句块 3> ]
    ......
[Else
  <语句块 n>]
```

```
        End If
```

以上语法格式说明如下。

- <条件>、<语句块 1>、<语句块 2>等的含义同前。
- "If　<条件 1>　Then"、"ElseIf　<条件 i> Then"、"Else"、"End If"都是单独一行，<语句块 1>、<语句块 2>、……、<语句块 n>在单独的一行或多行内。

多分支块 IF 语句的功能是：首先计算<条件 1>的值，如果为 True，则执行<语句块 1>中的各语句；否则，计算<条件 2>的值，如果为 True，则执行<语句块 2>中的各语句，依此类推。如果所有的条件都不为 True，则执行<语句块 n>中的各语句。

【例3-13】编写窗体单击事件的过程代码，要求输入一个整数，若大于 0 则在窗口上输出 1，若等于 0 则在窗口上输出 0，若小于 0 则在窗口上输出-1。

解：本例要用到 1 个类型的变量 x。x 值的输入用 InputBox 函数，输出的信息用窗体的 Print 方法。完整的程序如下：

```
Private Sub Form_Click()
    '以下语句用来定义变量 x
    Dim x As Integer
    '以下语句用来输入 x 的值
    x = InputBox("输入一个整数 x")
    '以下语句用来根据 x 的值输出
        If x > 0 Then
            Print 1
        ElseIf x = 0 then
            Print 0
        Else
            Print -1
        End If
End Sub
```

4. Select Case 语句

在实际应用中，经常需要对变量不同的值进行不同的处理，如输入一个星期数 w（w=0 表示星期天，w=1 表示星期一，依此类推），输出对应的英文名称。这样的问题用双分支或多分支块 IF 语句可以实现，但代码很冗长。用 Select Case 语句就简洁许多。Select Case 语句的格式如下：

```
Select Case <测试表达式>
    [Case <值列表 1>
        <语句块 1>]
    [Case <值列表 2>
        <语句块 2>]
    ......
    [Case Else
        <语句块 n>]
End Select
```

以上语法格式说明如下。

- <测试表达式>是一个整数或字符串类型的表达式。
- <值列表 i>是一个或多个值的列表，如果是多个值，用逗号把数值隔开。例如 "2"、"4,6,9,11" 等。

Select Case 语句的功能是：首先计算<测试表达式>的值，如果这个值出现在<值列表 1>中，则执行<语句块 1>中的各语句，如果这个值出现在<值列表 2>中，则执行<语句块 2>中的各语句，依此类推，如果这个值在所有的值列表中都没有，则执行<语句块 n>中的各语句，即 "Case Else" 后面的语句块。

【例3-14】编写窗体的单击事件过程代码，解决本节开始提出的问题。

解：本例要用到 1 个整数类型的变量 w。w 值的输入用 InputBox 函数，输出的信息用窗体的 Print 方法。完整的程序如下：

```
Private Sub Form_Click()
    ' 以下语句用来定义变量 w
    Dim w As Integer
    ' 以下语句用来输入 w 的值
    w = InputBox("输入一个星期数，0 表示星期天，1 表示星期一")
    ' 以下语句针对不同的 w 值，输出不同的信息
    Select Case w
    Case 0
        Print "Sunday"
    Case 1
        Print "Monday"
    Case 2
        Print "Tuesday"
    Case 3
        Print "Wednesday"
    Case 4
        Print "Thursday"
    Case 5
        Print "Friday"
    Case 6
        Print "Saturday"
    Case Else
        Print "错误的星期！"
    End Select
End Sub
```

【例3-15】编写窗体的单击事件过程代码，输入一个月份，判断并输出该月是大月还是小月。

解：本例要用到 1 个整数类型的变量 m。m 值的输入用 InputBox 函数，输出的信息用窗体的 Print 方法。我们知道，1 月、3 月、5 月、7 月、8 月、10 月、12 月是大月，而 2 月、4 月、6 月、9 月、11 月是小月，由于涉及对多个值的判断，用 Select Case 语句再合适不过了。完整的程序如下：

```
Private Sub Form_Click()
    Dim m As Integer
    m = InputBox("输入一个月份")
```

```
'以下语句针对不同的 m 值，输出不同的信息
    Select Case m
    Case 1,3,5,7,8,10,12
        Print m; "月是大月"
        Case 2,4,6,9,11
        Print m; "月是小月"
    Case Else
        Print m; "是错误的月份"
    End Select
End Sub
```

3.2 案例的实现

有了以上预备知识，下面可以实现本章开始所介绍的案例了。首先对本案例进行解析，然后给出具体的操作步骤，最后对本案例进行拓展，以巩固提高所学的内容。

3.2.1 案例解析

要用 VB 6.0 实现该案例，主要有两个任务：设计界面和编写代码。通过第 1 章和第 2 章的案例，设计界面的方法已经介绍得很清楚了，设计本案例的界面没有什么困难，不再赘述。下面主要介绍如何编写代码。

本案例只需要编写命令按钮的单击（Click）事件过程代码，有 3 项主要工作：定义变量、输入数据、处理数据。输出结果没有单独分出来，边处理边输出。

(1) 定义变量

根据程序的要求，应定义整数类型变量 y、m、d，用来保存年、月、日；定义一个布尔型变量 IsBadDate，用来保存日期是否为一个错误日期；定义一个整数类型的变量 RunTian，用来保存 2 月所加的天数（闰年加 1 天，非闰年加 0 天）；最后还要定义一个字符串类型的变量一个 ShuXiang ，用来保存该年的属相。定义变量的语句如下：

```
Dim y As Integer, m As Integer, d As Integer
Dim IsBadDate As Boolean
Dim RunTian As Integer
Dim ShuXiang As String
```

(2) 输入数据

从文本框中输入数据比较简单，语句如下：

```
y = Val(Text1.Text)
m = Val(Text2.Text)
d = Val(Text3.Text)
```

(3) 处理数据

数据处理是本案例的难点和重点。首先确定程序的总体结构。根据案例功能要求，判断日期是否错误，如果是错误的日期，就要输出"错误的日期！"，否则就找属相、求天数并

输出。把日期是否错误的判断结果保存在布尔型变量 IsBadDate 中，那么这个程序大的框架应该是：

```
        ' (A)这里是判断日期是否错误的一系列语句
        ' 判断结果保存中变量 IsBadDate 中
    If IsBadDate Then
        Text4.Text = "错误的日期！"
    Else
        ' (B)这里是"找属相、求天数并输出"的一系列语句
    End If
```

由上可以看到，需要编写标有(A)和(B)这两部分的代码。

先看(A)"判断日期是否错误"。日期错误大致有两种情况：一种是明显的错误，如 y、m、d 为 0 或负数，y 大于 12，d 大于 31；另一种是不明显的错误，就是 d 大于 m 月的天数，如 2 月 30 日。我们先判明显的错误，可用下面的语句：

```
    IsBadDate = (y <= 0) Or (m <= 0) Or (m > 12) Or (d <= 0) Or (d > 31)
```

再来判不明显的错误，不明显错误只需要判断 d 是否超过 m 月的天数。如果 m 月是大月，就不用判断了，因为 d 的值不超过 31；如果 m 月是小月，对于 4、6、9、11 月，只需要判断 d 是否小于 30 就行了，而当 m=2 时，2 月的天数取决于 y 年是否为闰年。因此，我们应首先判断是否为闰年，把 2 月份加的天数 RunTian 算出来。在 3.1.3 小节里给出了闰年判断的逻辑表达式，计算 RunTian 可用下面的代码：

```
    If (y Mod 400 = 0) Or (y Mod 4 = 0) And (y Mod 100 <> 0) Then
        RunTian = 1
    Else
        RunTian = 0
    End If
```

有了 RunTian 的值后，下面判断 d 是否超过 m 月的天数，要把 2 月和 4 月、6 月、9 月、11 月区分开，用 Select Case 语句再恰当不过了。代码如下：

```
    Select Case m
        Case 2
            IsBadDate = (d > 28 + RunTian)
        Case 4, 6, 9, 11
            IsBadDate = (d > 30)
    End Select
```

再看(B)"找属相、求天数并输出"。找 y 年属相要看属相与年份的规律，不难发现，年份除以 12 余数等于 0 的年份是"猴"年，余数等于 1 的年份是"鸡"年，依此类推。类似于 3.1.4 节中的输出星期英文名的代码，可以用 Select Case 语句求出 y 年的属相，并赋值给变量 ShuXiang。

求天数很容易，有了变量 RunTian，这年的天数就是 365+RunTian。输出结果也比较容易，代码如下：

```
Text4.Text = ShuXiang & "年,共有" & (365 + RunTian) & "天"
```

3.2.2 操作步骤

有了以上的案例解析，下面只需要按步骤操作就行了。

操作步骤

(1) 启动 VB 6.0，创建"标准 EXE"工程。

(2) 调整窗体的大小，使其符合要求。

(3) 在窗体上添加 4 个标签、4 个文本框和 1 个命令按钮，并按照表 3-4 所示设置相应的属性。

表 3-4   对象的属性设置

控　件	属性	属性值
Label1	Caption	"查询日期信息"
	AutoSize	True
	Font	大小为"三号"
	ForeColor	红色
Label2	Caption	"年"
	Font	大小为"小四"
	ForeColor	蓝色
Label3	Caption	"月"
	Font	大小为"小四"
	ForeColor	蓝色
Label4	Caption	"日"
	Font	大小为"小四"
	ForeColor	蓝色
Text1、Text2、Text3	Text	""
Text4	Text	""
	Locked	True
Command1	Caption	"查询"

(4) 双击命令按钮，打开代码编辑器窗口，在代码编辑器窗口中，输入以下代码：

```
Private Sub Command1_Click()
    Dim y As Integer, m As Integer, d As Integer
    Dim IsBadDate As Boolean
    Dim RunTian As Integer
    Dim ShuXiang As String

    y = Val(Text1.Text): m = Val(Text2.Text) : d = Val(Text3.Text)
    If (y Mod 400 = 0) Or (y Mod 4 = 0) And (y Mod 100 <> 0) Then
        RunTian = 1
    Else
        RunTian = 0
    End If
```

```
    IsBadDate = (y <= 0) Or (m <= 0) Or (m > 12) Or (d <= 0) Or (d > 31)
    If Not IsBadDate Then
        Select Case m
            Case 2
                IsBadDate = (d > 28 + RunTian)
            Case 4, 6, 9, 11
                IsBadDate = (d > 30)
        End Select
    End If
    If IsBadDate Then
        Text4.Text = "错误的日期！"
    Else
        Select Case (y Mod 12)
            Case 0
                ShuXiang = "猴"
            Case 1
                ShuXiang = "鸡"
            Case 2
                ShuXiang = "狗"
            Case 3
                ShuXiang = "猪"
            Case 4
                ShuXiang = "鼠"
            Case 5
                ShuXiang = "牛"
            Case 6
                ShuXiang = "虎"
            Case 7
                ShuXiang = "兔"
            Case 8
                ShuXiang = "龙"
            Case 9
                ShuXiang = "蛇"
            Case 10
                ShuXiang = "马"
            Case 11
                ShuXiang = "羊"
        End Select
        Text4.Text = ShuXiang & "年，共有" & (365 + RunTian) & "天"
End Sub
```

(5) 以"案例 3.frm"为文件名保存窗体文件到"D:\案例"文件夹；以"案例 3.vbp"为文件名保存工程文件到"D:\案例"文件夹。

(6) 单击工具栏上的【启动】按钮 ▶ 运行工程，出现程序窗口（见图 3-1）。

(7) 在 3 个文本框中输入相应的数据，然后单击 查询 按钮，查看输出的结果。

(8) 单击程序窗口中的 ✕ 按钮，结束程序运行。

3.2.3 案例拓展

完成以上案例后，下面对该案例进行拓展。

🔍 **功能要求**

在本章案例的基础上，再增加一个功能，不仅显示该年的属相以及天数，而且显示到年底剩余的天数。输入一组数据后的结果如图 3-4 所示。

🔧 **操作提示**

只需对 Command1 的 Click 事件代码进行以下扩充。

(1) 增加一个整数类型变量 ShengYu，其定义语句为：

```
Dim ShengYu As Integer
```

(2) 在最后的输出语句前增加以下语句，用来计算剩余天数。

图3-4 拓展案例一组数据的结果

```
ShengYu = 365 + RunTian
If m > 1 Then ShengYu = ShengYu - 31
If m > 2 Then ShengYu = ShengYu - 28 - RunTian
If m > 3 Then ShengYu = ShengYu - 31
If m > 4 Then ShengYu = ShengYu - 30
If m > 5 Then ShengYu = ShengYu - 31
If m > 6 Then ShengYu = ShengYu - 30
If m > 7 Then ShengYu = ShengYu - 31
If m > 8 Then ShengYu = ShengYu - 31
If m > 9 Then ShengYu = ShengYu - 30
If m > 10 Then ShengYu = ShengYu - 31
If m > 11 Then ShengYu = ShengYu - 30
ShengYu = ShengYu - d
```

(3) 在最后的输出语句后增加一条输出语句。

```
Text4.Text = Text4.Text & "，这年还剩" & ShengYu & "天"
```

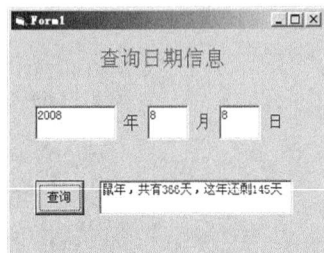

3.3 知识扩展

在 3.1 节中介绍了本案例所用到的基础知识，以下内容对前面的内容进行扩充，以扩大视野。

3.3.1　其他逻辑运算

除了在 3.1.3 节介绍的 Not、And 和 Or 逻辑运算外，VB 6.0 还有另外 3 个逻辑运算。这些逻辑运算通常很少使用。

(1)　Xor 运算

Xor 运算是对两个布尔类型的数据进行"异或"运算，即：如果两个布尔类型的数据相异（不同）时，结果为 True，否则为 False。

【例3-16】Xor 运算的例子。

Xor 运算	运算的结果
True Xor True	False
True Xor False	True
False Xor True	True
False Xor False	False

(2)　Eqr 运算

Eqr 运算用来判断两个布尔类型的数据是否"等价"（即相等），即：如果两个布尔类型的数据相同，结果为 True，否则为 False。

【例3-17】Eqr 运算的例子。

Eqr 运算	运算的结果
True Eqr True	True
True Eqr False	False
False Eqr True	False
False Eqr False	True

(3)　Imp 运算

Imp 运算用来判断两个布尔类型的数据是否有"蕴含"关系，即：只有当第一个布尔类型数据的值为 True，且第 2 个布尔类型数据的值为 False 时，其结果为 False；否则为 True。

【例3-18】Imp 运算的例子。

Imp 运算	运算的结果
True Imp True	True
True Imp False	False
False Imp True	True
False Imp False	True

3.3.2　窗体的 Print 方法

在第 1 章的案例中介绍过，对象的三要素是属性、事件和方法。在用 VB 6.0 编写程序中，窗体是最重要的一个对象。Print 是窗体对象的一个方法，其功能是在窗体上输出文本或表达式的值，Print 方法使用的语法格式为：

```
[<窗体名称>.] Print [<表达式> [<分割符> <表达式>]…[<分割符>] ]
```

以上语法格式说明如下。

- <窗体名称>是窗体的名字（如 Form1），可以省略。如果省略 "<窗体名称>"，默认的窗体是当前窗体。
- <表达式>是一个运算式，可以是数值表达式，也可以是字符表达式。对于数值表达式，输出表达式的值；若是字符串则照原样输出。
- <表达式> [<分割符> <表达式>]…[<分割符>]可以省略。如果省略，Print 后无任何内容，其功能是输出一个空行。
- <分割符>可以是逗号 ","，也可以是分号 ";"。若以逗号隔开，表示紧接着<分割符>后面的那个<表达式>的值，在当前标准位上输出（一个标准位占 14 个字符）；若以分号隔开，表示按紧凑格式输出（即输出数值数据时，数值数据之前有一个符号位，数据之后有一个空格位；输出字符数据时，字符数据紧密连接）。
- "[<分割符> <表达式>]…" 的含义是：<分割符> <表达式>可以重复 0 次、1 次、2 次等。重复 0 次表示省略。也就是说可以在一行上输出多个数据，这些数据可以在当前标准位上输出，也可以按紧凑格式输出。
- "…" 后面的[<分割符>]可以省略。如果省略，语句行的末尾无分隔符，其功能是输出完数据后立即换行。如果语句行的末尾是逗号，输出数据后并不换行，下一个 Print 语句的第一个输出数据在当前行的当前标准位上输出；如果语句行的末尾是分号，输出数据后不换行，下一个 Print 语句的第一个输出数据在当前行以紧凑格式输出。
- <条件>是一个计算结果为布尔类型的表达式（其值为 True 或 False），可以是布尔类型的变量、返回值为布尔类型的函数、关系表达式、逻辑表达式等。

【例3-19】Print 方法使用的例子 1。

语句序列	功能
Print 1 Print 2	在第 1 行上输出 1，在第 2 行上输出 2
Print 1 Print Print 2	在第 1 行上输出 1，在第 2 行上输出一个空行，在第 3 行上输出 2
Print 1, Print Print 2	在第 1 行上输出 1，在第 2 行上输出 2

【例3-20】Print 方法使用的例子 2。

以下两条语句：

```
Print "12345678901234567890123456789012345674890"
Print "x=";1, "y=";-2, "z=";3; "Kiss"
```

和以下 4 条语句：

```
Print "12345678901234567890123456789012345674890"
```

```
Print "x=";
Print 1, "y=";-2,
Print "z=";3; "Kiss"
```

的输出结果都是：

```
12345678901234567890123456789012345678 90
x= 1           y=-2         z= 3Kiss
```

小结

本章围绕案例，首先介绍了实现该案例所用到的基础知识，包括布尔类型、布尔常量和布尔变量，关系运算和关系表达式，常用逻辑运算和逻辑表达式，选择结构及其程序设计。然后详细介绍了案例的实现，包括案例解析、操作步骤和案例拓展。最后介绍了一些扩展知识，包括其他逻辑运算、窗体的 Print 方法。

习题

一、选择题

1. 以下选项中，（　　　）是布尔常量。
   A．True　　　　　B．Truth　　　　　C．Yes　　　　　D．Ok

2. b 是一个布尔类型的变量，语句"b=100"执行后，b 的值是（　　　）。
   A．100　　　　　B．"100"　　　　　C．True　　　　　D．False

3. n 是一个整数类型的变量，语"n=True"执行后，n 的值是（　　　）。
   A．1　　　　　B．-1　　　　　C．0　　　　　D．True

4. 以下关系表达式，值为 False 的是（　　　）。
   A．2>=2　　　　　B．2<=2　　　　　C．2>=3　　　　　D．2<=3

5. 以下关系表达式，值为 True 的是（　　　）。
   A．"123">"4"　　B．"56">"7"　　C．"89">"10"　　D．"100">"20"

6. 以下关系表达式，值为 True 的是（　　　）。
   A．"good">"bad"　　　　　　　　B．"beijing">"shanghai"
   C．"basic">"java"　　　　　　　　D．"boy">"girl"

7. 以下关系表达式，值为 True 的是（　　　）。
   A．"0">"A"　　　B．"a">"A"　　　C．" ">"A"　　　D．"">"A"

8. 以下逻辑表达式，值为 True 的是（　　　）。
   A．True Or False　　　　　　　　B．True And False
   C．Not True Or False　　　　　　D．Not True And False

二、填空题

1. 布尔类型只有两个常量，它们是_____和_____。

2. 把数学表达式"0≤x≤1"转换为 VB 的逻辑表达式为_____。

3. 把数学描述"N 是不小于 4 的偶数"转换为 VB 的逻辑表达式为_____。

4. 把数学描述"x,y 都大于 0"转换为 VB 的逻辑表达式为_____。

5. 把数学描述"x,y 不同时为 0"转换为 VB 的逻辑表达式为_____。

6. 把数学描述"x,y,z 至少一个为 0"转换为 VB 的逻辑表达式为_____。

三、上机练习

设计一个程序，程序运行时的窗口与图 3-1 所示的窗口相同。在前 3 个文本框中输入一个日期的年、月、日，然后单击 查询 按钮，如果输入的是一个合法的日期（如 2008 年 8 月 8 日），则在最后一个文本框中显示该月的英文名以及该月剩余的天数（见图 3-5）；否则，在最后一个文本框中显示"错误的日期！"（见图 3-3）。

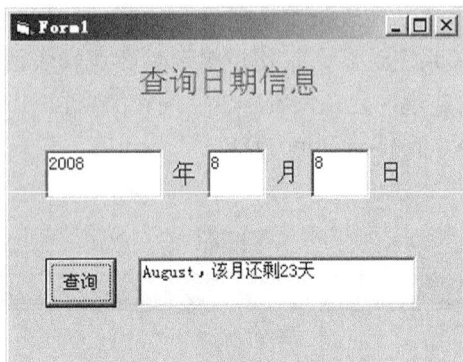

图3-5 程序运行后出现的窗口

循环结构也是程序设计的 3 种基本结构之一，循环结构的功能是反复执行程序中的语句。本章通过案例"查找素数"，介绍如何用循环结构编写程序。

📚 **案例功能**

程序运行时，单击程序窗口，用 InputBox 输入一个整数 n，查找并输出所有小于等于 n 的素数，输出时，每行输出 10 个素数。素数是这样的数，就是除了 1 和它本身外，再也没有其他数能够将其整除。例如，5、7、11、13 等都是素数，而 9 不熟素数，因为 9 能被 3 整除。图 4-1 所示为输入 100 后的输出结果，图 4-2 所示为输入 1000 后的输出结果。

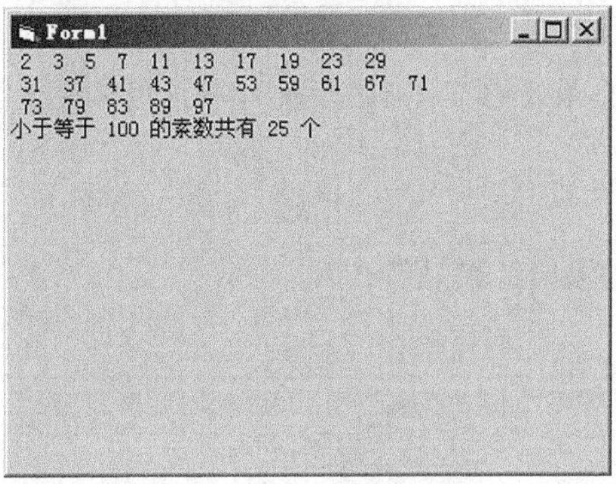

图4-1　输入 100 后的输出结果

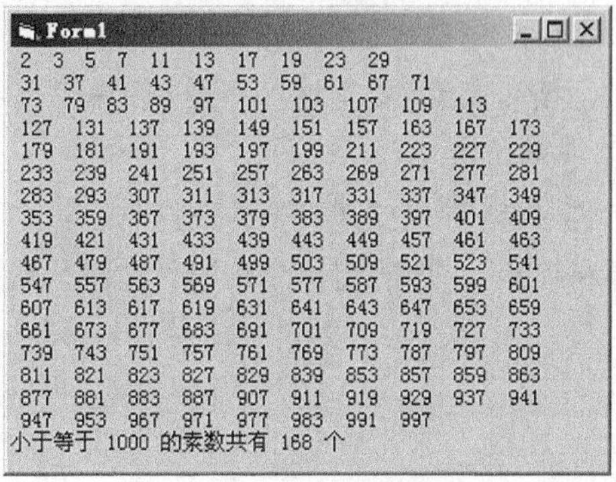

图4-2　输入 1000 后的输出结果

学习目标
- 掌握 For_Next 循环语句的使用方法。
- 掌握 Do_Loop 循环语句的使用方法。
- 理解循环嵌套的概念。
- 掌握用循环结构编写程序的方法。

4.1 预备知识

要完成本案例所要求的功能，需要掌握相关的基础知识：For_Next 循环语句、Do_Loop 循环语句、循环的嵌套，下面就介绍这些知识。

4.1.1　For_Next 循环语句

For_Next 循环语句适合处理循环次数明确的问题，如求 S=1/1+1/2+…+1/100 的值。在 For_Next 循环语句中使用了一个叫做计数器的变量，每重复执行一次循环体后，计数器变量的值就会增加或者减少。For 循环的语法格式如下：

```
For <循环变量> = <循环初值> To <循环终值> [Step <循环步长>]
    <循环体>
Next [<循环变量>]
```

以上语法格式说明如下。

- <循环变量>是一个整数类型的变量。
- <循环初值>、<循环终值>和<循环步长>是整数类型的表达式。
- <循环体>是 VB 6.0 的语句序列，可以是一条语句，也可以是多条语句。
- "Step <循环步长>" 可以省略，如果省略相当于 "Step 1"。

For 循环语句的执行过程如下。

(1) 设置<循环变量>的值等于<循环初值>。

(2) 若<循环步长>为正数，则测试<循环变量>是否大于<循环终值>，若大于<循环终值>，则 For_Next 循环语句执行完毕；若<循环步长>为负数，则测试<循环变量>是否小于<循环终值>，若小于<循环终值>，则 For_Next 循环语句执行完毕。

(3) 执行<循环体>内的各语句。

(4) <循环变量>变量增加一个<循环步长>的值。如果省略了<循环步长>，则<循环变量>变量的值加 1。

(5) 重复步骤 (2)～步骤(4)。

【例4-1】 下面的窗体单击事件过程代码执行完的输出结果是什么？

```
Private Sub Form_Click()
    Dim i As Integer, s As Integer
    s = 0
    For i = 1 To 10
        s = s + i
    Next i
    Print s
End Sub
```

答：该程序的功能相当于计算 1+2+3+…+10 的值，输出结果是 55。

【例4-2】 下面的窗体单击事件过程代码执行完的输出结果是什么？

```
Private Sub Form_Click()
    Dim i As Integer, s As Integer
    s = 0
    For i = 1 To 10 Step 2
        s = s + i
    Next i
    Print s
End Sub
```

答：该程序的功能相当于计算 1+3+5+7+9 的值，输出结果是 25。

【例4-3】 下面的窗体单击事件过程代码执行完的输出结果是什么？

```
Private Sub Form_Click()
```

```
Dim i As Integer, s As Integer
s = 0
For i = 1 To 10 Step -2
    s = s + i
Next i
Print s
End Sub
```

答：由于循环步长是负的，而循环初值又小于循环终值，所以循环体内的语句一次也没有执行，所以输出结果是0。

【例4-4】 下面的窗体单击事件过程代码执行完的输出结果是什么？

```
Private Sub Form_Click()
Dim i As Integer, s As Integer
s = 0
For i = 10 To 1 Step -1
    s = s + i
Next i
Print s
End Sub
```

答：该程序的功能相当于计算10+9+8+…+1的值，输出结果是55。

【例4-5】 下面的窗体单击事件过程代码执行完的输出结果是什么？

```
Private Sub Form_Click()
Dim i As Integer, s As Integer
s = 0
For i = 10 To 1 Step -2
    s = s + i
Next i
Print s
End Sub
```

答：该程序的功能相当于计算10+8+6+4+2的值，输出结果是30。

【例4-6】 编写窗体单击事件过程代码，求10!（10!=1×2×3×…×10）的值并输出。

解：我们用变量s保存10!的值，粗略估计，10!超出整数类型的最大值32 767，因此变量s的类型应该是长整数类型。我们先把变量s赋初值1，然后再分别乘以2、3…10，最后得到10!的值。需要注意的是，假如与求和一样，我们把变量s赋初值0，那么我们计算出来的结果是0。程序代码如下：

```
Private Sub Form_Click()
Dim i As Integer, s As Long
s = 1
For i = 2 To 10
    s = s * i
```

```
        Next i
        Print s
    End Sub
```

【例4-7】 编写窗体单击事件过程代码，找出并输出水仙花数。所谓水仙花数，就是一个 3 位数，其各位上的数字的立方和刚好等于该数。例如 153，个十百位上的数字分别是 3、5、1，而 $3^3+5^3+1^3=153$，所以 153 是一个水仙花数。

解：把 100～999 的数一个一个地去检测，看看是否满足水仙花数的定义，满足了就打印出来。所以程序的框架是：

```
        For i = 100 To 999
            ' 如果 i 满足水仙花的定义，则输出 i
        Next i
```

根据水仙花数的定义，我们把数 i 的各位上的数字取出来，然后求出它们的立方和，如果这个立方和与 i 相等就将 i 输出。所以程序的框架变成：

```
        For i = 100 To 999
            ' 取出 i 的个、十、百位上的数字，保存到变量 a,b,c 中
            If i = a^3 + b^3 + c^3 Then Print i
        Next i
```

我们知道，i 的个位上的数字就是 i 除以 10 后的余数，即 i Mod 10。取 i 的十位上数字的方法是，先把 i 去掉个位上的数字后（如 123，去掉个位上的数字后变成 12），再取这个数的个位上的数字。把 i 去掉个位上的数字的表达式是 "i \ 10"，再用 Mod 运算取这个数的个位上的数字。所以，i 的十位上的数字就是(i \ 10) Mod 10。由于 i 是一个 3 位数，百位上的数字就是 i 除以 100 所得的商，即 i\100。

所以，"取出 i 的个、十、百位上的数字，保存到变量 a、b、c 中"这一部分可用以下代码实现：

```
        a = i Mod 10
        b = (i \ 10) Mod 10
        c = i \ 100
```

这样得到了完整的程序：

```
    Private Sub Form_Click()
        Dim i As Integer
        Dim a As Integer, b As Integer, c As Integer
        For i = 100 To 999
            a = i Mod 10
            b = (i \ 10) Mod 10
            c = i \ 100
            If i = a^3 + b^3 + c^3 Then Print i
        Next i
    End Sub
```

程序运行完后，共找到 4 个水仙花数 153、370、371，407。

4.1.2　Do_Loop 循环语句

Do_Loop 循环语句通常应用于循环次数不确定的情况下，它有 4 种不同的形式。

1.　Do_While 形式

```
Do While <条件表达式>
    <循环体>
Loop
```

以上语法格式说明如下。

- <条件表达式>是布尔类型的表达式。
- <循环体>是 VB 6.0 的语句序列，可以是一条语句，也可以是多条语句。

Do_While 形式循环语句的执行过程是：当<条件表达式>的值为 True 时，反复执行<循环体>内的各语句，直到<条件表达式>的值为 False 为止。

2.　Do_Until 形式

```
Do Until <条件表达式>
    <循环体>
Loop
```

Do_Until 形式循环语句的执行过程是：当<条件表达式>的值为 False 时，反复执行<循环体>内的各语句，直到<条件表达式>的值为 True 为止。

3.　Loop_While 形式

```
Do
    <循环体>
Loop While <条件表达式>
```

Loop_While 形式循环语句的执行过程是：反复执行<循环体>内的各语句，直到<条件表达式>的值为 False 为止。

4.　Loop_Until 形式

```
Do
    <循环体>
Loop Until <条件表达式>
```

Loop_Until 形式循环语句的执行过程是：反复执行<循环体>内的各语句，直到<条件表达式>的值为真 True 为止。

Do_While 形式循环语句和 Do_Until 形式循环语句中<条件表达式>的作用是不同的。Do_While 形式循环语句只有在<条件表达式>为 True 时，才执行<循环体>，而 Do_Until 形式循环语句只有在<条件表达式>为 False 时，才执行<循环体>。

Do_While 形式循环语句和 Do_Until 形式循环语句的<条件表达式>出现在<循环体>的前面，只有满足条件时才可以执行循环体，即"先判断，后执行"，因此，<循环体>有可能一次也不被执行；而 Loop_While 形式循环语句和 Loop_Until 形式循环语句的<条件表达式>出现在<循环体>的后面，只有先执行了<循环体>后，再根据对<条件表达式>的判断，决定是否继续执行循环体，即"先执行，后判断"，因此，<循环体>至少被执行 1 次。

【例4-8】 假设我国现有人口约为 12 亿，设年增长率为 3%，编写窗体单击事件过程代码，计算并输出多少年后人口达到 20 亿。

解：我们可以依次计算 1 年、2 年……后的人口数，直到人口数大于 20 亿为止。由于第 1 年肯定不能达到 20 亿，因此我们应"先执行，后判断"，用 Loop_While 形式循环语句或 Loop_Until 形式循环语句进行处理。

用 Loop_Until 形式循环语句的程序如下：

```
Private Sub Form_Click()
    Dim i As Integer, a As Double
    a = 12 : i = 0
    Do
        a = a * 1.03
        i = i + 1
    Loop Until (a >= 20)
    Print i ;"年后人口达到20亿"
End Sub
```

注：以上程序中的"Until (a >= 20)"也可用"While (a < 20)"代替，程序的功能不变。

【例4-9】 编写窗体单击事件过程代码，输入一个整数 k，计算并输出 k 的末尾有多少个 0。

解：解决方法是，用一个整数类型的变量 m 来统计 k 的末尾 0 的个数。查看 k 的个位数（即 k Mod 10），如果是 0，就把变量 m 加 1，然后把 k 的末尾的 0 去掉（即 k = k \ 10），再进行判断。如果 k 的个位数不是 0，就结束统计 0 的工作，然后输出 m 的值。由于 k 的末尾可能一个 0 也没有，因此我们应"先判断，后执行"，用 Do_While 形式循环语句或 Do_Until 形式循环语句。另外，如果 k 一开始就是 0，把 m 赋值为 1，不用进行统计了。

完整的程序代码如下：

```
Private Sub Form_Click()
    Dim k As Long, m As Integer

    k = InputBox("输入一个整数")
    if (k = 0) Then
        m = 1
    Else
        m = 0
        Do While (k Mod 10 = 0)
            k = k \10
            m = m + 1
        Loop
    End if
    Print k; "的末尾共有"; m; "个0。"
End Sub
```

注：以上程序中的"While (k Mod 10 = 0)"也可用"Until (k Mod 10 <> 0)"代替，程序的功能不变。

【例4-10】编写窗体单击事件过程代码，输入一个整数 n，计算并输出 n 的阶乘（n!）的末尾有多少个 0。

解：问题看上去很简单，在例 4-6 中介绍了求一个数的阶乘的方法，又在例 4-10 中介绍了求一个数末尾有多少个 0 的方法，似乎把这两个方法结合起来就行了。实际上并不是这样，因为当 n 很大时（如 n>100），即使长整数变量也保存不了 n!的值，所以必须另想办法。

n!末尾 0 的个数就是 n!能被 10 整除的次数，因此只需考虑 n!中因子 10 的个数就行了。

我们知道，在 1～n 中，凡是能被 5 整除的数，都产生一个因子 10，所以 n!中因子 10 的个数至少为 n\5 个。但是，能被 25 整除的数会产生 2 个因子 10，而前面只算了 1 个，因此，n!中因子 10 的个数还应再加上 n\25 个。但是，能被 125 整除的数会产生 3 个因子 10，而前面我们只算了 2 个。因此，n!中因子 10 的个数还应再加上 n\125 个。依此类推，当因子 10 的个数不能再加了的时候，所有因子 10 的个数就算统计出来了。何时因子 10 的个数不能再加了呢？就是当 5 的某个次幂超过 n 时。

我们用变量 k 保存所求的结果，初值是 0。用变量 p 来保存 5 的一个次幂，p 的初值是 5，然后用循环来不断累加。下面是完整的程序代码：

```
Private Sub Form_Click()
    Dim n As Integer, k As Integer, p As Integer
    n = InputBox("输入一个整数")
    k = 0: p = 5
    Do While (p <= n)
      k = k + n \ p
      p = p * 5
    Loop
    Print n; "!的末尾共有"; k; "个 0。"
End Sub
```

【例4-11】编写窗体单击事件过程代码，输入一个整数给变量 n，判断 n 是否为回文数。所谓回文数就是从左往右读和从右往左读是一样的，如 88、121 都是回文数。

解：用以下方法判断一个数 k 是不是回文数，把数 k 转置（如 123 转置后是 321），转置后的数是 m，如果 k 和 m 相等，则 k 是回文数。把一个数转置的方法是：从个位开始，逐个把每一位上的数字取出来，然后依次接在 m 的末尾，m 就是 k 的转置。以 k=1234 为例，处理过程如下所示：

	起始值	取出个位	取出十位	取出百位	取出千位
k	1234	123	12	1	0
M	0	4	43	432	4321

把 k 的个位数取出来，可用下面的语句完成：

```
t = k Mod 10
```

```
            k = k \ 10
```
把取出的个位 t 接在 m 的末尾，可用下面的语句完成：
```
            m = m * 10 + t
```
在取出 k 的个位数后，如果 k 等于 0，表示 k 的所有位数取完。由于 k 至少有 1 位，所以，我们应"先执行，后判断"，用 Loop_While 形式循环语句或 Loop_Until 形式循环语句处理。下面是完整的程序：

```
Private Sub Form_Click()
        Dim m As Integer, n As Integer
        Dim k As Integer, t As Integer
        n = InputBox("输入一个数")
        k = n        'n 的值不能破坏，保存到变量 k 中
        m = 0        '对 m 赋初值
        Do
            t = k Mod 10
            k = k \ 10
            m = m * 10 + t
        Loop Until (k = 0)
        If (m = n) Then
            Print n; "是一个回文数"
        Else
            Print n; "不是一个回文数"
        End If
    End Sub
```

【例4-12】编写窗体单击事件过程代码，输入两个整数给变量 m 和 n，计算并输出 m 和 n 的最大公约数。m 和 n 的最大公约数，就是能同时整除 m 和 n 的数中最大的数。例如 12 和 42 这两个数，1、2、3、4、6 都能整除它们，由于 6 最大，所以它们的最大公约数是 6。

解：求 m 和 n 最大公约数有两种方法，一种是慢速方法，另一种是快速方法。慢速方法是找出 m 和 n 中的最小的一个赋值给变量 t，检查 t 是不是能同时整除它们，如果能，那么 t 就是它们的最大公约数；如果不能，则把 t 减去 1，再进行检查。如此循环，t 减到 1 肯定能同时整除它们。由于 t 是递减的，所以最终找出的是 m 和 n 的最大公约数。

快速方法是辗转相除法，是由欧几里德提出的。其思想是：检查 m 是否能被 n 整除，如果能整除，那么 n 就是最大公约数；如果不能整除，那么用 n 取代 m，用 m 除以 n 的余数取代 n，再进行检查。如此循环，到 n 变成 1 肯定能同时整除它们。由于 n 是递减的，所以最终找出的是 m 和 n 的最大公约数。以 m=105，n=18 为例，用辗转相除法求它们最大公约数的过程如下：

(105，18) 的最大公约数

=(18，15) 的最大公约数   注：105 除以 18 的余数是 15

```
=(15，3)的最大公约数      注：18 除以 15 的余数是 3
=3                        注：15 能被 3 整除
```

我们用两个变量 p、q 先把 m 和 n 的值保存起来，然后用辗转相除法不断改变 p 和 q 的值，直至求出最大公约数为止。在辗转相除的过程中，用变量 t 作临时变量，求最大公约数的代码片段是：

```
p = m : q = n

Do

    t = p Mod q :  p = q :    q = t

Loop Until (t = 0)
```

在以上代码片段中，当 t=0 时找到了最大公约数而结束循环，这个最大公约数应该是在语句 "t = p Mod q" 中的变量 q，而紧接着的两条语句，把变量 p 的值变成了变量 q 的值（即语句 "p = q"），把变量 q 的值变成了变量 t 的值（即语句 "q = t"），因此，最终所求的最大公约数存放在变量 p 中。

还要说明的是，如果输入的 m 和 n 中有一个是 0，那么上面的辗转相除过程会出现被 0 除的错误。而这时的最大公约数应该是那个非 0 的数。如果两个数都是 0，那么，它们没有最大公约数，这应当考虑到。由于我们无法预知输入的 m 和 n 哪个大，所以输入完 m 和 n 后，如果 m 小于 n，则交换它们的值（参见例 2-13），以保证 m 大于等于 n。所以求 m 和 n 的最大公约数的框架如下：

```
If m < n Then

    t = m : m = n : n = t

End If

If (m = 0) Then

    Print "0 和 0 无最大公约数"

ElseIf (n=0) Then

    Print m; "和 0 的最大公约数是"; m

Else

    '用辗转相除法求出 m 和 n 的最大公约数，保存在变量 p 中

    Print m; "和"; n; "的最大公约数是"; p

End If
```

至此，所有问题都解决了，最终的程序代码是：

```
Private Sub Form_Click()

    Dim m As Integer, n As Integer

    Dim p As Integer, q As Integer, t As Integer

    '以下语句输入两个数

    m = InputBox("输入第 1 个数")

    n = InputBox("输入第 2 个数")

    '以下 If 语句用来保证 m>=n

    If m < n Then
```

```
            t = m: m = n: n = t
        End If
'以下 If 语句用来区别不同情况进行处理
        If (m = 0) Then
            Print "0 和 0 无最大公约数"
        ElseIf (n = 0) Then
            Print m; "和 0 的最大公约数是"; m
        Else
            '以下语句用辗转相除法求最大公约数并输出
            p = m: q = n
            Do
                t = p Mod q : p = q : q = t
            Loop Until (t = 0)
            Print m; "和"; n; "的最大公约数是"; p
        End If
    End Sub
```

4.1.3 循环的嵌套

在前面所讲的 For_Next 循环语句和 Do_Loop 循环语句中，<循环体>是一个 VB 6.0 的语句序列，<循环体>内的语句仍然可以是一个循环语句。这种循环体内包含循环语句的方式称为循环嵌套。

在循环嵌套中，应注意以下 3 个问题。

(1) 语句必须完整。

【例4-13】错误循环嵌套的例子 1。

```
    s = 0
    For i = 1 to 10
        For j = 1 to 10
            s = s + i * j
    Next i
```

由于内层循环 "For j = 1 To 10" 缺少了 Next j 语句，因而是不完整的。所以，程序运行时会发生错误。

(2) 内外层循环不能交叉。

【例4-14】错误循环嵌套的例子 2。

```
    s = 0
    For i = 1 To 10
        For j = 1 To 10
            s = s + i * j
```

```
        Next i
    Next j
    Print s
```

由于内层循环"For j = 1 To 10"与"Next i"不匹配，因而是错误的，外层循环也如此。所以，程序运行时会发生错误。

(3) 内外层循环不能共用循环变量。

【例4-15】错误循环嵌套的例子3。

```
    s = 0
    For i = 1 To 10
        For i = 1 To 10
            s = s + i * i
        Next i
    Next i
    Print s
```

由于外部的 For_Next 循环的循环变量是 i，这时内部循环的循环变量不能用 i，否则程序运行时会发生错误。

用嵌套循环进行程序设计时，应注意以下几个问题。

- 内层循环和外层循环的功能要搞清楚。
- 内层循环和外层循环的循环变量要搞清楚。
- 内层循环和外层循环的初值和终值要搞清楚。

【例4-16】编写窗体单击事件过程代码，输入一个整数 n，输出以下数阵的前 n 行。

```
1
2 3
4 5 6
7 8 9 10
11 12 13 14 15
...
```

解：根据题意，给出程序的框架如下：

```
    n = InputBox("输入一个整数")
    For i = 1 To n
        '打印第 i 行
    Next i
```

我们知道，第 i 行有 i 个数，"打印第 i 行"的框架如下：

```
    For j = 1 To i
        'Print 第 i 行的第 j 个数 ;
    Next i
    Pirnt
```

如何确定"第 i 行的第 j 个数"？从数阵的规律中可以发现，输出的数是从 1 开始的整数，所以可以用一个变量 k 来保存当前输出的数，每输出一个，k 就加 1，这样 k 就是第 i 行的第 j 个数。

下面是完整的程序代码：

```
Private Sub Form_Click()
    Dim n As Integer, k As Integer
    Dim i As Integer, j As Integer
    n = InputBox("输入一个整数")
    k = 1
    For i = 1 To n
        For j = 1 To i
            Print k;
            k = k + 1
        Next j
        Print
    Next i
End Sub
```

【例4-17】编写窗体单击事件过程代码，计算并输出 1!+2!+…+20!的值。

解：根据题意，给出程序的框架如下：

```
s = 0
For i = 1 To 20
    '求 i 的阶乘，保存到变量 t 中
    s = s + t
Next i
Print s
```

在例 4-6 中曾介绍过求阶乘的方法，所以"求 i 的阶乘，保存到变量 t 中"，又可用以下代码片段实现：

```
t = 1
For j = 2 to i
    t = t * j
Next j
```

还需要注意的是，t = 1 必须是内层循环的前一条语句，如果它位于外层循环的前一条语句，那么每次求的就不是 i 的阶乘了，这也是初学者常犯的一个错误。

下面是完整的程序代码：

```
Private Sub Form_Click()
    Dim i As Integer, j As Integer
    Dim s As Double, t As Double
```

```
          s = 0
          For i = 1 To 20
             t = 1
             For j = 2 To i
                t = t * j
             Next j
             s = s + t
          Next i
          Print s
       End Sub
```

【例4-18】 编写窗体单击事件过程代码，计算并输出 1!+2!+…+20!的值，要求不用循环嵌套。

解：在例 4-17 的程序代码中，求 i 的阶乘每次都是从头开始，而实际上，由于 i!=i×(i-1)!，而(i-1)!在上一次循环已经求出来了。所以，求 i 的阶乘没有必要每次都从头开始求。下面是用一层循环求 1!+2!+…+20!值的完整程序代码：

```
       Private Sub Form_Click()
          Dim i As Integer, j As Integer
          Dim s As Double, t As Double

          s = 0
          t = 1
          For i = 1 To 20
             t = t * i
             s = s + t
          Next i
          Print s
       End Sub
```

4.2 案例的实现

有了以上预备知识，下面可以实现本章开始所介绍的案例了。首先对本案例进行解析，然后给出具体的操作步骤，最后对本案例进行拓展，以巩固提高所学的内容。

4.2.1 案例解析

要用 VB 6.0 实现该案例，主要有两个任务：设计界面和编写代码。本案例界面比较简单，只有一个窗体，只需要设置合适的大小就行了。下面主要介绍如何编写代码。

本案例只需要编写窗体的单击（Click）事件过程代码，有 4 项主要工作：定义变量、输入数据、查找素数、输出结果。

(1) 定义变量

根据程序的要求，应定义整数类型变量 n，保存输入的整数；另外要对 2～n 之间的每个数判断是否为素数，需要一个循环变量 i；因为要统计总共有多少个素数，所以需要一个整数变量 c 来保存这个值；判断一个数是否为素数还需要定义变量，在后面涉及的时候再介绍。

(2) 输入数据

从文本框中输入数据比较简单，语句如下：

```
n = InputBox("输入一个整数")
```

(3) 查找素数

首先给出程序的框架：

```
Dim n As Integer, i As Integer, c As Integer

n = InputBox("输入一个整数")
c = 0
For i = 2 To n
    '(A)判断 i 是否为素数
    'If ((B)是素数) Then
        c = c + 1
        '(C)输出 i，保证每行 10 个数
    End If
Next i
'(D)输出统计信息
```

由程序框架可知，需要编写标有(A)～(D)的这些代码。

先看(A)"判断 i 是否为素数"。根据素数的定义，我们只需要把 2～i−1 之间的所有的数去除 i，如果有一个数能除尽 i，说明 i 不是素数。

而实际上，并没必要对 2～i−1 之间的所有数去除 i，因为假如 i 不是素数，在 2～$\sqrt{i}$ 之间必定有 1 个数能除尽 i；假如 i 是素数，在 2～$\sqrt{i}$ 之间必定没有 1 个数能除尽 i。

所以，我们再定义一个循环变量 j 和一个临时变量 t（用来保存 $\sqrt{i}$ 的值）。j 从 2 开始循环，逐个数去除 i，直到有一个 j 能除尽 i，或 j>t 为止。因此，相应的代码如下：

```
j = 2
t = Int(Sqr(i))
Do Until (i Mod j = 0) Or (j > t)
    j = j + 1
Loop
```

Do_Until 循环结束时，如果 j<=t，说明 i 不是素数；如果 j>t，说明 i 是素数。因此，我们判断出 i 是否为素数。

至此，(A)和(B)完全清楚了。因此，前面的程序框架就变成如下的样子：

```
Dim n As Integer, i As Integer, c As Integer
    '下面一行是增加的两个变量
Dim j As Integer, t As Integer
n = InputBox("输入一个整数")
c = 0
For i = 2 To n
    j = 2
    t = Int(Sqr(i))
    Do Until (i Mod j = 0) Or (j > t)
    j = j + 1
    Loop
    If (j > t) Then
        c = c + 1
        '(C)输出 i，保证每行 10 个数
    End If
Next i
    '(D)输出统计信息
```

(4) 输出结果

输出结果是由标有(C)和(D)的语句完成的。

我们先看"(C)输出 i，保证每行 10 个数"。我们知道，以紧凑格式输出一个数 i 并且不换行的语句是：

```
Print i;
```

那又如何当一行满 10 数时换行呢？我们知道，执行了"Print i;"后，共输出了 c 个数，所以，当 c 能被 10 整除时换行就行了。因此"(C)输出 i，保证每行 10 个数"对应的代码应该是：

```
Print i;
If (c Mod 10 = 0) Then Print
```

这里需要注意的是，初学者往往把第 2 句写成"If (c = 10) Then Print"，这是错误的。因为这一语句的含义是，当输出完第 10 个数时换行，而不时所要求的每输出完 10 个数时换行。

再看"(D)输出统计信息"。可以用下面的语句：

```
Print "小于等于"; n; "的素数共有"; c; "个"
```

但是，这里存在一个问题。如果前面输出素数的个数不是 10 的倍数时（即还没换行），输出的统计信息会紧接着最后一个素数，这不是我们希望的。因此，还要根据这种情况决定是否换行。所以"(D)输出统计信息"对应的代码应该是：

```
If (c Mod 10 <> 0) Then Print
Print "小于等于"; n; "的素数共有"; c; "个"
```

4.2.2 操作步骤

完成以上的案例解析，下面只需要按步骤操作就行了。

操作步骤

(1) 启动 VB 6.0，创建"标准 EXE"工程。

(2) 调整窗体的大小，使其符合要求。

(3) 双击窗体的空白处，打开代码编辑器窗口，在过程下拉列表中选择"Click"，则系统会自动生成 Form 对象的 Click 事件过程的代码的框架。

(4) 在代码编辑器窗口中，输入以下代码：

```
Private Sub Form_Click()
    Dim n As Integer, i As Integer, c As Integer
    Dim j As Integer, t As Integer
    n = InputBox("输入一个整数")
    c = 0
    For i = 2 To n
        j = 2
        t = Int(Sqr(i))
        Do Until (i Mod j = 0) Or (j > t)
        j = j + 1
        Loop
    If (j > t) Then
        c = c + 1
        Print i;
        If (c Mod 10 = 0) Then Print
    End If
    Next i
    If (c Mod 10 <> 0) Then Print
    Print "小于等于"; n; "的素数共有"; c; "个"
End Sub
```

(5) 以"案例 4.frm"为文件名保存窗体文件到"D:\案例"文件夹；以"案例 4.vbp"为文件名保存工程文件到"D:\案例"文件夹。

(6) 单击工具栏上的【启动】按钮 ▶ 运行工程。

(7) 单击窗体，在 InputBox 对话框中输入一个整数（如 100），查看输出的结果。

(8) 单击程序窗口中的 ✕ 按钮，结束程序的运行。

4.2.3 案例拓展

完成以上案例后，下面对该案例进行拓展。

功能要求

在本章案例的基础上，再把输出的素数进行限制，要求只输出回文素数。回文数的定义和判断程序在例 4-11 中进行了详细的介绍。输入 100 后的输出结果如图 4-3 所示；输入

1000 后的输出结果如图 4-4 所示。

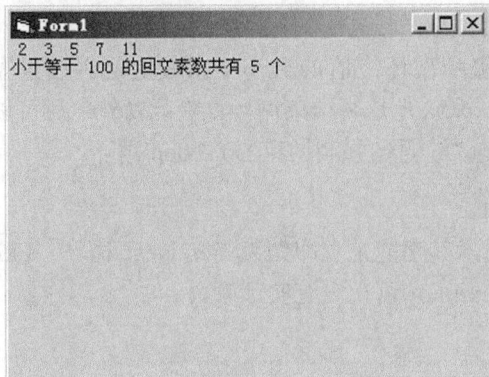

图4-3　输入 100 后的输出结果

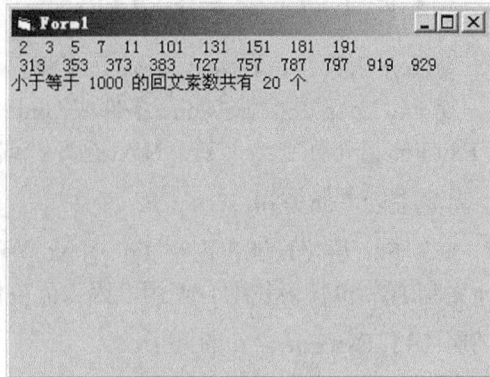

图4-4　输入 1000 后的输出结果

操作提示

只需对窗体的 Click 事件过程代码进行以下扩充。

(1)　增加 2 个整数类型变量 k、m 用于判断回文数：

```
Dim k As Integer, m As Integer
```

(2)　在判断出素数后，再判断是否为回文数，如果是回文数，再输出结果。

(3)　最后的输出信息作稍微改动。

需要修改部分的代码如下（加粗的部分是后加的）：

```
        If (j > t) Then
            k = i :  m = 0
            Do
                t = k Mod 10 : k = k \ 10 : m = m * 10 + t
            Loop Until (k = 0)
            If (m = i) Then
                c = c + 1
                Print i;
                If (c Mod 10 = 0) Then Print
            End If
        End If
```

4.3 知识扩展

在 4.1 节中介绍了本案例所用到的基础知识，下面对前面的内容进行扩充，以扩大视野。

4.3.1 Exit For 与 Exit Do 语句

前面介绍过，For_Next 语句是根据循环变量和循环终值的大小，来决定是否结束循环，而 Do_Loop 是根据 While 条件或 Until 条件，来决定是否结束循环。除此以外，还可以用 Exit For 语句强制结束 For_Next 循环，或用 Exit Do 语句强制结束 Do_Loop 循环。

1. Exit For 语句

Exit For 语句只能出现在 For_Next 循环体内，其功能是立即结束 For_Next 循环。Exit For 语句通常和 If 语句配合使用，因为无条件的 Exit For 语句没有实际意义。

【例4-19】Exit For 语句的例子。

```
s = 0
For i = 1 To 100
    s = s + i
    If (s > 100) Then Exit For
Next i
Print s
```

该代码片段的功能是，求 1+2+3+⋯超过 100 的第 1 个值，运行结果是 105。

2. Exit Do

Exit Do 语句只能出现在 Do_Loop 循环体内，其功能是立即结束 Do_Loop 循环。与 Exit For 类似，Exit Do 语句通常和 If 语句配合使用，因为无条件的 Exit Do 语句没有实际意义。

【例4-20】Exit Do 语句的例子。

```
s = 0 : i = 1
Do While (i <= 100)
    s = s + i
    i = i + 1
    If (s > 100) Then Exit Do
Loop
Print s
```

该代码片段的功能是，求 1+2+3+⋯超过 100 的第 1 个值，运行结果是 105。

【例4-21】用 Exit Do 语句重写判断 i 是否为素数的代码。

```
t = Int(Sqr(i))
For j =2 To t
    If (i Mod j = 0) Then Exit For
Next j
If (j > t) Then
    Print i; "是素数"
Else
    Print i; "不是素数"
End If
```

4.3.2　工程与模块的概念

工程和模块是 VB 6.0 的两个重要概念，下面进行详细介绍。

1.　工程的概念

在 Visual Basic 中，程序员开发的每一个应用程序都被看做是一个工程。一个工程包含应用程序中要使用的所有资源。工程在应用程序开发过程中的作用就是对这些对象资源之间的关系、应用程序中各部分之间的关系进行处理，使它们协同工作，发挥各自的功能。工程不仅使程序内部结构层次分明，还使程序员能够在开发过程中随时对应用程序各部分的开发进展情况有一个直观的了解，从而根据情况对程序加以控制。

从文件的角度看，VB 6.0 中的工程可以看做是所有与当前应用程序相关的磁盘上的文件集合。一般说来，一个完整的工程会包括多种类型的文件，表 4-1 所示为工程中的文件类型。

表 4-1　　　　　　　　　　　　　　　　工程中的文件类型

文件类型	文件扩展名	说明
工程文件	.vbp	对应于应用程序本身，可以跟踪工程中的所有其他文件，是工程中的主要文件
窗体文件	.frm	描述应用程序中的一个窗体的文件
窗体二进制数据文件	.frx	描述应用程序中的一个窗体的数据文件
类模块文件	.cls	描述应用程序中的一个类模块的文件，并不是所有的应用程序都要有此类型的文件
标准模块文件	.bas	描述应用程序中的一个标准模块的文件，有的应用程序中不需要此文件
ActiveX 控件文件	.ocx	包含应用程序中需要用的 ActiveX 控件的文件，应用程序中可能包含一个或多个此类型的文件，也可能一个也没有
资源文件	.res	包含应用程序中需要用到的资源的文件，一个应用程序中最多只能有一个资源文件

表 4-1 中的每一种类型的文件，都对应于应用程序中的一个组成部分，也就是整个工程的一部分。在一个正式的工程中，不一定会包括上述所有类型的文件。通常情况下，一个"标准 EXE"工程中，至少包含一个工程文件和一个窗体文件。有关标准模块文件将在第 6 章的案例中详细介绍。

2.　模块的概念

在 VB 6.0 中，模块是一组声明和过程的组合，一个 VB 6.0 应用程序可以由若干个程序模块组成，而每个程序模块又以各自的文件存储。VB 6.0 的模块有 3 种类型：窗体模块、标准模块（通用模块）和类模块。

一个简单应用程序可以只有一个窗体，应用程序的所有代码都存在于该窗体模块中，窗体对应的文件扩展名为".frm"。每一个窗体都对应一个代码文件，同时该窗体有窗体对象和属性与之相对应。随着应用程序功能的不断扩充，需要新加窗体，可能会出现在几个窗体中都要执行一段公共代码的情况。为了减少重复代码，可以创建一个独立的模块，使之包含所需公共代码程序，供其他模块调用，该独立模块即为标准模块。

(1) 窗体模块

窗体模块是 VB 6.0 应用程序的基础。每一个窗体都有自己的窗体模块。每个窗体模块中可以包含若干个过程（对象—事件过程、通用过程）以及窗体作用域的声明。窗体模块保存成文件时，其文件扩展名为.frm。

窗体可以看做一种容器，其中可以放置许多控件。在窗体文件中，每个控件都有一个对应的事件过程集，这些事件所对应的过程集从属于窗体文件。每个窗体文件可以包含许多事件过程，可以通过编写代码实现特定事件所触发的结果。除了事件过程，窗体模块还可以包含通用过程。通用过程是一种局部公用过程，在窗体中的所有事件过程均可调用。

一个窗体模块的代码可以调用其他窗体中对象的属性和方法，调用方法为"窗体名.对象名.属性名"或"窗体名.对象名.方法名"。程序调用本窗体的对象时，可以省略窗体名。

(2) 标准模块

在多个窗体模块中，经常需要执行相同的公共代码。如果在每个窗体模块中重复编写这些代码，程序代码量会增加，而且使得程序的维护代价成倍增加。在 VB 6.0 中，可以将这些公共代码放到一个独立的模块中，然后在各个窗体模块对应的程序中都可以调用，这种独立的模块称为标准模块（或通用模块）。标准模块保存成文件时，其文件扩展名为.bas。

通用模块不属于任何一个窗体，一个应用程序可以有若干个通用模块，而且一个通用模块不一定绑定在特定的应用程序中，即可以把许多通用模块放在某个共享的模块库中供多个应用程序使用。通用模块可以包含变量、常数、类型、外部过程和全局过程的全局声明与模块级声明。开发者可以选择【工程】/【添加模块】命令来编写通用模块。

(3) 类模块

类模块是面向对象编程的基础。VB 6.0 中有很多预定义的类模块，如命令按钮类、文本框类等。用户可以选择所需类模块来创建程序界面完成相应的功能。

VB 6.0 允许用户自定义类模块，根据这些自定义模块来创建自定义的对象，而且还可以为自定义的对象定义属性、事件并添加方法。类模块在一定程度上和普通控件类似，它们都有自己的属性、事件、方法等。区别在于普通的控件或窗体都是有其图形界面的，而类模块是没有图形界面。因此，可以把类模块看做是没有物理表示的对象。在一个应用程序中，可以有若干个自定义的类模块。类模块保存成文件时，其文件扩展名为.cls。

在 VB 6.0 中，选择【视图】/【对象浏览器】命令可以查看预定义的、自定义的以及当前工程创建的各个对象类的属性和方法，选择某个属性或方法后，还能查看其相关说明。

 小结

本章围绕案例，首先介绍了实现该案例所用到的基础知识，包括 For_Next 语句、Do_Loop 语句和循环的嵌套。然后详细介绍了案例的实现，包括案例解析、操作步骤和案例拓展。最后介绍了一些扩展知识，包括 Exit For 与 Exit Do 语句、工程与模块的概念。

 习题

一、选择题

1. （　　　　）循环语句适合处理循环次数明确的问题。

A．For_Next　　　B．Do_While　　　C．Do_Until　　　D．Loop_While

2. For_Next 循环语句中，如果省略步长，默认的步长是（　　　　）。

A．0　　　　　　　B．1　　　　　　　C．2　　　　　　　D．－1

3. 以下选项中，（　　　）循环语句，循环体至少执行一次。

A．For_Next　　　B．Do_While　　　C．Do_Until　　　D．Loop_While

4. 强制退出 For_Next 循环的语句是（　　　　）。

A．Exit For　　　B．Stop For　　　C．For Exit　　　D．For Stop

5. 标准模块文件的扩展名是（　　　　）。

A．.vbp　　　　　B．.frm　　　　　C．.cls　　　　　D．.bas

二、填空题

1. 以下循环语句执行完后，变量 s 的值是_____。

```
s = 0
For i = 1 To 10 Step 4
    s = s + 2 * i -1
Next i
```

2. 以下循环语句执行完后，变量 s 的值是_____。

```
s = 0 : i = 1
Do Until i <= 10
    s = s + 2 * i -1 : i = i + 1
Loop
```

3. 以下循环语句执行完后，变量 s 的值是_____。

```
s = 0 : i = 1
Do
    s = s + 2 * i -1 : i = i + 1
Loop Until i <= 10
```

4. 以下循环语句执行完后，变量 s 的值是_____。

```
s = 0 : i = 1
Do While i <= 10
    i = i + 2 : s = s + 2 * i -1
Loop
```

三、上机练习

设计一个程序，当程序运行时，单击窗口，找出 1000 以内的完全数，并显示在窗口中。先介绍因子的概念，再介绍完全数的概念。对于整数 n，如果一个数 i 能够整除 n，则 i 是 n 的一个因子，如 1、2、4、8 都是 8 的因子。所谓完全数，就是一个数的所有因子（它本身除外）的和刚好等于它本身。例如 6，它的因子有 1、2、3，而 1+2+3 刚好是 6，所以 6 是一个完全数。例如 16，它的因子有 1、2、4、8，而 1+2+4+8 等于 15，所以 16 不是一个完全数。

第5章 统计随机数

数组是程序设计中常用的数据结构之一，用来表示和存储带下标的数据（如数列）。本章通过案例"统计随机数"，介绍如何用数组编写程序。

案例功能

程序运行时，单击程序窗口，生成 100 个 1~30 的随机整数，并在窗口中输出（每行 10 个数）；找最大的数以及它们的位置；找相邻两数的和的最小值以及它们的位置；找出现次数最多的数以及出现的次数。由于 100 个数是用随机函数产生的，因此，程序每次运行的结果会不同。图 5-1 所示为一个输出结果，图 5-2 所示为另一个输出结果。

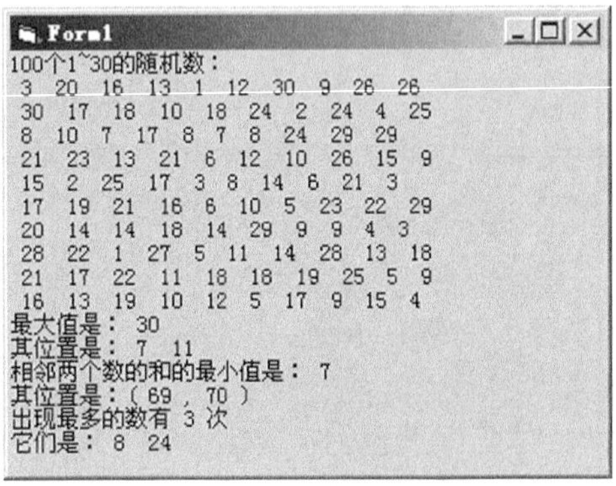

图5-1 程序的输出结果1

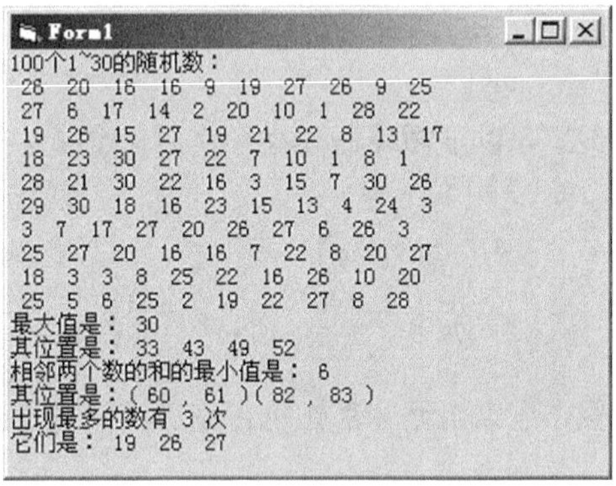

图5-2 程序的输出结果2

学习目标

- 掌握随机函数的使用方法。
- 理解数组的概念。
- 掌握一维数组的定义及使用方法。
- 掌握二维数组的定义及使用方法。
- 掌握使用数组编写程序的方法。

5.1 预备知识

要完成本案例所要求的功能，需要掌握相关的基础知识，下面就介绍这些知识。

5.1.1 Rnd()函数

Rnd()函数是一个常用的数学函数，用于产生一个随机数。下面介绍其调用格式、功能、初始化以及应用。

1. Rnd()函数的调用格式

Rnd()函数调用的语法格式如下：

```
Rnd[(<参数>)]    或    Rnd([<参数>])
```

以上语法格式中，<参数>是一个数值类型的表达式，可以省略。以下调用都是合法的：

```
Rnd、Rnd()、Rnd(0)、Rnd(10*3.14)、Rnd(-100+3.14)
```

2. Rnd()函数的功能

Rnd()函数可以返回一个小于 1、大于等于 0 的单精度类型的随机数。Rnd()函数的返回值是由一个随机数发生器产生的，该值依赖于该随机数发生器的初始值（称为随机数种子）。Rnd()函数不同的参数，其作用如下。

- 当参数省略（如 Rnd 或 Rnd()）时，或参数为一个大于 0 的数（如 Rnd(1)）时，返回一个新的随机数。第 1 次调用和第 2 次调用所得到的值是不同的。
- 当参数为一个小于 0 的数（如 Rnd(-1)）时，随机数发生器以该值为种子生成一个随机数，作为函数的返回值。第 1 次调用和第 2 次调用所得到的值是相同的。
- 当参数是 0 时（即 Rnd(0)），返回的是最近生成的随机数。第 1 次调用和第 2 次调用所得到的值是相同的。

3. Randomize 语句

为了使 Rnd()函数达到随机的目的，在程序开始的时候，通常要对随机数发生器进行初始化，即给随机数发生器指定一个种子。这个工作是由 Randomize 语句完成的，当随机数发生器没有初始化时，系统自动由默认的种子进行初始化。Randomize 语句的语法格式如下：

```
Randomize [<参数>]
```

以上语法格式中，<参数>是一个数值表达式，可以省略。Randomize 语句的功能是用<参数>的值作为随机数发生器的种子值。如果省略了<参数>，则用计算机上时钟计时器的值作为种子值。

4. Rnd()函数的应用

在实际应用中，往往希望产生随机的整数。可以把 Rnd()放大（即乘以一个整数），然后用 Int()函数取整。

【例5-1】 求表达式"Int(10 * Rnd())+1"所产生随机整数的范围。

解："10 * Rnd()"是 0～10 的单精度数（达不到10）。所以，"Int(10 * Rnd())"是 0～9 之间的随机数整数，因此，"Int(10 * Rnd())+1"是 1～10 之间的随机数整数。

【例5-2】 如何用表达式得到 m～n（n>m）之间的随机整数？

解：仿照例 5-1 的分析，所求的表达式是"Int((n-m+1)* Rnd())+m"。

5.1.2 数组的概念

在实际应用中，经常会遇到要处理同一类型的成批数据的问题，如处理 50 个学生的考试成绩。可以使用变量 S1,S2,…,S50 来代表每个学生的分数，其中 S1 代表第一个学生的分数，S2 代表第 2 个学生的分数等。

这种表示数据方式，在处理过程中往往会遇到很大的问题。例如，希望输入一个整数

i，输出第 i 个学生的成绩，用"Print Si"语句不能达到预期目的。因为变量 Si 不会因为 i 的取值不同而不同，实际上，Si 根本就不是变量 S1,S2,…,S50 中的某一个。为了解决类似这样的问题，VB 6.0 引入了数组的概念。

数组就是一个由一系列具有相同数据类型的、在计算机内存中连续存放的存储单元的序列。数组中的每一个数据称为一个数组元素，所有数组元素用同一个名字，就是数组名。数组元素之间是通过该元素在数组中的序号（称为下标）来区分。一个数组中数组元素的个数称为数组的大小。

数组元素的下标可以是一个，也可以是多个。一个下标的数组叫做一维数组，类似于数学中的数列。两个下标数组叫做二维数组，类似数学中的矩阵。VB 6.0 数组的维数最多可达到 60 维。在实际应用中，使用最多的是一维数组和二维数组。

变量可以不加定义就使用，数组必须先定义后再使用。定义数组就是让系统在内存中分配一个连续的区域，用来存储数组元素。定义数组的内容包括数组名、数组元素的类型、数组的维数、每一维的起始和终止下标。

在数组定义时，确定了大小的数组，称为静态数组，没有确定大小的数组称为动态数组。在本节的预备知识中所介绍的数组指的是静态数组。有关动态数组的内容，将在 5.3.1 节中详细介绍。

5.1.3　一维数组

一维数组在使用前必须先定义，我们通过使用数组元素来使用一维数组，在程序设计中，一维数组有很大的用途。

1.　一维数组的定义

一维数组只有一个下标，其定义的语法格式为：

```
Dim <数组名>（[<下界> To ] <上界>) [ As <数据类型> ]
```

以上语法格式说明如下。

- <数组名>是一个数组的名字，其命名规则与变量名相同。
- <下界>与<上界>必须是一个整数常量（如 1、10、20 等），或者由整数常量构成的表达式（如 1+2，3*5 等），不能是含有变量的表达式。
- "<下界> To "可以省略。如果省略了<下界>，下界值为由 Option Base 语句指定的下界值，如果没有 Option Base 语句，默认的下界值为 0。
- " As <数据类型> "可以省略。如果省略，数组元素的类型是变体类型。

Option Base 语句的语法格式为：

```
Option Base <整数常量>
```

其中，<整数常量>是为数组指定的下标的默认值，只能是 1 或 0，如果不使用该语句，则默认值为 0。

Option Base 语句只能出现在过程外部，不能出现在过程内部。

【例5-3】　合法使用 Option Base 语句的例子。

```
Option Base 1
Private Sub Command_Click()
  ' Dim T(10) As Integer
```

```
    …
    End Sub
```

【例5-4】 非法使用 Option Base 语句的例子。

```
Private Sub Command_Click()
    Option Base 1
    Dim T(10) As Integer
    …
    End Sub
```

在以后的叙述中都假定没有执行 Option Base 语句。

【例5-5】 定义一维数组的例子。

定义语句	定义语句的功能
Dim A(10) As Integer	定义了 11 个元素的数组 A，下标从 0 到 10
Dim B(1 to 10) As Integer	定义了 10 个元素的数组 B，下标从 1 到 10
Dim C(1 to 10*5) As Integer	定义了 50 个元素的数组 C，下标从 1 到 50
Dim D(-10 to 10) As Integer	定义了 21 个元素的数组 D，下标从-10 到 10

2.　一维数组元素的引用

数组元素是指数组中的元素项，每一个数组中的数据都称为一个数组元素。一维数组元素的引用是通过数组名和下标来完成的，其语法格式为：

```
<数组名> (<下标>)
```

以上语法格式说明如下。

- <数组名>是一个数组的名字，必须是已经定义了的数组。
- <下标>是一个整数类型的表达式。
- 下标必须用小括号 "( )" 括起来。

【例5-6】 对于例 5-5 定义的一维数组 A，以下是合法数组元素引用的例子。

一维数组元素引用	数组元素引用的含义
A(1)	引用数组 A 的第 2 个元素
A(2+3)	相当于 A(5)，引用数组 A 的第 6 个元素
A(1+2*3)	相当于 A(7)，引用数组 A 的第 8 个元素
A(i)	引用数组 A 的第 i+1 个元素，这里 $0 \leq i \leq 10$

【例5-7】 对于例 5-5 定义的数组 A，以下是错误数组元素引用的例子。

错误的一维数组元素引用	错误原因
A 1	下标没有用小括号括起来
A{1}	下标没有用小括号括起来
A[1]	下标没有用小括号括起来
A(1,1)	A 是一维数组，不能有两个下标

在引用数组元素时，下标的取值必须在定义数组时所指定的下界和上界的范围之内，

否则就出错，这种错误通常称为数组的"越界错误"，是初学者常犯的一个错误。

【例5-8】 对于例 5-5 定义的数组 A，以下是错误数组元素引用越界的例子。

一维数组元素越界的引用	错误原因
A(−1)	小于下界 0
A(−10)	小于下界 0
A(11)	大于上界 10
A(100)	大于上界 10

定义了一个数组后，系统自动为数组的每一个元素赋一个初值 0，如前面定义的数组 A，A(0)、A(1)、A(2)…A(10)的值都等于 0。

一个数组元素的引用，其作用就跟一个变量一样，可以对其赋值、可以参与运算、可以将其输出。

3. 一维数组的应用举例

下面举一些一维数组应用的例子。

【例5-9】 编写窗体的单击事件过程代码，生成 Fibonacci 数列的前 10 项并输出。Fibonacci 数列是数学中最著名的数列，其第 1 项和第 2 项都为 1，从第 3 项开始，每一项都是前两项的和，即 1,1,2,3,5,8 等。

解：我们定义一个 10 个元素的数组 f，下标从 1 到 10。我们先把 f(1)和 f(2)赋值 1，然后从第 3 项开始生成数列的其他项，最后把整个数列输出。完整的程序代码如下：

```
Private Sub Form_Click()
    Dim f(1 To 10) As Long
    Dim i As Integer
    f(1) = 1: f(2) = 1
    For i = 3 To 10
        f(i) = f(i - 1) + f(i - 2)
    Next i
    For i = 1 To 10
        Print f(i);
    Next i
    Print
End Sub
```

【例5-10】 假设已经定义了有 100 个元素的数组 A，下标从 1 到 100，并且该数组元素已经赋了值，现要求把数组 A 的每个元素都移动到前一个位置上，第 1 个元素移动到最后一个位置上，写出完成这一功能的代码。

解：如果我们用语句 A(1)=A(2)把第 2 个元素移动到第 1 个元素上，则第 1 个元素的值就丢失了，因此，我们先用 1 个变量 t 保存 A(1)的值，然后逐个移动，最后把 t 的值赋予 A(100)即可。代码如下：

```
    t = A(1)
```

```
For i = 1 To 99
    A(i) = A(i + 1)
Next i
A(100) = t
```

需要注意的是，在这个代码中，For_Next 循环语句的终值是 99。如果终值是 100，当循环执行到 i=100 时，循环体内的语句相当于"A(100) = A(101)"，从而发生了越界错误。

【例5-11】假设已经定义了有 100 个元素的数组 A，下标从 1 到 100，并且该数组元素已经赋了值，现要求把数组 A 的元素每 2 个一组进行交换，即 A(1)和 A(2)交换，A(3)和 A(4)交换，等等。写出完成这一功能的代码。

解：交换两个变量的值在例 2-13 中已经讨论过，由于数组元素可以看成变量，因此例 2-13 的方法在这里也适用。代码如下：

```
For i = 1 To 100 Step 2
    t = A(i)
    A(i) = A(i + 1)
    A(i + 1) = t
Next i
```

需要注意的是，在这个代码中，For_Next 循环语句的步长是 2。如果步长是 1，相当于先交换 A(1)和 A(2)的值，再交换 A(2)和 A(3)的值，等等。交换 A(1)和 A(2)的值后，原来数组第 1 个元素的值移动到 A(2)上了，再交换 A(2)和 A(3)的值后，原来数组第 1 个元素的值移动到 A(3)上了，等等。最后的结果是，除了第 1 个元素外，每个元素都向前移动了一个位置，把 A(1)移动到 A(100)，这与例 5-10 的功能相同，与本例的要求大相径庭。

【例5-12】假设已经定义了有 100 个元素的数组 A，下标从 1 到 100，并且该数组元素已经赋了值，现要求把数组 A 的元素翻转过来，即第 1 个元素变成第 100 个元素，第 2 个元素变成第 99 个元素，等等。写出完成这一功能的代码。

解：该问题实际上就是多次交换数组的两个元素的值，关键是要确定交换数组哪两个元素的值。从题目要求中我们知道，交换 A(i)和 A(101-i)的值。由于是前一半元素和后一半元素交换，因此，i 的值应该从 1 到 50。代码如下：

```
For i = 1 To 50
    t = A(i)
    A(i) = A(101 - i)
    A(101 - i) = t
Next i
```

需要注意的是，在这个代码中，For_Next 循环语句的终值是 50。如果终值是 100，当 i 从 1 循环到 50 时，把该数组的元素翻转过来了，当 i 从 51 循环到 100 时，又把该数组的元素翻转回去了。

【例5-13】数组排序。编写窗体的单击事件过程代码，产生 100 个 1~100 的随机整数，然后把它们从小到大排序后输出，每行 20 个数。

解：我们很容易想到，用一个数组 A 保存这 100 个随机整数，下标从 1 到 100。生成随机数的方法已经在 5.1.1 节中介绍过，接下来，关键的问题是如何排序。排序问题是计算机科学中的一个基本问题，排序的方法有很多，下面采用最容易理解的排序方法——选择排序法。

选择排序法的思想是，首先把 A(1)、A(2)、…、A(100)中最小的数 A(k)找出来，然后，交换 A(1)和 A(k)的值，这样 A(1)的值就确定了。其次把 A(2)、A(3)、…、A(100)中最小的数 A(k)找出来，然后交换 A(2)和 A(k)的值，这样 A(2)的值就确定了。依此类推，直至把 A(99)的值确定了，这时 A(100)的值也就确定了，排序工作就完成了。

于是我们给出程序的框架：

```
For i = 1 to 99
    '找出A(i)、A(i+1)…A(100)中最小的数A(k)
    If ( i<>k ) Then
        t = A(i) : A(i) = A(k) : A(k) = t
    End If
Next i
```

下面就要解决"找出 A(i)、A(i+1)…、A(100)中最小的数 A(k)"这一问题了。首先假定 A(i)的值最小，即把 i 赋值给 k，然后把 A(i+1)、A(i+2)一直到 A(100)，逐个和 A(k)比较，一旦发现 A(j)小于 A(k)，立即把 j 赋值给 k，这样保证 A(k)是比较过的数中是最小的。因此，这部分的代码如下：

```
k = i
For j = i+1 To 100
    If (A(j) < A(k)) Then k = j
Next j
```

所以完整的程序是：

```
Private Sub Form_Click()
    Dim A(1 To 100) As Integer
    Dim i As Integer, j As Integer
    Dim k As Integer, t As Integer

    Randomize                    '初始化随机数发生器
    Print "产生的100个1～100的随机数是："
    For i = 1 To 100
        A(i) = Int(100 * Rnd()) + 1
        Print A(i);
        If (i Mod 20 = 0) Then Print    '一行显示20个数
    Next i

    For i = 1 To 99
        k = i
        For j = i + 1 To 100
            If (A(j) < A(k)) Then k = j
```

```
        Next j
        If (i <> k) Then
            t = A(i): A(i) = A(k): A(k) = t
        End If
    Next i
    Print "从小到大排序后的结果是："
    For i = 1 To 100
        Print A(i);
        If (i Mod 20 = 0) Then Print
    Next i
End Sub
```

5.1.4 二维数组

与一维数组一样，二维数组在使用前必须先定义，我们通过使用数组元素来使用二维数组，在程序设计中，二维数组同样有很大的用途。

1. 二维数组的定义

二维数组有两个下标，其定义的语法格式如下：

Dim <数组名>([<下界 1> To] <上界 1>, [<下界 2> To] <上界 2>)[As <数据类型>]

以上语法格式中的语法项与一维数组基本相同，不再重复说明。需要注意的是，不要把第 1 维下标和第 2 维下标之间的逗号","丢失了。

【例5-14】定义二维数组的例子。

定义语句	定义语句的功能
Dim A(10, 20) As Integer	定义了 11×21 个元素的二维数组 A，第 1 维的下标从 0 到 10，第 2 维的下标从 0 到 20
Dim B(1 to 10, 20) As Integer	定义了 10×21 个元素的二维数组 B，第 1 维的下标从 1 到 10，第 2 维的下标从 0 到 20
Dim C(10, 1 To 20) As Integer	定义了 11×20 个元素的二维数组 C，第 1 维的下标从 0 到 10，第 2 维的下标从 1 到 20
Dim D(1 to 10, 1 To 20) As Integer	定义了 10×20 个元素的二维数组 D，第 1 维的下标从 1 到 10，第 2 维的下标从 1 到 20

2. 二维数组元素的引用

与一维数组类似，二维数组元素的引用是通过数组名和下标来完成的。所不同的是，二维数组的下标有两个，其语法格式如下：

<数组名> (<下标 1>,<下标 2>)

以上语法格式中的语法项与一维数组基本相同，不再重复说明。需要注意的是，不要把第 1 个下标和第 2 个下标之间的逗号","丢失了。

【例5-15】对于例 5-14 定义的数组 A，合法应用数组元素的例子。

数组元素引用	数组元素引用的含义
A(1, 1)	引用数组 A 的第 2 行第 2 列的元素
A(2, 3+5)	相当于引用 A(2,8)
A(1+2*3, 4+5)	相当于引用 A(7,9)
A(i, 1)	引用数组 A 的第 i+1 行第 2 列的元素

【例5-16】对于例 5-14 定义的数组 A，以下是错误数组元素引用的例子。

错误的数组元素引用	错误原因
A(1)	少了一个下标
A 1,1	下标没有用小括号括起来
A(1 1)	两个下标之间缺少逗号
A(1)(1)	两个下标只能用 1 个括号

在数组元素的引用时，无论是第 1 维的下标和第 2 维的下标，取值必须在定义数组时所指定的下界和上界的范围之内，否则就会发生"越界错误"。"越界错误"是初学者常犯的一个错误，一定要引起注意。

【例5-17】对于例 5-14 定义的数组 A，以下是错误数组元素引用越界的例子。

一维数组元素越界的引用	错误原因
A(－1, 1)	第 1 维下标小于下界 0
A(11, 1)	第 1 维下标大于上界 10
A(1, －1)	第 2 维下标小于下界 0
A(1, 21)	第 2 维下标大于上界 20

二维数组的所有元素，可以看成是一个矩阵或方阵，第 1 维可以看成是行，第 2 维可以看成是列。例如，语句"Dim T(3,4) As Integer"定义的数组，可以看成是这样一个矩阵：

```
T(0,0)   T(0,1)   T(0,2)   T(0,3)   T(0,4)
T(1,0)   T(1,1)   T(1,2)   T(1,3)   T(1,4)
T(2,0)   T(2,1)   T(2,2)   T(2,3)   T(2,4)
T(3,0)   T(3,1)   T(3,2)   T(3,3)   T(3,4)
```

定义了一个数组后，系统自动为数组的每一个元素赋一个初值 0，如前面定义的数组 A，A(0,0)、A(0,1)、…、A(10,20)的值都等于 0。

一个数组元素的引用，其作用就跟一个变量一样，可以对其赋值、可以参与运算、可以将其输出。

【例5-18】对于例 5-14 定义的数组 A，下面的语句是合法的：

```
A(1,1) = 10
X = X + A(1,1)*3
Print A(1,1)
```

3. 二维数组应用的例子

下面举一些二维数组应用的例子。

【例5-19】假设已经定义了有 200 个元素的二维数组 A，第 1 维的下标从 1 到 10，第 2 维的下标从 1 到 20，并且该数组元素已经赋了值。现要求把数组 A 的第 m 行和第 n 行交换，写出完成这一功能的代码。

解：只要把第 m 行上的每个元素与第 n 行上的每个元素交换就可以了，共需要对 20 对元素进行交换，代码如下：

```
For i = 1 To 20
    t = A(m, i)
    A(m, i) = A(n, i)
    A(n, i) = t
Next i
```

【例5-20】假设已经定义了有 200 个元素的二维数组 A，第 1 维的下标从 1 到 10，第 2 维的下标从 1 到 20，并且该数组元素已经赋了值。现要求把数组 A 的第 m 列和第 n 列交换，写出完成这一功能的代码。

解：只要把第 m 列上的每个元素与第 n 列上的每个元素交换就可以了，共需要对 10 对元素进行交换，代码如下：

```
For i = 1 To 10
    t = A(i, m)
    A(i, m) = A(i, n)
    A(i, n) = t
Next i
```

【例5-21】假设已经定义了有 100 个元素的二维数组 A，第 1 维和第 2 维的下标都从 1 到 10。现要对数组 A 的各元素进行赋值，行号和列号相同的元素的值是 1，其余元素的值是-1，写出完成这一功能的代码。

解：需要用两层循环，外层循环按行号循环（从第 1 行到第 10 行），内层循环按列号循环（从第 1 列到第 10 列），根据行号和列号的值是否相等来给数组元素赋值，代码如下：

```
For i = 1 To 10
    For j = 1 To 10
        If (i = j) Then A(i, j) = 1 Else A(i, j) = -1
    Next j
Next i
```

【例5-22】假设已经定义了有 100 个元素的二维数组 A，现要对数组 A 的各元素进行赋值，如下所示：

```
1   2   3   4   5   6   7   8   9   10
2   3   4   5   6   7   8   9   10  11
3   4   5   6   7   8   9   10  11  12
4   5   6   7   8   9   10  11  12  13
...
```

```
10  11  12  13  14  15  16  17  18  19
```

写出完成这一功能的代码。

解：需要用两层循环，从所赋值的方阵中可以发现规律，A(i, j) = i + j − 1，其代码如下：

```
For i = 1 To 10
    For j = 1 To 10
        A(i, j) = i + j -1
    Next j
Next i
```

【例5-23】生成杨辉三角形的前10行并输出。杨辉三角形是这样的一个三角形数阵：

```
1
1  1
1  2  1
1  3  3  1
1  4  6  4  1
1  5 10 10  5  1
...
```

在杨辉三角形中，第1行1个数，第2行2个数，第3行3个数，等等。第1行和第2行的数都是1，从第3行开始，第1个数和最后一个数都是1，其余的数是上一行该列的数与上一行前一列的数的和。例如，第6行的10（位于第3列），就是6（位于第5行第3列）和4（位于第5行的第2列）的和。

解：从杨辉三角形的定义，可以给出程序的框架：

```
Dim Y(1 To 10, 1 To 10) As Integer
Dim i As Integer, j As Integer

Y(1,1) = 1 : Y(2,1) = 1 : Y(2,2) = 1
For i = 3 To 10
    '(A)生成第 i 行
Next I
'(B)输出杨辉三角形
```

我们先分析(A)，"生成第 i 行"。由于第 i 行的第1个数和最后一个数都是1，而第 i 行有 i 个数，这可以用下语句完成。

```
Y(i,1) = 1 : Y(i,i) = 1
```

如何得到第 i 行的第 j 列（$2 \leqslant j \leqslant i-1$）的元素呢？根据定义：

```
Y(i,j) = Y(i-1,j) + Y(i-1,j-1)
```

所以完成该列"(A)生成第 i 行"的代码是：

```
Y(i,1) = 1 : Y(i,i) = 1
For j = 2 To i-1
    Y(i,j) = Y(i-1,j) + Y(i-1,j-1)
Next j
```

我们再分析(B)，"输出杨辉三角形"。我们要输出 10 行，而第 i 行有 i 个元素，只要输出完这 i 个元素后换行就行了。因此，"(B)输出杨辉三角形"的代码片段是：

```
For i = 1 To 10
   For j = 1 To i
        Print Y(i,j);
   Next j
   Print
 Next i
```

至此，所有的问题都解决了，最终的程序代码如下：

```
Private Sub Form_Click()
    Dim Y(1 To 10, 1 To 10) As Integer
    Dim i As Integer, j As Integer

    Y(1, 1) = 1: Y(2, 1) = 1: Y(2, 2) = 1
    For i = 3 To 10
        Y(i, 1) = 1: Y(i, i) = 1
        For j = 2 To i - 1
            Y(i, j) = Y(i - 1, j) + Y(i - 1, j - 1)
        Next j
    Next i


    For i = 1 To 10
        For j = 1 To i
            Print Y(i, j);
        Next j
        Print
    Next i
End Sub
```

5.2 案例的实现

有了以上预备知识，下面可以实现本章开始所介绍的案例了。首先对本案例进行解析，然后给出具体的操作步骤，最后对本案例进行拓展，以巩固提高所学的内容。

5.2.1 案例解析

要用 VB 6.0 实现该案例，主要有两个任务；设计界面和编写代码。本案例界面比较简单，只有一个窗体，只需要设置合适的大小就行了。下面主要介绍如何编写代码。

本案例只需要编写窗体的单击（Click）事件过程代码，有 3 项主要工作：定义变量、产生随机数、统计并输出结果。

(1) 定义变量

根据程序的要求，100 个随机数要保存，因此要定义一个数组 A；进行统计要通过循环语句，因此要定义一个循环变量 i。在统计过程中需要定义其他的变量，我们会随时定义。数组 A 和变量 i 的定义语句如下：

```
Dim A(1 To 100) As Integer
Dim i As Integer
```

(2) 产生随机数

根据 5.1.1 节中的介绍，表达式"Int(30* Rnd())+1"可产生一个 1～30 的随机整数。为了使随机数更有随机性，我们用 Randomize 语句初始化随机数发生器。因此，产生随机数并输出的代码如下：

```
Randomize
Print "100 个 1~30 的随机数: "
For i = 1 To 100
    A(i) = Int(30 * Rnd() + 1)
    Print A(i);
    If (i Mod 10) = 0 Then Print
Next i
```

(3) 统计并输出结果

这是本案例的重点和难点。有 3 项工作：找最大的数及其位置、找相邻两个数和的最小值及其位置、找出现次数最多的数及其次数。

先分析找最大的数及其位置。我们先把最大的数 t 找出来，然后把数组 A 中所有等于 t 的数组元素的下标输出即可。

"把最大的数 t 找出来"，类似的事情在选择排序时遇到过，只不过选择排序时找的是下标，而这里找的是值。代码如下：

```
t = A(1)
For i = 2 To 100
    If A(i) > t  Then t = A(i)
Next i
```

"把数组 A 中所有等于 t 的数组元素的下标输出"比较简单，代码如下：

```
For i = 1 To 100
    If A(i) = t Then Print i;
Next i
Print
```

再分析找相邻两个数和的最小值及其位置。解决的方法是：定义一个有 99 个元素的数组 B（下标从 1 到 99），B(1)存放的是 A(1)和 A(2)的和，B(2)存放的是 A(2)和 A(3)的和，等等。问题就变成"从数组 B 中找最小值，以及它们的下标"，这一问题与上一问题类似，代码如下：

```
For i = 1 To 99
    B(i) = A(i) + A(i + 1)
Next i
t = B(1)
For i = 2 To 99
    If B(i) < t Then t = B(i)
Next i
Print "相邻两个数的和的最小值是: "; t

Print "其位置是: ";
For i = 1 To 99
    If B(i) = t Then Print "("; i; ","; i + 1; ")";
Next i
Print
```

最后分析找出现次数最多的数及其次数。解决的方法是: 先定义一个有 30 个元素的数组 C (下标从 1 到 30), C(1)存放的是 100 个随机数中 1 出现的次数, C(2) 存放的是 100 个随机数中 2 出现的次数, 等等。如何用 "C(1)存放 1 出现的次数, C(2)存放 2 出现的次数"? 我们先把数组 C 的每个元素全赋值为 0, 然后逐个数组找出 A 的元素, 对于 A(i)所对应的次数应该是 C(A(i)), 只要把它加 1 就可以了。所以统计各个数出现的次数的代码如下:

```
For i = 1 To 30
    C(i) = 0
Next i
For i = 1 To 30
    C(A(i)) = C(A(i)) + 1
Next i
```

有了数组 C 后, 问题就变成 "从数组 C 中找最大值, 以及它们的下标", 这个最大值就是出现最多的次数, 它的下标就是出现最多的数。这一问题与上一问题类似, 代码如下:

```
t = C(1)
For i = 2 To 30
    If C(i) > t Then t = C(i)
Next i
Print "出现最多的数有"; t; "次"
Print "它们是: ";
For i = 1 To 30
    If C(i) = t Then Print i;
Next i
Print
```

5.2.2　操作步骤

有了以上的案例解析，下面只需要按步骤操作就行了。

操作步骤

(1) 启动 VB 6.0，创建"标准 EXE"工程。

(2) 调整窗体的大小，使其符合要求。

(3) 双击窗体的空白处，打开代码编辑器窗口，在过程下拉列表中选择"Click"，则系统会自动生成 Form 对象的 Click 事件过程的代码的框架。

(4) 在代码编辑器窗口中，输入以下代码：

```
Private Sub Form_Click()
    Dim A(1 To 100) As Integer
    Dim B(1 To 99) As Integer
    Dim C(1 To 30) As Integer
    Dim i As Integer, t As Integer
    '以下代码生成 100 个 1～30 的随机数，并输出
    Randomize
    Print "100 个 1～30 的随机数: "
    For i = 1 To 100
        A(i) = Int(30 * Rnd() + 1)
        Print A(i);
        If (i Mod 10) = 0 Then Print
    Next i
    '以下代码找最大的数及其位置，并输出
    t = A(1)
    For i = 2 To 100
        If A(i) > t Then t = A(i)
    Next i
    Print "最大值是: "; t
    Print "其位置是: ";
    For i = 1 To 100
        If A(i) = t Then Print i;
    Next i
    Print
    '以下代码找相邻两个数的和的最小值及其位置，并输出
    For i = 1 To 99
        B(i) = A(i) + A(i + 1)
    Next i
    t = B(1)
    For i = 2 To 99
```

```
            If B(i) < t Then t = B(i)
         Next i
         Print "相邻两个数的和的最小值是: "; t
         Print "其位置是: ";
         For i = 1 To 99
            If B(i) = t Then Print "("; i; ","; i + 1; ")";
         Next i
         Print
         '以下代码找出现次数最多的数及其次数, 并输出
         For i = 1 To 30
            C(i) = 0
         Next i
         For i = 1 To 30
            C(A(i)) = C(A(i)) + 1
         Next i
         t = C(1)
         For i = 2 To 30
            If C(i) > t Then t = C(i)
         Next i
         Print "出现最多的数有"; t; "次"
         Print "它们是: ";
         For i = 1 To 30
            If C(i) = t Then Print i;
         Next i
         Print
      End Sub
```

(5) 以 "案例 5.frm" 为文件名保存窗体文件到 "D:\案例" 文件夹; 以 "案例 5.vbp" 为文件名保存工程文件到 "D:\案例" 文件夹。

(6) 单击工具栏上的【启动】按钮 ▶, 运行工程。

(7) 单击窗体, 查看输出的结果。

(8) 单击程序窗口中的 ⊠ 按钮, 结束程序运行。

5.2.3 案例拓展

完成以上案例后, 下面对该案例进行拓展。

功能要求

在本章案例的基础上, 再增加一个功能, 计算并输出这 100 个数的平均值和标准偏差。图 5-3 所示为程序的输出结果。

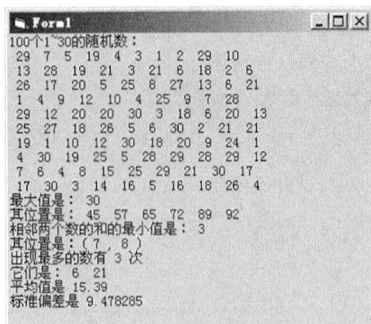

图5-3 程序的输出结果

n 个数 x_1、x_2、x_3、$\cdots$、x_n 的平均值和标准偏差的定义如下：

标准偏差$=\sqrt{\text{标准方差}}$

标准方差$=((x_1-\text{平均值})^2+(x_2-\text{平均值})^2+\ldots+(x_n-\text{平均值})^2)/n$

平均值$=(x_1+x_2+x_3\ldots+x_n)/n$

操作提示

只需对窗体的 Click 事件代码进行以下扩充。

(1) 增加 2 个单精度类型的变量 x、y，用于保存平均值和标准偏差：

```
Dim x As Single, y As Single
```

(2) 先计算平均值，再计算标准方差，这部分代码片段如下：

```
x = 0
For i = 1 To 100
    x = x + A(i)
Next i
x = x / 100
y = 0
For i = 1 To 100
    y = y + (x - A(i)) ^ 2
Next i
y = Sqr(y / 100)
Print "平均值是"; x
Print "标准偏差是"; y
```

5.3 知识扩展

在 5.1 节中介绍了本案例所用到的基础知识，以下内容对前面的内容进行扩充，以扩大视野。

5.3.1 动态数组

实际应用中，经常会遇到数据个数只有到运行程序时才能确定的问题。例如，输入一个数 n，然后生成 n 个 $1\sim100$ 之间的随机整数，统计这 n 个数中超过平均值的个数。

如果我们用静态数组来解决这个问题，若定义的数组过大，程序占用了大量的内存空间，会降低系统的运行速度。若定义的数组过小，程序运行时会出现数组越界错误。

通过上面的分析，用静态数组很难解决这个问题。于是，引入了动态数组的概念。动态数组就是在运行时能够改变大小的数组。与静态数组相同，动态数组在使用前必须声明。

1. 声明动态数组

声明动态数组的形式与定义静态数组基本相同，唯一不同的是没有下标说明，即使用一个"空维数表"。其语法格式如下：

```
Dim <数组名>() [As <数据类型>]
```

例如以下语句：

```
Dim DA() As Integer
```

定义了整数类型的动态数组 DA。

2. 使用动态数组

动态数组声明后，还不能马上使用。在使用前，必须用 ReDim 语句重新定义，以分配相应的空间。其语法格式如下：

```
ReDim <数组名> ([<下界> To ] <上界>[,[<下界> To ] <上界>]…)
```

以上语法格式说明如下。

- <数组名>是一个已经定义了的动态数组名。
- <下界>和<上界>的限制比静态数组的要少，可以是一个整数常量（如 1、10、20 等），或者由整数常量构成的表达式（如 1+2，3*5 等），还可以是含有变量的表达式（如 2*n+1，这里 n 是一个变量）。

用 ReDim 语句对动态数组重新定义后，该动态数组就可以像静态数组一样使用了。

【例5-24】对于前面声明的动态数组 DA，有关 ReDim 语句的例子。

ReDim 语句	ReDim 语句的功能
ReDim DA(10)	重新定义 DA 为一个一维数组，下标从 0 到 10
ReDim DA (1 To 10, 1 To 20)	重新定义 DA 为一个二维数组，第 1 维下标从 1 到 10，第 2 维下标从 1 到 20
ReDim DA (n)	重新定义 DA 为一个一维数组，下标从 0 到 n。这里，n 是一个大于 0 的整数类型的变量

【例5-25】下面来解决本节开始时提出的问题。

解：对于本节开始时提出的问题，由于要统计大于平均值元素的个数，所以必须先统计平均值，然后再进行统计。这就要求这 n 个数必须先保存起来。由于 n 不是一个确定的值，所以我们使用动态数组，当输入了 n 的值后，我们用 ReDim 对动态数组 A 重新定义。完整的代码如下：

```
Private Sub Form_Click()
```

```
Dim A() As Integer
Dim n As Integer, i As Integer, t As Single, k As Integer
n = InputBox("输入一个数 n")
If (n <=0 ) Then
    Print "输入的 n 错误！"
Else
    ReDim A(1 To n)
    t = 0
    For i = 1 To n
        A(i) = Int(100*Rnd())+1  :  t = t + A(i)
    Next i
    t = t / n  :  k = 0
    For i = 1 To n
        If (A(i) > t) Then k = k + 1
    Next i
    Print k; "个元素大于平均值"
End If
End Sub
```

5.3.2   有关数组的函数

与数组有关的函数包括 Lbound()函数、LBound()函数和 IsArray()。有关这 3 个函数的例子，我们使用以下定义的数组和变量：

```
Dim A(-10 To 50, 10 to 100) As Integer, B As Integer
```

1.   LBound()函数

LBound()函数用来获得数组中指定维数的下界（最小下标值）。其语法格式如下：

```
LBound(<数组名>[, <维数>])
```

以上语法格式说明如下。

- <数组名>是一个数组的名字。
- <维数>是一个整数类型的表达式，当省略维数时，<维数>的默认值是 1。

【例5-26】对于本节开始定义的数组 A，有关 LBound()函数调用的例子。

LBound()函数调用	函数调用的返回值
LBound(A)	−10
LBound(A,1)	−10
LBound(A,2)	10
LBound(A,3)	出现错误

2.   UBound()函数

UBound()函数用来获得数组中指定维数的上界（最大下标值）。其语法格式如下：

```
UBound(<数组名>[, <维数>])
```

以上语法格式中的语法项，与 LBound() 函数相同，不再重复。

【例5-27】对于本节开始定义的数组 A，有关 UBound() 函数调用的例子。

UBound()函数调用	函数调用的返回值
UBound(A)	50
UBound(A,1)	50
UBound(A,2)	100
UBound(A,3)	出现错误

3. IsArray()函数

IsArray()函数返回布尔类型的值，用来指出变量是否为一个数组。其语法格式如下：

```
IsArray(<变量名>)
```

如果变量是数组，则 IsArray() 函数 True；否则返回 False。

【例5-28】对于本节开始定义的数组 A 和变量 B，有关 IsArray() 函数调用的例子。

IsArray()函数调用	函数调用的返回值
IsArray(A)	True
IsArray(B)	False

 # 小结

本章围绕案例，首先介绍了实现该案例所用到的基础知识，包括 Rnd() 函数、数组的概念、一维数组、二维数组。然后详细介绍了案例的实现，包括案例解析、操作步骤和案例拓展。最后介绍了一些扩展知识，包括动态数组以及有关数组的函数。

 # 习题

一、选择题

1. Rnd()函数返回值的范围是 R，则（   ）。

   A. 0<R<1   B. 0≤R<1   C. 0<R≤1   D. 0≤R≤1

2. 对随机函数进行初始化的语句是（   ）。

   A. Rand   B. Random   C. Randomiz   D. Randomize

3. 语句 "Dim(10 , 10) As Integer" 定义的数组共有个（   ）元素。

   A. 20   B. 22   C. 100   D. 121

4. 声明了有关动态数组后，需要用（   ）语句重新定义后才能使用。

   A. ReDim   B. DimRe   C. ReArray   D. ArrayRe

5. （   ）函数是用来获得数组中指定维数的下界。

A．LBound()　　　B．UBound()　　　C．BoundL()　　　D．BoundU()

二、填空题

1. 100～1000 的随机整数的 VB 表达式是_____。

2. 语句"Dim(-10 To 10) As Integer"定义的数组共有_____个元素。

3. 由 Option Base 语句指定的数组默认的下界值只能是_____和_____。

4. 以下语句执行完后的输出结果是_____。

```
Dim A(1 to 10) As Integer

For i = 1 to 10

    A(i) = i*2

Next

Print A(A(2))
```

5. 以下语句执行完后的输出结果是_____。

```
Dim A(9) As Integer

For i =0 to 9

    A(i) = i ^ 3

Next i

For i = 100 to 999

    x = i Mod 10

    y = (i\10) Mod 10

    z = i\100

    If (i = A(x)+A(y)+A(z)) Then print i

Next i
```

6. 以下语句执行完后的输出结果是_____。

```
Dim A(9) As Long

A(0) = 1

For i =1 to 9

    A(i) = A(i-1)*i

Next i

Print A(1)+A(5)+A(9)
```

三、上机练习

设计一个程序，程序运行时，单击程序窗口，生成 100 个 1～30 的随机整数，并在窗口中输出（每行 10 个数）；找最小的数以及它们的位置；找相邻两数的差的绝对值的最大值以及它们的位置；找出现次数最少的数以及这个次数。

过程是 VB 6.0 程序组织的基本方式，也是程序设计中常用的代码组织方式。本章通过案例"求分数的和"，介绍如何使用过程来编写程序。

案例功能

程序运行时，出现图 6-1 所示的窗口。在窗口中输入 3 个分数，单击 计算 按钮后，求出这 3 个分数的和，然后在文本框中显示。要求所显示的分数和为最简分数。图 6-2 所示为输入一组数据后的结果，图 6-3 所示为输入另外一组数据后的结果。

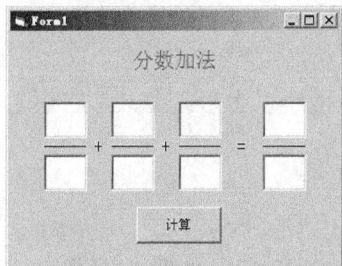

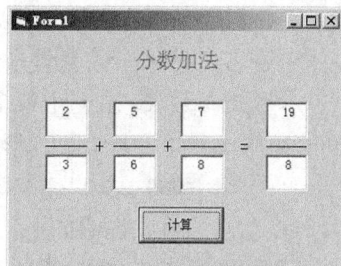

图6-1 程序运行后的窗口 　　图6-2 输入一组数据后的结果 　　图6-3 输入另外一组数据后的结果

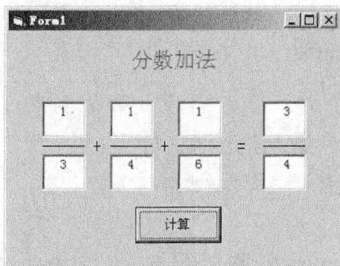

学习目标
- 掌握 Sub 过程的概念。
- 掌握 Function 过程的概念。
- 理解过程参数传递的方式和作用。
- 掌握用 Sub 过程编写程序的方法。
- 掌握用 Function 过程编写程序的方法。

6.1 预备知识

要完成本案例所要求的功能，需要掌握相关的基础知识，下面就介绍这些知识。

6.1.1 Sub 过程

在第 1 章的案例中曾介绍过，过程分事件过程和通用过程两类。通用过程也分为两类：Sub 过程和 Function 过程。Sub 过程完成某一功能，但不返回值。

1. Sub 过程的语法

Sub 过程的语法格式如下：

```
[<访问权限>] Sub <过程名> (<形式参数表>)
```

```
        <过程体>
End Sub
```

以上语法格式说明如下。

- <访问权限>是关键字 Private 或 Public。Public 表示所有模块（如另外一个窗体模块）的过程（包括事件过程和通用过程）都可调用 Sub 过程。Private 表示只有在当前模块中的过程（包括事件过程和通用过程）才可调用该 Sub 过程。<访问权限>可以省略，如果省略，默认的访问权限是 Public。

- <过程名>是已定义的 Sub 过程的名字，其命名规则和变量名的命名规则相同。

- <形式参数表>是定义 Sub 过程时的参数列表，可以省略，如果省略，表示该 Sub 过程无参数。<形式参数表>用于声明该 Sub 过程各个参数的名称、位置和类型。<形式参数表>的语法格式将在下面详细介绍。

- <过程体>是该 Sub 过程的一系列语句。与以前编写的事件过程代码一样，<过程体>中通常是先定义变量，然后进行其他处理。<形式参数表>中的各个参数名，可以当做变量来使用。

<形式参数表>由一个或多个形式参数组成，如果有两个或两个以上形式参数，它们之间必须用逗号","分开。<形式参数>语法格式如下：

```
[<参数传递方式>] <形式参数名> As <数据类型>
```

以上语法格式说明如下。

- <参数传递方式>是关键字 ByVal 或 ByRef。其作用将在 6.1.3 节中介绍。<参数传递方式>可以省略，如果省略，默认的参数传递方式是 ByRef。

- <形式参数名>是形式参数的名字，其命名规则和变量名的命名规则相同。

- <数据类型>是 VB 6.0 合法的数据类型名。

2. 建立 Sub 过程

Sub 过程可以在窗体模块中添加，也可以在通用模块中添加。有两种添加方法：自动添加和手动添加。

(1) 自动添加 Sub 过程

添加方法是：打开窗体模块或通用模块的代码编辑器窗口，然后在窗体设计窗口中选择【工具】/【添加过程】命令，弹出如图 6-4 所示的【添加过程】对话框。

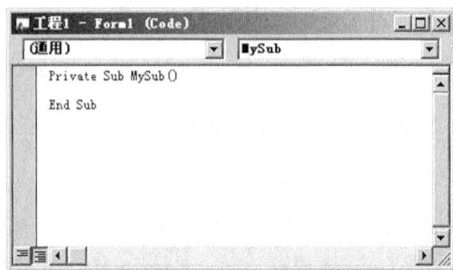

在【添加过程】对话框的【名称】文本框中输入 Sub 过程的名字（如"MySub"），然后在【类型】选项组中选择【子程序】单选按钮，在【范围】选项组中根据需要选择【公有的】或【私有的】单选按钮，单击 确定 按钮后，会在窗体模块或通用模块的代码编辑器窗口自动生成相应的 Sub 过程框架（见图 6-5）。

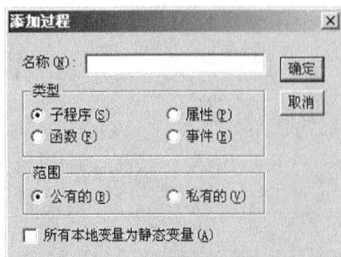

图6-4 【添加过程】对话框   图6-5 自动生成的 Sub 过程框架

需要注意的是，自动添加的 Sub 过程，既没有参数，也没有过程体语句，用户根据需要把相应的参数和<过程体>内的语句补上，只需要在代码编辑器窗口中直接输入就可以了。

【例6-1】 补充了代码的 MySub 过程。

```
Private Sub MySub (m As Integer, n As Integer)
    If (n = 0) Then
        Print "0 不能作除数！"
    Else
        Print m; "除以"; n; "的商是："; m\n
        Print m; "除以"; n; "的余数是："; m Mod n
    End If
End Sub
```

(2) 手动添加 Sub 过程

手动添加 Sub 过程就是在窗体模块或通用模块的代码编辑器窗口中，按照 Sub 过程的语法规则输入相应的代码。当用户输入了一个 Sub 过程的头部（如"Private Sub MySub ()"）之后，系统会自动把"End Sub"补上，省去了用户的输入。

3. 调用 Sub 过程

在定义好了 Sub 过程之后，还要在应用程序中调用该过程才能进行相应的操作。调用 Sub 过程有两种方法，其语法形式如下：

```
CALL <过程名> (<实际参数表>)
```

或

```
<过程名> <实际参数表>
```

以上语法格式说明如下。

- <过程名>必须是一个已经定义了的过程名。如果定义的过程不在本模块中，该过程的访问权限必须是 Public；如果定义的过程在本模块中，该过程的访问权限没有要求。
- <实际参数表>是一个表达式的列表，如果多于两个表达式，那么表达式之间必须用逗号","分隔。<实际参数表>与过程定义中的<形式参数名>必须相符，即个数必须相同、类型必须相容（实际参数值的类型必须与形式参数的类型相同，或实际参数值的类型必须能正确转换为形式参数的类型）、传递方式相配（这部分内容将在 6.1.3 节中详细介绍）。

【例6-2】 对于例 6-1 定义的 MySub 过程，合法调用的例子。

```
TestSub 1, 2
Call TestSub (1, 2)
TestSub 1, 2*3
Call TestSub (x, y)   'x 和 y 都是整数类型的变量
```

【例6-3】 对于例 6-1 定义的 MySub 过程，非法调用的例子。

调用语句	错误原因
MySub 1	少了一个参数
MySub 1 2	少了两个参数之间的逗号
MySub 1,2,3	多了一个参数
MySub (1,2)	参数不能用括号括起来
Call MySub (1)	少了一个参数
Call MySub (1 2)	少了两个参数之间的逗号
Call MySub (1,2,3)	多了一个参数
Call MySub 1,2	参数没有用括号括起来
x = MySub(1,2)	不能当做函数来使用

4. Sub 过程应用的例子

在实际应用中，通常把那些通用的、特定功能的、在多处用到的代码组织到一个 Sub 过程中，然后在适当的地方调用这个过程。这样程序代码既简洁又容易理解，并且便于程序的扩充和维护。

【例6-4】 定义一个 Sub 过程，用来打印指定字符、指定行数的字符正方形，然后编写窗体的单击事件过程，调用这个过程打印以下字符图形：

```
*   *
*   *
$   $   $
$   $   $
$   $   $
#   #   #   #
#   #   #   #
#   #   #   #
#   #   #   #
```

解：定义过程 Square，有两个参数：Char 和 Size。Char 是字符串类型，表示要打印正方形的字符；Size 是整数类型，表示要打印正方形的行数。Square 过程的代码如下：

```
Private Sub Square(Char As String, Size As Integer)
    Dim i As Integer, j As Integer
    For i = 1 To Size
        For j = 1 To Size
            Print Char;
        Next j
        Print
    Next i
End Sub
```

然后在窗体的 Click 事件代码中多次调用 Square 过程，程序如下：

```
Private Sub Form_Click()
    Call Square("* ", 2)
    Call Square("$ ", 3)
    Call Square("# ", 4)
End Sub
```

【例6-5】 定义一个用来打印指定字符、指定行数的字符三角形 Sub 过程，然后编写窗体的单击事件过程，调用这个过程打印如图 6-6 所示的字符图形。

解：定义 Sub 过程 Triangle，用来打印一个字符三角形（中心位置在一行的第 16 个字符位置），有两个参数：Char 和 Size。Char 是字符串类型，表示要打印三角形所用的字符；Size 是整数类型，表示要打印三角形的行数。

图6-6 在窗口中打印的字符图形

Tab(n)函数是 VB 6.0 提供的一个函数，用来在打印时给当前行定位，即把下一个打印位置定位到当前行的第 n 个字符。

Triangle 过程的代码如下：

```
Private Sub Triangle (Char As String, Size As Integer)
    Dim i As Integer, j As Integer
    For i = 1 To Size
        Print Tab(16 - i);
        For j = 1 To 2 * i - 1
            Print Char;
        Next j
        Print
    Next i
End Sub
```

有了 Triangle 过程后，可在窗体的单击事件代码中多次调用 Triangle 过程。需要注意的是，表示树干的 3 个字符 "H" 可以看成 3 个行数为 1 的三角形，程序如下：

```
Private Sub Form_Click()
    Call Triangle("@", 2)
    Call Triangle("#", 3)
    Call Triangle("$", 4)
    Call Triangle("H", 1)
    Call Triangle("H", 1)
    Call Triangle("H", 1)
End Sub
```

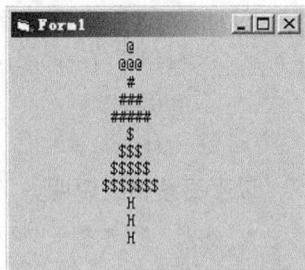

6.1.2 Function 过程

VB 6.0 提供了大量的内部函数，如 Abs、Sqr、Int、Chr 等。Function 过程也称为自定义函数。Function 过程也是一个独立的过程，与 Sub 过程不同的是，Function 过程可返回一个值，通常在表达式中调用 Function 过程。

1. Function 过程的语法

Function 过程的语法格式如下：

```
[<访问权限>] Function <函数名>（<形式参数表>）[As <数据类型>]

    <函数体>

End Function
```

以上语法格式说明如下。

- <访问权限>、<形式参数表>与 Sub 过程相同。
- <函数名>是要定义的函数的名字，其命名规则和变量名的命名规则相同。
- <函数体>与 Sub 过程的<过程体>基本一样，所不同的是，由于 Function 过程要返回一个值，因此在函数体中应至少有一条为<函数名>赋值的语句。<函数体>执行完后，最后一次为<函数名>赋的值为该 Function 过程的返回值。
- <数据类型>是 VB 6.0 合法的数据类型名，用来表明该函数返回值的类型。"As <数据类型>" 可以省略，如果省略，则该函数返回值的类型是变体类型。

2. Function 过程的建立

与 Sub 过程相同，Function 过程可以在窗体模块中添加，也可以在通用模块中添加。有两种添加方法：自动添加和手动添加。

(1) 自动添加 Function 过程

与添加 Sub 过程的方法基本相同，只是在【添加过程】对话框（见图 6-4）的【类型】选项组内应单击【函数】单选按钮。

例如，在打开的【添加过程】对话框中，在【名称】文本框中输入"MyFun"，选择【子程序】和【私有的】单选按钮，单击 确定 按钮后，在窗体模块的代码编辑器中窗口自动生成的 Function 过程框架如图 6-7 所示。

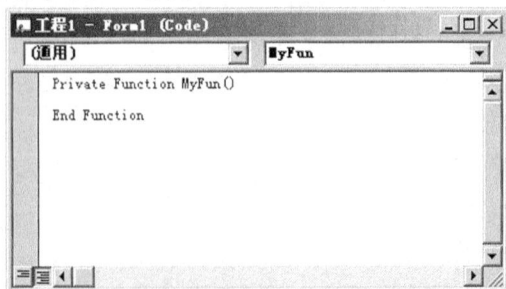

图6-7 自动生成的 Function 过程框架

需要注意的是，自动添加的 Function 过程，既没有参数，也没有过程体语句，用户根据需要把相应的参数和<过程体>内的语句补上。与 Sub 过程一样，只需要在代码编辑器窗口中直接输入就可以了。

【例6-6】 补充了代码的 MyFun 函数。

```
Private Function MyFun (m As Integer, n As Integer) As Single
    Dim x As Single, y As Single
        x = (m + n) / 2
        y = sqr(m * n)
        MyFun = (x+y)/2
End Function
```

（2） 手动添加 Function 过程

手动添加 Function 过程就是在窗体模块或通用模块的代码编辑器窗口中，按照 Function 过程的语法规则输入相应的代码。当用户输入了一个 Function 过程的头部（如"Private Function MyFun ()"）之后，系统会自动把"End Function"补上，省去了用户的输入。

3. Function 过程的调用

Function 过程的调用，与以前介绍过的 VB 6.0 内部函数的调用（Int()函数、Sqr()函数等）一样，即在表达式中用函数名和相应的参数调用。语法格式如下：

　　　　<函数名> (<实际参数表>)

以上语法格式说明如下。

- <函数名>为已定义 Function 过程的名字，如果定义的 Function 过程不在本模块中，该过程的访问权限必须是 Public；如果定义的 Function 过程在本模块中，该过程的访问权限没有要求。
- <实际参数表>的意义、作用和要求与调用 Sub 过程中的<实际参数表>一样。

【例6-7】 对于例 6-6 定义的 MyFun 函数，合法调用的例子。

```
x = MyFun(1, 2)
y = MyFun(p, q)        'p 和 q 是整数类型的变量
z = MyFun(3, Int(10*Rnd()) )
Print MyFun(4,5)
```

【例6-8】 对于例 6-6 定义的 MySub 函数，非法调用的例子。

调用语句	错误原因
x = MyFun(1)	少了一个参数
x = MyFun(1 2)	少了两个参数之间的逗号
x = MyFun(1, 2, 3)	多了一个参数
x = MyFun 1,2	参数没有用括号括起来
x = MyFun(1, 2	少了右括号
x = MyFun(1, 2))	多了右括号

4. Function 过程应用的例子

在实际应用中，通常把那些用来返回一个值的、通用的、特定功能的、在多处用到的代码组织到一个 Function 过程中，然后，在适当的地方调用这个 Function 过程。这样程序代码既简洁又容易理解，并且便于程序的扩充和维护。

【例6-9】 定义一个求两个数的最大公约数的函数，然后编写窗体的单击事件过程，输入 4 个不为 0 的数，调用这个函数求出这 4 个数的最大公约数。

解：可以定义一个函数 gcd，有两个参数，用来求它们的最大公约数。函数的返回值是整数类型。求两个数最大公约数的方法在例 4-12 中讨论过，只需要把这部分代码照抄过来即可。gcd 函数的代码如下：

```
Private Function gcd(m As Integer, n As Integer) As Integer
      Dim p As Integer, q As Integer
      p = m : q = n
      Do
         t = p Mod q
         p = q
         q = t
      Loop Until (t = 0)
   gcd = p
End Function
```

有了 gcd 函数后，在窗体的单击事件代码中，先输入 4 个整数 a、b、c、d，求出 a 和 b 的最大公约数 x，再求出 c 和 x 的最大公约数 y，最后求出 d 和 y 的最大公约数 z，z 就是 a、b、c、d 的最大公约数。最后窗体的单击事件过程的代码如下：

```
Private Sub Form_Click()
   Dim a As Integer, b As Integer
      Dim c As Integer, d As Integer
      Dim x As Integer, y As Integer, z As Integer
      a = InputBox("输入第 1 个不为 0 的整数")
      b = InputBox("输入第 2 个不为 0 的整数")
      c = InputBox("输入第 3 个不为 0 的整数")
      d = InputBox("输入第 4 个不为 0 的整数")
      x = gcd(a, b) : y = gcd(c, x) : z = gcd(d, y)
   Print "它们的最大公约数是："; z
End Sub
```

在以上代码中定义了 3 个临时变量 x、y、z。实际上，只需要定义 1 个临时变量 z 就可以了，调用函数 gcd 部分的代码修改如下：

```
z = gcd(a, b) : z = gcd(c, z) : z = gcd(d, z)
```

更进一步，我们甚至连一个临时变量都不用定义，只要把一个 gcd 函数的调用作为另一个 gcd 函数调用的参数就可以了，求 4 个数的最大公约数并输出的语句如下：

```
Print "它们的最大公约数是："; gcd(d, gcd(c, gcd(a, b)))
```

【例6-10】 找出并输出 10 000 以内的所有亲和数。所谓亲和数是指两个不同的数 m 和 n，其中 m 的所有因子（它本身除外）的和等于 n，而 n 的所有因子（它本身除外）的和等于 m。例如 220 和 284，220 的所有因子（它本身除外）的和是：

```
1+2+4+5+10+11+20+22+44+55+110=284
```

而 284 的所有因子（它本身除外）的和是：

$$1+2+4+71+142=220$$

所以，220 和 284 是一对亲和数。

解：对于一个数 i，先求出 i 的所有因子（它本身除外）的和为 j，然后再求出 j 的所有因子（它本身除外）的和为 k，如果 i=k，则 i 和 j 是一对亲和数。

基于以上分析，我们把 i 从 2 到 10 000 进行循环，求出 i 的因子和为 j，再求出 j 的因子和为 k，如果 i=k 则输出 i 和 j。

这样处理会有两个问题。其一是：一对亲和数会输出两遍。例如 220 和 284，一遍是 220 和 284，另一遍是 284 和 220。其二是：对于完全数（参见第 4 章习题中的上机练习）也会输出。为了避免这种情况，在求出 i 的因子和为 j 后，如果 i<j，则做进一步处理，否则，不做进一步处理。

以上方法中，出现了两次求因子和的情况。因此，我们可以定义一个函数 DivSum，用来求一个数的因子和。

另外，还有一个更为隐蔽的溢出问题。如果变量、参数以及函数的返回值都用整数类型时，在求出 i 的因子和为 j，再求 j 的因子和时，有可能出现溢出错误。例如，当 i=5 400 时，i 的因子和为 13 200，而 13 200 的因子和为 32 928，超出了整数的最大值 32 767。为了避免这种错误，程序中的变量、参数以及函数的返回值，都采用长整数类型。

下面是完整的程序代码：

```
Private Function DivSum(k As Long) As Long
    Dim i As Long, s As Long

    s = 0
    For i = 1 To k - 1
        If (k Mod i = 0) Then s = s + i
    Next i
    DivSum = s
End Function

Private Sub Form_Click()
    Dim i As Long, j As Long, k As Long

    For i = 2 To 10000
        j = DivSum(i)
        If (i < j) Then
            k = DivSum(j)
            If (i = k) Then Print "("; i; ","; j; ")"
        End If
    Next i
    Print "Ok"
End Sub
```

程序运行后，单击窗口，可以找到 5 组亲和数：(220,284)、(1184,1210)、(2620,2924)、

(5020,5564)、(6232,6368)。由于找 10 000 以内的亲和数需要较长的时间（特别是在性能较差的计算机上），所以在窗体单击事件代码的最后加了一句：

```
Print "Ok"
```

其作用是告诉用户已查找完毕。

【例6-11】哥德巴赫猜想是数学中的一个著名问题，即：对于任何一个大于等于 4 的偶数，都可以表示成两个素数的和。例如，10=3+7 以及 10=5+5。人们已经用计算机验证，对于 100 亿以内的偶数，哥德巴赫猜想都成立。我们的问题是，输入一个大于等于 4 的偶数 m，找出 m 所有等于两个素数和的所有表示方式，如前面我们所提到的 10，有两种表示方式。

解：先定义一个函数 Prime，用来判断一个数是否为素数，返回值的类型是布尔类型。判断一个数是否为素数的方法在第 4 章的案例中讨论过，只需要把这部分代码照抄过来即可。Prime 函数的代码如下：

```
Private Function Prime(i As Integer) As Boolean
    Dim j As Integer
    j = 2
    t = Int(Sqr(i))
    Do Until (i Mod j = 0) Or (j > t)
        j = j + 1
    Loop
    Prime = (j > t)
End Function
```

下面分析如何找出 m 等于两个素数和的所有表示方式。先看 m 等于两个数的和的所有表示方式，代码如下：

```
For i = 1 to m
    Print m; "="; i; "+"; m-i
Next i
```

这段代码所产生的 m 等于两个数的表示式中，第 1 个加数从 1 开始，而第 2 个加数到 0 结束，这不符合要求。原因之一，最小的素数是 2，所以上面循环的初值应该为 2；原因之二，考虑到加法交换律，10=3+7 与 10=7+3 应该视为一种表示法，所以上面循环的终值应该为(m \2)。修改上面的代码如下：

```
For i = 2 to (m\2)
    Print m; "="; i; "+"; m-i
Next i
```

接下来，解决问题的方法就明朗了，只要 i 和 m−i 都是素数把表示式输出就行了。下面是窗体的单击事件过程代码：

```
Private Sub Form_Click()
    Dim m As Integer, i As Integer

    m = InputBox("输入一个大于等于4的偶数")
    If (m < 4) Or (m Mod 2 <> 0) Then
```

```
                    Print "输入的数不符合要求！"
              Else
                    For I = 2 To (m\2)
                          If Prime(i) And Prime(m-i) Then
                                Print m; "="; i; "+"; m-i
                          End if
                    Next i
              End If
        End Sub
```

程序运行后，单击窗口，输入 100，输出 6 种表示方法：100=3+97、100=11+89、100=17+83、100=29+71、100=41+59、100=47+53。

6.1.3　参数的传递方式

过程的参数有两种情况：在过程定义时出现的过程参数是形式参数，在过程调用时出现的参数是实际参数。在过程调用时，首先把实际参数传给形式参数，这叫做参数传递。

参数传递有两种方式，即按值传递方式（ByVal）和按地址传递方式（ByRef）。参数按何种方式传递，是在定义过程时决定的。如果在定义形式参数时前面加上"ByVal"关键字，就是按值传递方式；如果在定义形式参数时前面加上"ByRef"关键字，就是按地址传递方式；如果在定义过程时省略了这两个关键字，默认的是按地址传递方式。

1. 按值传递方式

用"ByVal"关键字指出参数传递方式是按值传递方式。按值传递参数时，传递的只是实际参数的副本。当调用一个过程时，系统将实际参数的值复制给形式参数，实际参数与形式参数断开了联系。被调过程中的操作是在形式参数自己的存储单元中进行的，当过程调用结束时，形式参数所占用的存储单元也同时被释放。因此，在过程体内对形式参数的任何操作不会影响到实际参数。

如果确定某个参数不需要在过程中改变，一定要在定义过程中在形参处加上"ByVal"关键字，以防止发生意外的错误。

【例6-12】按值传递参数的例子。

```
        Private Sub Para1(ByVal x As Integer)
            x = x + 1
        End Sub

        Private Sub Form_Click()
            Dim a As Integer
            a = 10
            Print a
            Call Para1(a)
            Print a
        End Sub
```

Para1 过程的参数 x 是按值传递方式的参数，在 Para1 过程体中，对参数 x 加 1。因此，在调用 Para1 过程时，实际参数 a 的值没有被改变。所以，两次输出的 a 的值都为 10。

2. 按地址传递参数

按地址传递方式是 VB 6.0 中是默认的参数传递方式，即形式参数名前省略了"ByVal"和"ByRef"关键字，参数的传递方式默认为是按地址传递方式。若要明显指明该参数是按地址传递方式，则需要在定义形式参数时前面加上"ByRef"关键字。

在参数按地址方式传递的情况下，若实际参数为变量，传递参数时，把该变量在内存中的地址传递给形式参数。这时，形式参数将与原变量使用内存中的同一地址。也就是说，如果在过程中改变了这个形式参数的值，与实际参数对应的那个变量也会随之而改变。

【例6-13】按地址传递参数的例子。

```
Private Sub Para2(ByRef x As Integer)
    x = x + 1
End Sub
Private Sub Form_Click()
    Dim a As Integer
    a = 10
    Print a
    Call Para2(a)
    Print a
End Sub
```

Para2 过程的参数 x 是按地址传递方式的参数。因此，在调用 Para1 过程时，实际参数 a 的值加 1。所以，第 1 次输出 a 的值是 10，而第 2 次输出 a 的值是 11。

我们知道，函数可以返回 1 个值，并且只能返回 1 个值。当需要返回多个值时，函数就无能为力了。由于函数或过程中，按地址传递的参数可以把过程内部的值返回来。因此，按地址传递的参数常用来返回值。

【例6-14】设计一个 Sub 过程 Aver，用来计算两个数的算术平均数和几何平均数。然后调用这个过程，求 1 和 2 的算术平均数与几何平均数，再求 3.14 和 1.41 的算术平均数与几何平均数。对于两个数 m 和 n，(m+n)/2 是它们的算术平均数，$\sqrt{mn}$ 是它们的几何平均数。

解：由于要返回 2 个值，我们用按地址传递的参数来完成这一任务。程序代码如下：

```
Private Sub Aver(m As Single, n As Single, _
                 x As Single, y As Single)
    x = (m + n)/2 : y = Sqr(m*n)
End Sub
Private Sub Form_Click()
    Dim p As Single, q As Single
    Call Aver(1, 2, p, q)
    Print "1 和 2 的算术平均数和几何平均数是"; p, q
    Call Aver(3.14, 1.41, p, q)
```

```
    Print "3.14 和 1.41 的算术平均数和几何平均数是"; p, q
End Sub
```

【例6-15】 设计一个 Sub 过程 Swap，交换两个整数类型变量的值，在窗体的单击事件过程代码中调用这个过程。

解：由于调用 Swap 过程时，参数的值要求变化，因此参数的传递方式应该是按地址传递。程序代码如下：

```
Private Sub Swap(ByRef x As Integer, ByRef y As Integer)
    Dim t As Integer
    t = x : x = y : y = t
End Sub
Private Sub Form_Click()
    Dim p As Integer, q As Integer
    p = 100 : q = 200
    Print "交换前 p="; p; "交换前 q="; q
    Call Swap(p, q)
    Print "交换后 p="; p; "交换后 q="; q
End Sub
```

6.2 案例的实现

有了以上预备知识，下面可以实现本章开始所介绍的案例了。首先对本案例进行解析，然后给出具体的操作步骤，最后对本案例进行拓展，以巩固提高所学的内容。

6.2.1 案例解析

要用 VB 6.0 实现该案例，主要有两个任务：设计界面和编写代码。本案例界面比较简单，不详细介绍了，下面主要介绍如何编写代码。

本案例要求 3 个分数的和，可以先定义一个过程 Add，用来求两个分数的和，然后调用这个过程两次，完成 3 个分数相加的任务。由于一个分数实际上是分子和分母两个数，因此求两个分数和的过程要返回两个值，我们用按地址传递的参数来实现。

如果两个分数 fz1/ fm1 与 fz2/ fm2 相加的和是 fzh/ fmh，很容易知道：

```
fzh = fz1 * fm2 + fz2 * fm1
fmh = fm1 * fm2
```

所以，过程 Add 代码如下：

```
Private Sub Add(ByVal fz1 As Integer, ByVal fm1 As Integer, _
                ByVal fz2 As Integer, ByVal fm2 As Integer, _
                ByRef fzh As Integer, ByRef fmh As Integer)
    fzh = fz1 * fm2 + fz2 * fm1
```

```
            fmh = fm1 * fm2
        End Sub
```

在这个过程中，前 4 个参数分别是两个分数的分子和分母，参数传递方式是按值传递。后 2 个参数是这两个分数和的分子和分母，参数传递方式是按地址传递。

由于要求最后的分数是最简分数，因此需要对这个分数进行化简，这需要求最大公约数的函数，这个函数在例 6-9 中已经实现了，在那个代码中，为了保护参数不被破坏，定义了两个临时变量。在这里，参数的传递方式是按值传递，可以省去这两个临时变量，代码如下：

```
Private Function gcd(ByVal p As Integer, _
                    ByVal q As Integer) As Integer
    Dim t As Integer
    Do
       t = p Mod q
       p = q
       q = t
    Loop Until (t = 0)
  gcd = p
End Function
```

为了把分数 Fzh/Fmh 约分，先求出 Fzh 和 Fmh 的最大公约数 t：

```
    t = gcd(Fzh, Fmh)
```

约分后的分子是 Fzh\t，分母是 Fmh\t。

6.2.2　操作步骤

有了以上的案例解析，下面只需要按步骤操作就行了。

操作步骤

(1) 启动 VB 6.0，创建"标准 EXE"工程。

(2) 调整窗体的大小，使其符合要求。

(3) 在窗体上添加 4 个标签、8 个文本框和 1 个命令按钮，并按照表 6-1 所示设置相应的属性。

表 6-1　　　　　　　　　　　　　　　对象的属性设置

控　　件	属性	属性值
Label1	Caption	"分数加法"
	AutoSize	True
	Font	大小为"三号"
	ForeColor	红色
Label2 和 Label3	Caption	"＋"
	Font	大小为"小四"
	AutoSize	True

控　件	属性	属性值
Label4	Caption	"="
	Font	大小为"小四"
	AutoSize	True
Text1～Text6 Text1、Text2 是第 1 个分数的分子和分母	Text	""
	AlignMent	2
Text7～Text8 Text7、Text8 是第 1 个和的分子和分母	Text	""
	AlignMent	2
	Locked	True
Command1	Caption	"计算"

(4) 双击命令按钮，打开代码编辑器窗口，在代码编辑器窗口中输入以下代码：

```
Private Sub Add(ByVal fz1 As Integer, ByVal fm1 As Integer, _
              ByVal fz2 As Integer, ByVal fm2 As Integer, _
              ByRef fzh As Integer, ByRef fmh As Integer)
    fzh = fz1 * fm2 + fz2 * fm1
    fmh = fm1 * fm2
End Sub


Private Function gcd(ByVal p As Integer, _
                ByVal q As Integer) As Integer
    Dim t As Integer
    Do
    t = p Mod q : p = q : q = t
    Loop Until (t = 0)
    gcd = p
End Function
Private Sub Command1_Click()
    Dim fz1 As Integer, fm1 As Integer
    Dim fz2 As Integer, fm2 As Integer
    Dim fz3 As Integer, fm3 As Integer
    Dim fzh As Integer, fmh As Integer
    Dim t As Integer

    fz1 = Val(Text1.Text): fm1 = Val(Text2.Text)
    fz2 = Val(Text3.Text): fm2 = Val(Text4.Text)
    fz3 = Val(Text5.Text): fm3 = Val(Text6.Text)
    Call Add(fz1, fm1, fz2, fm2, fzh, fmh)
```

```
        Call Add(fzh, fmh, fz3, fm3, fzh, fmh)

        t = gcd(fzh, fmh)

        fzh = fzh \ t: fmh = fmh \ t

        Text7.Text = Str(fzh): Text8.Text = Str(fmh)

    End Sub
```

(5) 以"案例 6.frm"为文件名保存窗体文件到"D:\案例"文件夹；以"案例 6.vbp"为文件名保存工程文件到"D:\案例"文件夹。

(6) 单击工具栏上的【启动】按钮 ▶ 运行工程。

(7) 在窗口中输入 3 个分数，单击 计算 按钮后，查看输出的结果。

(8) 单击程序窗口中的 ✕ 按钮，结束程序运行。

6.2.3 案例拓展

完成以上案例后，下面对该案例进行拓展。

功能要求

在本章案例的基础上，再增加一个分数，求这 4 个分数的和。另外，在本章案例的程序代码中存在一个问题，即当没有输入数据就单击 计算 按钮，或当分数的和为 0 时，求最大公约数时会出现被 0 除的错误，现要求解决这一问题，在这种情况下输出的分数为 0/1。

如图 6-8 所示为程序运行时的界面，如图 6-9 所示为输入一组数据后的结果。

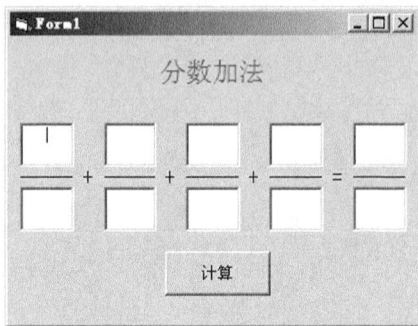

图6-8 程序运行的开始窗口

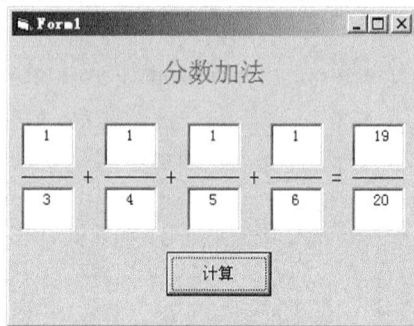

图6-9 输入一组数据后的结果

操作提示

通用过程和函数不需要改动，只需对 Command1 的 Click 事件过程代码进行扩充即可。

(1) 增加两个整数类型变量 fz4、fm4，用于保存第 4 个分数的分子和分母。

(2) 增加一次对 Add 过程的调用：

```
        Call Add(fzh, fmh, fz4, fm4, fzh, fmh)
```

(3) 对最后的和进行判断处理：

```
        If (fzh = 0) Then

            fzh = 0 : fmh = 1

        Else

            t = gcd(fzh, fmh) : fzh = fzh \ t : fmh = fmh \ t
```

```
                    End If
```
最终 Command1 的 Click 事件代码如下：
```
Private Sub Command1_Click()
    Dim fz1 As Integer, fm1 As Integer
    Dim fz2 As Integer, fm2 As Integer
    Dim fz3 As Integer, fm3 As Integer
    Dim fzh As Integer, fmh As Integer
    Dim t As Integer
    fz1 = Val(Text1.Text): fm1 = Val(Text2.Text)
    fz2 = Val(Text3.Text): fm2 = Val(Text4.Text)
    fz3 = Val(Text5.Text): fm3 = Val(Text6.Text)
    fz4 = Val(Text9.Text): fm4 = Val(Text10.Text)
    Call Add(fz1, fm1, fz2, fm2, fzh, fmh)
    Call Add(fzh, fmh, fz3, fm3, fzh, fmh)
    Call Add(fzh, fmh, fz4, fm4, fzh, fmh)
    If (fzh = 0) Then
        fzh = 0:    fmh = 1
    Else
        t = gcd(fzh, fmh) :  fzh = fzh \ t : fmh = fmh \ t
    End If
    Text7.Text = Str(fzh): Text8.Text = Str(fmh)
End Sub
```

6.3　知识扩展

在 6.1 节中介绍了本案例所用到的基础知识，以下内容对前面的内容进行扩充，以扩大视野。

6.3.1　静态变量

在以前编写的过程代码中，所定义的变量都是用 Dim 语句定义的，这样的变量都属于动态变量。动态变量的特点是：在过程调用时，变量被初始化（数值类型变量的初始值为 0，字符串类型变量的初始值为空字符串，布尔类型变量的初始值为 False）；当过程结束时，动态变量被释放，原有的值随之丢失。当下次调用过程时，变量的数据值会重新初始化。

如果要使用变量的数据在下次调用过程时能够保存，必须使用一种被称为静态变量的变量声明。静态变量与动态变量的不同之处在于：静态变量是用 Static 关键字定义的；在程序运行开始，对变量进行初始化；在程序运行期间，静态变量的值会一直保持。

用 Static 定义静态变量的语句的语法格式如下：
```
Static <变量名> [As <数据类型>] [,<变量名> [As <数据类型>]]…
```

不难看出，该语法格式与 Dim 语句的语法格式除了一开始的关键字不同外，其余完全相同。语法格式中的各语法项的意义也完全相同。

【例6-16】动态变量的例子。以下是命令按钮 Command1 的 Click 事件代码：

```
Private Sub Command1_Click()
        Dim Dyn As Integer

        Dyn = Dyn + 1
        Print Dyn
End Sub
```

程序运行时，第 1 次单击命令按钮，由于 Dyn 是动态变量，Dyn 初始化为 0，执行语句"Dyn = Dyn + 1"后，Dyn 的值是 1，所以第 1 次的输出结果是 1。第 2 次单击命令按钮时，Dyn 仍然初始化为 0，执行语句"Dyn = Dyn + 1"后，Dyn 的值还是 1，所以第 2 次的输出结果还是 1。第 3 次、第 4 次……的输出结果都是 1。

【例6-17】静态变量的例子。以下是命令按钮 Command1 的 Click 事件代码：

```
Private Sub Command1_Click()
        Static Sttc As Integer

        Sttc = Sttc + 1
        Print Sttc
End Sub
```

程序运行时，由于 Sttc 是静态变量，初始化为 0。第 1 次单击命令按钮，执行语句"Sttc = Sttc + 1"后，Sttc 的值是 1，所以第 1 次的输出结果是 1。第 2 次单击命令按钮时，Sttc 仍然保留以前的值（即 1），执行语句"Sttc = Sttc + 1"后，Sttc 的值是 2，所以第 2 次的输出结果还是 2。第 3 次、第 4 次…的输出结果分别是 3、4…。

6.3.2 变量的作用域

在以前编写的过程代码中，变量的定义都在过程的开始处。实际上，在 VB 6.0 的代码中，变量的定义可以出现在其他位置，不同的位置决定了变量在程序中的作用范围，这称为变量的作用域。

根据变量的作用域，VB 6.0 中的变量可以分为 3 类：过程级变量（局部变量）、模块级变量和工程级变量（全局变量）。

1. 过程级变量

过程级变量也叫局部变量，是在工程内部定义的变量，该变量的作用域是该过程。以前编写的程序代码中，变量都是在通用过程或事件过程内部定义的，这一类变量都是局部变量。

【例6-18】局部变量的例子。以下是命令按钮 Command1 的 Click 事件代码和 Sub 过程 PlusOne 的代码：

```
Private Sub PlusOne()
```

```
        Dim Count As Integer
        Count = Count + 1
End Sub


Private Sub Command1_Click()
        Dim Count As Integer
        Count = 100
        Call PlusOne
        Print Count
End Sub
```

这两个过程虽然都定义了变量 Count，但变量 Count 属于各自的过程，因此，这两个 Count 是不一样的。程序运行时，单击命令按钮 Command1，执行到语句 "Call PlusOne" 时，在 Sub 过程 PlusOne 中，对变量 Count 加 1，这时，是 Sub 过程 PlusOne 中的变量 Count 加 1，而不是过程 Command1_Click 中的变量 Count 加 1，因此程序的输出结果是 100。

2. 模块级变量

模块级变量是在模块内部定义的变量，即在模块代码的开始处定义的变量。该变量的作用域是该过程，即该模块中的所有过程都可使用这个变量。

模块级变量可以用 Dim 关键字定义，也可用 Private 关键字定义。语法格式如下：

```
Dim <变量名> [As <数据类型>] [,<变量名> [As <数据类型>]]…
```

或

```
Private <变量名> [As <数据类型>] [,<变量名> [As <数据类型>]]…
```

在以上语法格式中，各语法项的含义与局部变量定义的语法项相同，不再重复说明。

用 Dim 关键字和用 Private 关键字定义的模块级变量的作用是一样的。不过，为了区分局部变量和模块级变量，通常用 Private 关键字定义模块级变量，用 Dim 关键字定义过程级变量。

【例6-19】模块级变量的例子。以下是模块级变量的定义语句、命令按钮 Command1 的 Click 事件代码和 Sub 过程 AddOne 代码：

```
'这里定义的变量 Count 是模块级变量
Private Count As Integer
Private Sub AddOne()
        '这里定义的变量 Count 是模块级变量
        Count = Count + 1
End Sub
Private Sub Command1_Click()
        '这里定义的变量 Count 是模块级变量
        Count = 100
        Call AddOne
        Print Count
End Sub
```

在上面的代码中，由于变量 Count 是在模块代码的开始处定义的，所以 Count 是模块级变量。程序运行时，单击命令按钮 Command1，执行到语句"Call AddOne"时，在 Sub 过程 AddOne 中，对模块级变量 Count 加 1（Count 的值变成 101），而在 Command1_Click 过程中，"Print Count"语句中的变量 Count 也是模块级变量，因此程序的输出结果是 101。

3. 工程级变量

在标准模块的开始处，用 Public 关键字定义的变量就是工程级变量，工程级变量也叫全局变量，工程中的任何窗体和模块都能使用这个变量。

在默认情况下，一个工程是没有标准模块的，在工程中添加标准模块的步骤如下。

(1) 选择【工程】/【添加模块】命令，弹出图 6-10 所示的【添加模块】对话框。

(2) 在【添加模块】对话框的【新建】选项卡中，选择【模块】选项，单击 打开(O) 按钮，则打开标准模块的代码编辑器窗口，如图 6-11 所示。

如果一个工程添加了标准模块，在第 1 次保存工程时，除了前面介绍过的要保存工程文件和窗体文件外，还要求用户保存标准模块文件，如图 6-12 所示。

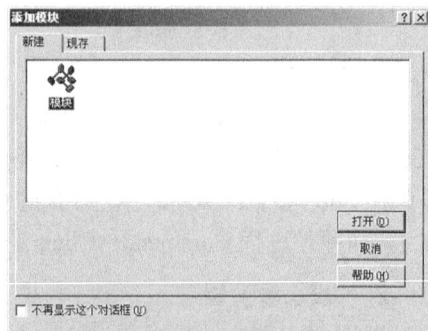

图6-10 【添加模块】对话框

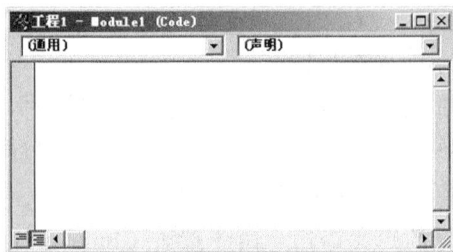

图6-11 标准模块的代码编辑器窗口

图6-12 保存标准模块文件的对话框

在标准模块的开始处，可用 Public 关键字定义全局变量的语法格式如下：

```
Public <变量名> [As <数据类型>] [,<变量名> [As <数据类型>]]…
```

在以上语法格式中，各语法项的含义与局部变量定义的语法项相同，不再重复说明。

【例6-20】全局变量的例子。以下是全局变量的定义语句、命令按钮 Command1 的 Click 事件代码和 Sub 过程 Increase 代码：

```
'以下代码是标准模块中的代码
Public Count As Integer
'--------------------------
'以下代码是窗体模块中的代码
Private Sub Increase()
        '这里的变量 Count 是全局变量
        Count = Count + 1
End Sub
```

```
Private Sub Command1_Click()
        '这里的变量 Count 是全局变量
        Count = 100
        Call Increase
        Print Count
    End Sub
```

在上面的代码中，横线（"'-----------"）以上的代码是在标准模块中的代码，横线以下的代码是窗体模块中的代码，它们是在不同的代码编辑窗口中输入的。

由于变量 Count 是在标准模块的开始处用 Public 关键字定义的，所以 Count 是全局变量。变量 Count 可以在窗体模块的 Increase 过程中使用，也可在窗体模块的 Command1_Click 过程中使用。

程序运行时，单击命令按钮 Command1，执行到语句"Call Increase"时，在 Sub 过程 Increase 中，对全局变量 Count 加 1（Count 的值变成 101），而在 Command1_Click 过程中，"Print Count"语句中的变量 Count 也是全局变量，因此程序的输出结果是 101。

小结

本章围绕案例，首先介绍了实现该案例所用到的基础知识，包括 Sub 过程、Function 过程和参数的传递方式。然后详细介绍了案例的实现，包括案例解析、操作步骤和案例拓展。最后介绍了一些扩展知识，包括静态变量以及变量的作用域。

习题

一、选择题

1. Sub 过程可返回（   ）个值。
   A. 0   B. 1   C. 2   D. 3

2. Function 过程可返回（   ）个值。
   A. 0   B. 1   C. 2   D. 3

3. 静态变量应该用（   ）关键字定义。
   A. Dim   B. Static   C. Private   D. Public

4. 作用范围最大的变量是（   ）变量。
   A. 过程级变量   B. 模块级变量   C. 工程级变量   D. 窗体级

5. 全局变量应该在（   ）的头部定义。
   A. Sub 过程   B. 窗体模块   C. 标准模块   D. Function 过程

二、填空题

1. 在定义过程时，访问权限有两种，即_____和_____。

2. 参数的传递方式有两种，即_____和_____。

3. 在定义过程时的参数称为_____，在调用过程时的参数称为_____。

4. 以下代码，当第 2 次单击命令按钮时，输出的结果为_____。

```
Private a As Integer
Private Sub Command1_Click()
    Dim b As Integer
    Static c As Integer
    a = a + 1 : b = b + 1 : c = c + 1
    Print 100*a + 10*b + c
End Sub
```

5. 以下代码，当单击命令按钮时，输出的结果为_____。

```
Private Sub MySub(ByVal x As Integer, y As Integer)
    x = x + y
    y = x - y
End Sub
Private Sub Command1_Click()
    Dim a As Integer, b As Integer
    a = 10 : b = 20
    Call MySub(a,b)
    Print 100*a + b
End Sub
```

三、上机练习

设计一个程序，程序运行时，出现图 6-13 所示的窗口。在窗口中输入 3 个分数，单击 统分 按钮后，把这 3 个分数统分。图 6-14 所示为输入一组数据后的结果。

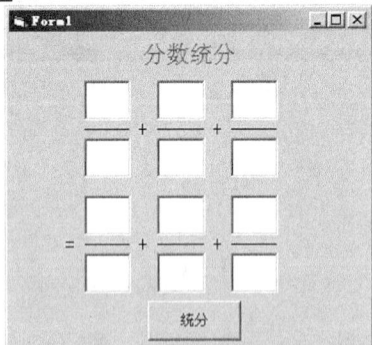

图6-13 程序运行后的窗口

图6-14 输入一组数据后的结果

在前面的案例中使用了文本框、标签、命令按钮等 VB 6.0 的内部控件。VB 6.0 还提供了其他内部控件，使用这些控件，可以很方便地创建各种各样的应用程序。本章通过案例"显示字体效果"，介绍如何使用 VB 6.0 的内部控件。

案例功能

设计一个字体效果展示程序，程序界面如图 7-1 所示。在【文字选择】选项组中选择一项文字，在【字体选择】选项组中选择一种字体，在【字形选择】选项组中选择相应字形，在【字号选择】下拉列表中选择一种字号，标签中的文字将随之变化。图 7-2 所示为选择一组选项后的结果，图 7-3 所示为选择另一组选项后的结果。

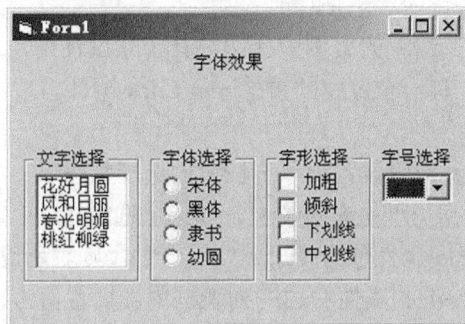

图7-1 程序界面

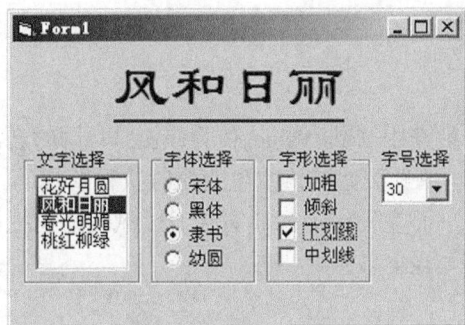

图7-2 选择一组选项后的结果

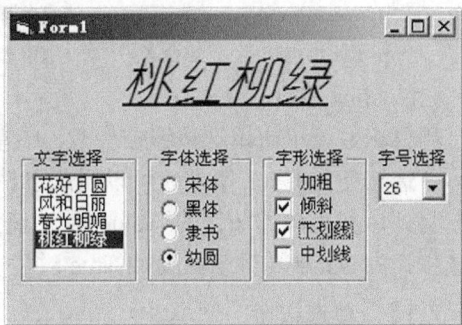

图7-3 选择另一组选项后的结果

学习目标

- 掌握单选按钮、复选框和框架控件的使用方法。
- 掌握列表框和组合框控件的使用方法。
- 掌握控件的字体属性的设置方法。
- 了解滚动条控件的使用方法。
- 了解形状控件的使用方法。
- 掌握使用内部控件创建程序的方法。

7.1 预备知识

要完成本案例所要求的功能，需要掌握相关的基础知识，下面就介绍这些知识。

7.1.1 单选按钮、复选框和框架控件

单选按钮用来从多个选项中选择其中一个选项。复选框用来在多个选项中选择其中一个或多个选项。如果有多组单选按钮，应把每一组放置到一个框架中，这样才能从每一组中选择一个选项。

1. 单选按钮

单选按钮控件是最常用的控件之一，在工具箱中的图标是 ⊙。程序运行时，单击某个单选按钮，则该单选按钮被选中（这时单选按钮的状态是 ⊙）；单击其他单选按钮，则该单选按钮未被选中（这时单选按钮的状态是 ○）。

单选按钮控件除了在第 2 章的案例中介绍过其公共属性外，最常用的属性是 Value 属性。另外，单选按钮控件还有一个重要的事件——Click 事件。

(1) Value 属性

功能：Value 属性用来返回或设置该单选按钮的选择状态。

说明：Value 属性的数据类型是布尔类型。如果单选按钮的 Value 属性值为 True，则表示已选择了该按钮；若 Value 属性值为 False（默认值），则表示没有选择该按钮。在设计阶段，可在【属性】窗口的 Value 属性右边的列表框中，设置值为 True 或 False。在运行阶段，可通过对 Value 属性赋值，选择或取消选择该单选按钮，例如：

```
Option1.Value = True      ′选择该单选按钮
Option1.Value = False     ′取消选择该单选按钮
```

(2) Click 事件

用鼠标左键单击单选按钮控件时，该单选按钮被选中（其 Value 值为 True），同时会激发该单选按钮的 Click 事件。可以用此事件来处理当单选按钮的值发生变化时执行的代码。

另外，如果单选按钮的 Value 属性值为 False，而在程序运行期间，通过赋值语句把该单选按钮的 Value 属性值改变成 True 时，也会激发 Click 事件。

【例7-1】 单选按钮的例子。

设计如图 7-4 所示的程序界面，当单击一个单选按钮时，显示"选择了男"或"选择了女"，当单击 查看 按钮时，显示"最终选择了男"或"最终选择了女"。

程序代码如下：

```
′Option1 的单击事件过程代码
Private Sub Option1_Click()
    MsgBox "选择了男"
End Sub
′Option2 的单击事件过程代码
```

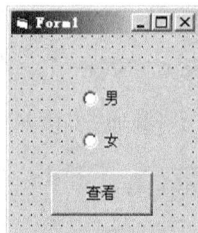

图7-4　程序运行时的窗口

```
Private Sub Option2_Click()
    MsgBox "选择了女"
End Sub
'Command1 的单击事件过程代码
Private Sub Command1_Click()
    If Option1.Value Then
        MsgBox "最终选择了男"
    Else
        MsgBox "最终选择了女"
    End If
End Sub
```

在窗体上的单选按钮，如果没有包含在框架控件或图片框控件中，VB 6.0 认为这些控件为同一组，用户只能从这一组中选择一个。

【例7-2】 没分组的单选按钮的例子。

用户只能从图 7-5 所示窗体中的 5 个单选按钮中选择一个，而不能从性别和职业中各选一个。

要解决这个问题，参见后面的"框架"部分。

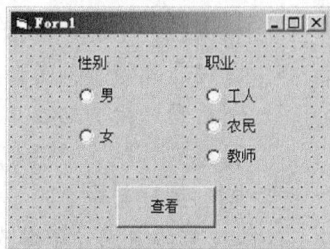

图7-5 未分组的单选按钮

2. 复选框

复选框控件也是最常用的控件之一，在工具箱中的图标是 ☑。程序运行时，如果复选框未被选中（这时复选框的状态是 □），单击复选框控件，则该复选框控件被选中（这时复选框的状态是 ☑）；如果复选框为被选中状态，单击复选框控件，则该复选框控件变成未被选中状态。如果复选框变灰（这时复选框的状态是 ☑），单击复选框控件，则该复选框控件变成未被选中状态。

复选框控件除了前面介绍过的公共属性外，最常用的属性是 Value 属性。另外，复选框控件还有一个重要的事件——Click 事件。

(1) Value 属性

功能：Value 属性用来返回或设置该复选框的选择状态。

说明：Value 属性的数据类型是整数类型。如果复选框的 Value 属性值为 0，则表示该复选框没有被选中；如果复选框的 Value 属性值为 1，则表示该复选框已被选中；如果复选框的 Value 属性值为 2，则表示该复选框变灰。在设计阶段，可在【属性】窗口的 Value 属性右边的列表框中，设置值为 0、1 或 2。在运行阶段，可通过对 Value 属性赋值，设置其选择状态，例如：

```
Check1.Value = 2        '设置该复选框的状态为"变灰"
```

【例7-3】 复选框的 3 种状态。

复选框的 3 种状态如图 7-6 所示。

(2) Click 事件

用鼠标左键单击一个复选框控件时发生 Click 事件；当在运行时，用代码改变复选框控件的 Value 属性也会激发 Click 事件。可以用此事件来处理当复选框的值发生变化时执行的代码。

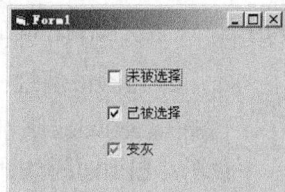

图7-6 复选框的 3 种状态

3. 框架

框架控件也是最常用的控件之一，在工具箱中的图标是 ⬚。框架控件的主要功能是为控件提供可标识的分组。框架可以在功能上进一步分割一个窗体。框架控件常用来将多个单选按钮控件分成几组。

框架控件最常用的属性是 Caption，其功能是返回或设置框架上所显示的文本。另外，框架控件也有 Click 事件，但一般很少使用。

【例7-4】 用框架分组单选按钮的例子。

在如图 7-7 所示的程序界面中，前两个单选按钮放置在框架 Frame1（标题是"性别"）中，后 3 个单选按钮放置在框架 Frame2（标题是"职业"）中。这样既可以从【性别】选项组中选择一项，还可以从【职业】选项组中选择一项。

把单选按钮（其他控件同样）放置在框架中，有以下两种常用方法。

- 先在窗体上添加一个框架控件，然后再在框架控件中添加单选按钮控件。
- 选定已经添加到窗体上的单选按钮控件，然后剪切到剪贴板（按 Ctrl+X 组合键），再选定框架，最后把剪贴板上的单选按钮粘贴到框架中。

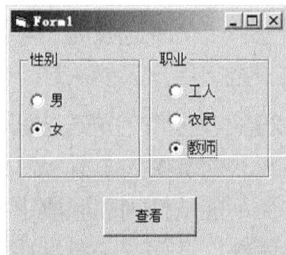

图7-7 用框架分组的单选按钮

有时，窗体中的一组单选按钮看上去在框架内，而实际上却不在框架内。判断一组单选按钮是否在框架内的方法是：在窗体中用鼠标拖动框架，看单选按钮是否随之移动，如果移动，说明这些单选按钮在框架中；否则，说明其不在框架中。

7.1.2 列表框和组合框控件

列表框控件在工具箱中的图标是 ▤，程序运行时，显示项目列表，可从其中选择一项或多项。如果项目总数超过了可显示的项目数，就会自动在列表框控件上添加滚动条。

组合框控件在工具箱中的图标是 ▤，是将文本框控件和列表框控件组合在一起的控件，程序运行时，既可以在控件的文本框部分输入信息，也可以在控件的列表框部分选择选项。

列表框和组合框控件有许多共同的属性、方法和事件。下面介绍它们常用的属性和方法。

1. List 属性

功能：List 属性用来返回或设置列表框或组合框控件中的列表。

说明：List 属性的数据类型是字符串数组，每一个数组元素表示列表中的一项。在设计阶段，可在 List 属性右边的下拉列表中输入多个项目（即多行文本），每输入一行，按 Ctrl +Enter 组合键，然后输入下一行。输入完最后一行后，按 Enter 键。在运行阶段，可通过一个下标值来获得列表中的某一行，如列表框 List1 的第 1 行数据是"List1.List(0)"。

2. ListIndex 属性

功能：ListIndex 属性用来返回或设置列表框或组合框控件中当前选择项目的索引。

说明：ListIndex 属性的数据类型是整数类型，默认值是-1，表示列表框或组合框没有选择项目。当在组合框控件的文本框中输入了新文本时，其 ListIndex 值也变为-1。列表中

的第一项的 ListIndex 值是 0，代表列表中项目总数的 ListCount 属性值始终比最大的 ListIndex 值大 1。ListIndex 属性只能在程序运行时设置，在设计阶段其值不能设置。

3. Sorted 属性

功能：Sorted 属性用来返回或设置列表框或组合框控件中的项目是否按字母顺序排序。

说明：Sorted 属性的数据类型是布尔类型，默认值是 False。该属性在设计阶段和运行阶段都可进行设置。

4. ListCount 属性

功能：ListCount 属性用来返回列表框或组合框控件中的项目总数。

说明：ListCount 属性的数据类型是整数类型。列表框或组合框控件中的项目总数发生改变时，该属性值也发生变化。

5. AddItem 方法

功能：AddItem 方法用来为列表框或组合框控件添加项目。

说明：其语法格式如下：

```
<对象名>.AddItem <项目内容> [, <项目索引>]
```

其中，<对象名>是列表框或组合框控件的名称；<项目内容>是字符串表达式，用来添加列表框或组合框的项目的值；<项目索引>用来指定新项目在列表中的位置。<项目索引>可以省略，如果省略了<项目索引>，将项目添加到列表的末尾。列表中第 1 项的索引值是 0。

6. RemoveItem 方法

功能：RemoveItem 方法用来为列表框或组合框控件删除项目。

说明：其语法格式如下：

```
<对象名>. RemoveItem <项目索引>
```

其中，<对象名>是列表框或组合框控件的名称；<项目索引>用来指定要删除的项目在列表中的位置。列表中第 1 项的索引值是 0。

7. Style 属性

功能：Style 属性用来指示列表框或组合框控件的显示类型。

说明：Style 属性只能在设计阶段设置，在运行阶段不能设置。列表框或组合框控件的 Style 属性是不同的。

在列表框控件中，Style 属性值有两种：0（默认值）和 1。当 Style 属性的值为 0 时，列表中的项目是文本项的列表；当 Style 属性的值为 1 时，列表中的项目是文本项的列表，并且每一个项的左边都有一个复选框，支持在列表框中选择多项。

在组合框控件中，Style 属性值有 3 种：0（默认值）、1 和 2。当 Style 属性值为 0 时，组合框的类型是下拉组合框，即组合框包括一个下拉列表和一个文本框，可以从下拉列表中选择选项也可在文本框中输入内容。当 Style 属性值为 1 时，组合框的类型是简单组合框，即组合框包括一个文本框和一个列表框，可以从列表框中选择选项或在文本框中输入内容。当 Style 属性值为 1 时，应设置组合框的大小，使其至少能显示出文本框和列表框。当 Style 属性值为 2 时，组合框的类型是下拉列表框，这种样式仅允许从下拉列表中选择选项，而不能输入内容。

【例7-5】 下拉组合框。

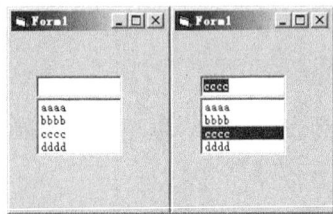

图 7-8 所示为下拉组合框的下拉列表打开前后的样式。可以从下拉列表中选择项目，也可以在文本框中输入文本。

【例7-6】 简单组合框。

图 7-9 所示为简单组合框的列表框选择前后的样式。可以从列表中选择项目，也可在文本框中输入文本。

【例7-7】 下拉列表框。

图 7-10 所示为下拉列表打开前后的样式。只能从下拉列表中选择项目，不能在文本框中输入文本。

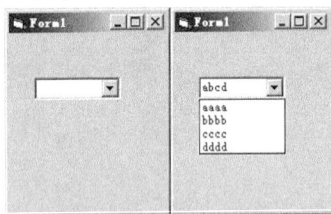

图7-8 下拉组合框　　　　　　　图7-9 简单组合框　　　　　　　图7-10 下拉列表框

7.1.3 控件的字体属性

标签、文本框、命令按钮、单选按钮、复选框、框架、列表框、组合框等控件都有字体（Font）属性。在案例 2 中介绍过，在设计阶段，可通过【字体】对话框来设置字体。在运行阶段，可以修改控件的字体属性，只不过字体属性分成了以下属性。

1. FontName 属性

功能：FontName 属性用来返回或设置字体名称。

说明：FontName 属性的类型是字符串类型。用赋值语句修改该属性的值时，字体名称必须是操作系统能识别的字体名称，如"宋体"、"黑体"等。需要注意的是，我们平常所用的"仿宋"字体，在 VB 6.0 中的字体名是"仿宋_GB2321"，"楷体"字体在 VB 6.0 中的字体名是"楷体_GB2321"。

2. FontSize 属性

功能：FontSize 属性用来返回或设置字体的大小，单位是磅。

说明：FontSize 属性的数据类型是单精度类型。用赋值语句修改该属性的值时，必须用数值。我们习惯用的"号数"应将其转换成磅值，如表 7-1 所示。

表 7-1　　　　　　　　　　　　"号数"和"磅值"的换算关系

号数	磅值	号数	磅值	号数	磅值	号数	磅值
初号	42 磅	二号	22 磅	四号	14 磅	六号	7.5 磅
小初	36 磅	小二	18 磅	小四	12 磅	小六	6.5 磅
一号	26 磅	三号	16 磅	五号	10.5 磅	七号	5.5 磅
小一	24 磅	小三	15 磅	小五	9 磅	八号	5 磅

3. FontBold 属性

功能：FontBold 属性用来返回或设置字体是否加粗。

说明：FontBold 属性的数据类型是布尔类型。当 FontBold 属性值为 True 时，表明字体加粗；当 FontBold 属性值为 False 时，表明字体没加粗。

4. FontItalic 属性

功能：FontItalic 属性用来返回或设置字体是否倾斜。

说明：FontItalic 属性的数据类型是布尔类型。当 FontItalic 属性值为 True 时，表明字体倾斜；当 FontItalic 属性值为 False 时，表明字体没倾斜。

5. FontUnderline 属性

功能：FontUnderline 属性用来返回或设置字体是否有下画线。

说明：FontUnderline 属性的数据类型是布尔类型。当 FontUnderline 属性值为 True 时，表明字体有下画线；当 FontUnderline 属性值为 False 时，表明字体没有下画线。

6. FontStrikethru 属性

功能：FontStrikethru 属性用来返回或设置字体是否有删除线（也叫中画线）。

说明：FontStrikethru 属性的数据类型是布尔类型。当 FontStrikethru 属性值为 True 时，表明字体有删除线；当 FontStrikethru 属性值为 False 时，表明字体没有删除线。

7.2 案例的实现

有了以上预备知识，下面来实现本章开始所介绍的案例。首先对本案例进行解析，然后给出具体的操作步骤，最后对本案例进行拓展，以巩固提高所学的内容。

7.2.1 案例解析

要用 VB 6.0 实现该案例，主要有两个任务：设计界面和编写代码。

1. 设计界面

设计界面主要有两项工作：在窗体上添加控件和设置控件属性。

（1）在窗体上添加控件

在窗体上添加控件首先要确定添加哪些控件，然后再添加这些控件。从案例的程序界面可以看出，在窗体上需要添加 2 个标签、3 个框架、1 个列表框、4 个单选按钮、4 个复选框和 1 个组合框。

在案例 1 中介绍了如何添加控件，这一工作不难完成。但需要注意的是，1 个列表框、4 个单选按钮、4 个复选框要分别添加在不同的框架中，在 7.1.1 节中介绍了在框架中添加控件的方法，这一工作不难完成。

（2）设置控件属性

设置控件属性首先要确定设置控件的哪些属性，然后再去设置这些属性。从案例的程序界面可以看出，首先要设置所添加控件的位置和大小；其次设置各控件的 Caption 属性；

还要设置第 1 个标签控件的 Alignment 属性为 2（即居中）；还要设置组合框控件的 Style 属性为 2（即组合框为下拉列表框）；最后设置列表框和组合框中的各列表项。

2. 编写代码

编写代码首先要确定要编写哪些对象的哪些事件过程代码，从案例的功能中可知，本案例需要编写 4 类控件的事件代码。

(1) 列表框控件的单击事件代码

该事件代码的任务是：当从列表框中选择了一个选项后，标签中的文字变成从列表框中所选择的文字，这项任务只需要以下一条语句就可以了。

```
Label1.Caption = List1.Text
```

(2) 单选按钮控件的单击事件代码

该事件代码的任务是：设置标签的字体名称为所选择的名称。由于单选按钮控件标题所指示的字体 Windows XP 操作系统都支持，所以可以直接把单选按钮的 Caption 属性值赋予标签的 FontName 即可。由于有 4 个单选按钮，所以要编写 4 个单选按钮的单击事件过程代码。第 1 个单选按钮的单击事件代码如下：

```
Label1.FontName = Option1.Caption
```

(3) 复选框的单击事件代码

该事件代码的任务是：根据复选框是否被选中，设置相应标签控件的字体属性（加粗、倾斜、下画线、删除线）。需要注意的是，单选按钮被单击后必然被选中，而复选框则不然，只有其 Value 值为 1 才是被选中状态。所以只需要把复选框 Value 属性值与 1 比较的结果赋值给标签的相应字体属性即可。由于有 4 个复选框，所以要编写 4 个复选框的单击事件过程代码。第 1 个复选框的单击事件代码如下：

```
Label1.FontBold = (Check1.Value = 1)
```

(4) 组合框的单击事件代码

该事件代码的任务是：设置标签控件字体的大小为下拉列表框所选择的字体的大小。组合框所选择的项目值保存在其 Text 属性中，该属性的类型是字符串类型，而字体的大小为单精度类型，因此用 Val()函数进行强制转换。组合框的单击事件代码如下：

```
Label1.FontSize = Val(Combo1.Text)
```

7.2.2 操作步骤

有了以上的案例解析，下面只需要按步骤操作就行了。

操作步骤

(1) 启动 VB 6.0，创建"标准 EXE"工程。

(2) 在窗体中添加 2 个标签、3 个框架控件、1 个组合框控件，并适当调整控件的大小及位置，如图 7-11 所示。

(3) 在工具箱中单击列表框控件图标，然后将鼠标指针移动到框架 Frame1 中，按住鼠标左键，在框架上拖动鼠标指针，在适当位置松开鼠标（注意：按下鼠标左键的位置不要超出框架的范围），向框架 Frame1 中添加列表框控件。

(4) 在工具箱中单击单选按钮图标，然后将鼠标指针移动到框架 Frame2 中，按住鼠标左键，在框架上拖动鼠标指针，在适当位置松开鼠标（注意：按下鼠标左键的位置不要超出框架的范围），向框架 Frame2 中添加单选按钮控件。

(5) 以同样的方式向框架 Frame2 中添加另外 3 单选按钮控件。

(6) 在工具箱中单击复选框控件的图标 ☑，然后将鼠标指针移动到框架 Frame3 中，按住鼠标左键（注意：按下鼠标的位置不要超出框架的范围），在框架上拖动鼠标指针，在适当位置松开鼠标，向 Frame3 中添加复选框控件。

(7) 以同样的方式向框架 Frame3 中添加另外 3 个复选框控件，如图 7-12 所示。

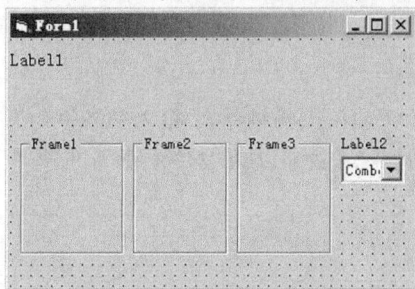

图7-11 添加控件后的窗体　　　　　　图7-12 再次添加控件后的窗体

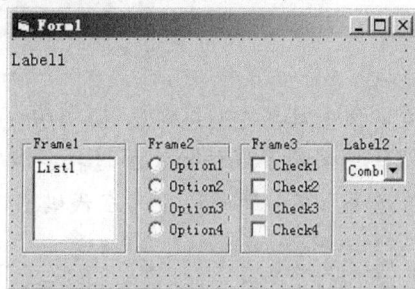

> **要点提示** 　　向框架中添加控件之后，框架中的控件随着框架的移动而移动，如果框架被删除，则框架中的控件也被删除。

(8) 按照表 7-2 所示设置控件相应的属性，窗体的最后效果如图 7-13 所示。

表 7-2　　　　　　　　　　　　　　对象的属性设置

控　件	属性	属性值
Label1	Caption	"字体效果"
	Alignment	2
Label2	Caption	"字号选择"
Frame1	Caption	"文字选择"
Frame2	Caption	"字体选择"
Frame3	Caption	"字形选择"
List1	List	"花好月圆" / "风和日丽" / "春光明媚" / "桃红柳绿"
Option1	Caption	"宋体"
Option2	Caption	"黑体"
Option3	Caption	"隶书"
Option4	Caption	"幼圆"
Check1	Caption	"加粗"
Check 2	Caption	"倾斜"
Check 3	Caption	"下划线"
Check 4	Caption	"中划线"
Combo1	List	"10" / "14" / "18" / "22" / "26" / "30"

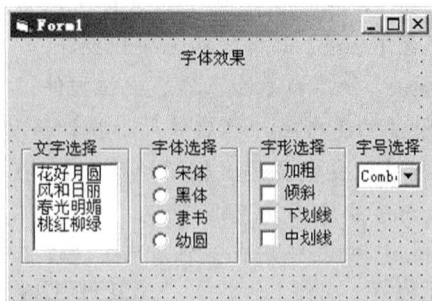

图7-13 窗体的最后效果

(9) 在窗体上双击 List1 列表框，打开代码编辑器窗口，在代码编辑器窗口中添加如下代码（这里省略了事件的添加过程，在窗体上双击控件，便可以为控件添加常用事件，如果要添加其他事件，则需在代码窗口完成）：

```
Private Sub List1_Click()
    Label1.Caption = List1.Text
End Sub


Private Sub Option1_Click()
    Label1.FontName = Option1.Caption
End Sub


Private Sub Option2_Click()
    Label1.FontName = Option2.Caption
End Sub


Private Sub Option3_Click()
    Label1.FontName = Option3.Caption
End Sub


Private Sub Option4_Click()
    Label1.FontName = Option4.Caption
End Sub


Private Sub Check1_Click()
    Label1.FontBold = (Check1.Value = 1)
End Sub


Private Sub Check2_Click()
    Label1.FontItalic = (Check2.Value = 1)
End Sub
```

```
Private Sub Check3_Click()
    Label1.FontUnderline = (Check3.Value = 1)
End Sub

Private Sub Check4_Click()
    Label1.FontStrikethru = (Check4.Value = 1)
End Sub

Private Sub Combo1_Click()
    Label1.FontSize = Val(Combo1.Text)
End Sub
```

(10) 以 "案例 7.frm" 为文件名保存窗体文件到 "D:\案例" 文件夹；以 "案例 7.vbp" 为文件名保存工程文件到 "D:\案例" 文件夹。

(11) 单击工具栏上的【启动】按钮 ▶ 运行工程，出现程序窗口（见图 7-1）。

(12) 在【文字选择】、【字体选择】、【字形选择】和【字号选择】选项组中，进行相应的选择，查看标签上文字的效果。

(13) 单击程序窗口中的 ✕ 按钮，结束程序运行。

7.2.3 案例拓展

完成以上案例后，下面对该案例进行拓展。

功能要求

在本章案例的基础上，再增加一个功能，要求标签控件中的文字可以用选择的颜色显示。图 7-14 所示为程序运行时的界面，图 7-15 所示为选择一组选项后的显示结果。

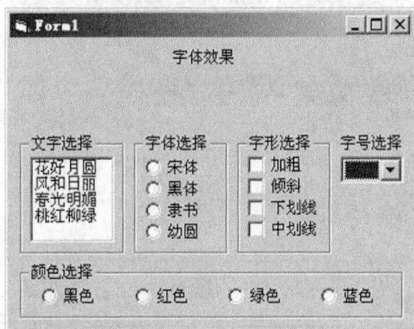

图7-14 程序运行的开始窗口

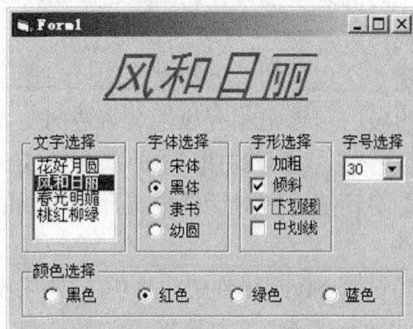

图7-15 选择一组选项后的结果

操作提示

添加一个框架，在框架中添加 4 个单选按钮，然后编写这 4 个单选按钮的单击事件代码如下：

```
Private Sub Option5_Click()
    Label1.ForeColor = vbBlack
```

```
    End Sub
    Private Sub Option6_Click()
        Label1.ForeColor = vbRed
    End Sub
    Private Sub Option7_Click()
        Label1.ForeColor = vbGreen
    End Sub
    Private Sub Option8_Click()
        Label1.ForeColor = vbBlue
    End Sub
```

7.3 知识扩展

在 7.1 节中介绍了本案例所用到的基础知识，以下内容对前面的内容进行扩充，以扩大视野。

7.3.1 单选按钮的 Style 属性

在预备知识中介绍单选按钮时，其 Style 属性使用的是默认值 0，是标准风格的单选按钮。还可以设置 Style 属性值为 1，这是图像风格的单选按钮。

设置了 Style 属性值为 1 后，单选按钮的 Picture 属性、DownPicture 属性和 DisabledPicture 属性才能发挥作用。

Picture 属性用来设置单选按钮未选中时的外观图片，DownPicture 属性用来设置单选按钮选中时的外观图片；DisabledPicture 属性用来设置单选按钮的 Enabled 属性值为 False 时的外观图片。

这 3 个属性的数据类型是图片对象。在设计阶段，可单击相应属性名右边的文本框内的 ... 按钮，打开如图 7-16 所示的【加载图片】对话框，在对话框中选择所需要的图片文件。

当设置 Style 属性值为 1 后，如果没有设置 Picture 属性，单选按钮的外观是一个空白矩形。如果设置了 Picture 属性，而没设置 DownPicture 属性（或 DisabledPicture 属性），单选按钮选中（或无效）时的外观图片与单选按钮未被选中时的外观图片相同。

图7-16 【加载图片】对话框

当设置 Style 属性值为 1 后，单选按钮不再用图标 ⊙ 表示选中，用图标 ○ 表示未被选中，取而代之的是用单选按钮下凹表示选中，凸起表示未选中。

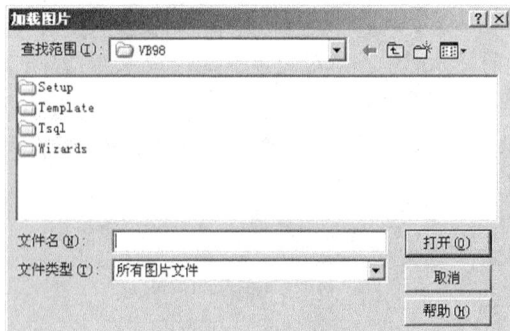

【例7-8】 图像风格的单选按钮。

图形风格的单选按钮如图 7-17 所示。

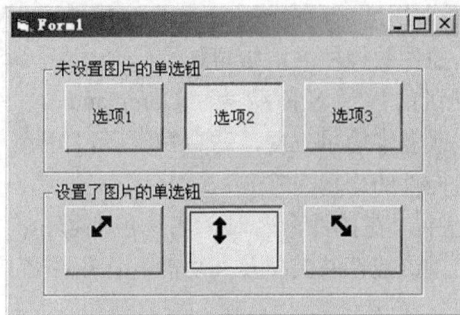

图7-17 图像风格的单选按钮

7.3.2 复选框的 Style 属性

在预备知识中介绍复选框时,其 Style 属性使用的是默认值 0,是标准风格的复选框。还可以设置 Style 属性值为 1,这是图像风格的复选框。

设置了 Style 属性值为 1 后,复选框的 Picture 属性、DownPicture 属性和 DisabledPicture 属性才能发挥作用。

Picture 属性用来设置复选框未被选中时的外观图片,DownPicture 属性用来设置复选框被选中时的外观图片,DisabledPicture 属性用来设置复选框的 Enabled 属性值为 False 时的外观图片。

这 3 个属性的数据类型是图片对象。在设计阶段,可单击相应属性名右边的文本框内的 ... 按钮,弹出【加载图片】对话框(见图 7-16),在对话框中选择所需要的图片文件。

当设置 Style 属性值为 1 后,如果没有设置 Picture 属性,复选框的外观是一个空白矩形。如果设置了 Picture 属性,而没设置 DownPicture 属性(或 DisabledPicture 属性),复选框选中(或无效)时的外观图片与复选框未被选中时的外观图片相同。

当设置 Style 属性值为 1 后,复选框不再用图标☑表示选中;用图标☐表示未被选中,取而代之的是用复选框下凹表示选中;凸起表示未被选中。

【例7-9】 图像风格的复选框。

图像风格的复选框如图 7-18 所示。

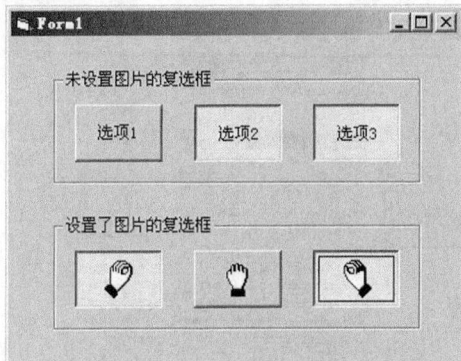

图7-18 图像风格的复选框

7.3.3 控件的命名约定

在第 2 章的案例中曾经介绍过，在窗体上添加一个控件后，VB 6.0 会自动给控件一个默认的名字。其命名方式是控件的控件名前缀再加上一个序号。不同类型的控件，其控件名前缀是不同的，如命令按钮的控件名前缀为"Command"，单选按钮的控件名前缀为"Option"。用 VB 6.0 的默认名字简单方便，适合初学者，但是，这种命名方式有明显的缺点，就是从控件名中看不出控件的作用。

在开发应用程序的过程中，在控件命名时，名称前面都带有控件的缩写前缀，这样在编写程序时，只看名称便知道该控件的类型及其功能，让控件名具有可读性。常用控件缩写前缀如表 7-3 所示。

表 7-3   常用控件缩写前缀

控　件	名 称 缩 写	示　例
窗体	frm	frmDraw
标签控件	lbl	lblName
文本框控件	txt	txtName
命令按钮控件	cmd	cmdOK
单选按钮控件	opt	optMan
复选框控件	chk	chkFont
框架控件	fra	fraColor
列表框控件	lst	lstCity
组合框控件	cbo	cboCity
水平滚动条	hsb	hsbRed
垂直滚动条	vsb	vsbRed
图片框控件	pic	picCat
图像框控件	img	imgCat
菜单	mnu	mnuFile

在表 7-3 中，最后 5 种控件还没介绍，在以后的案例中将介绍它们。在以后的案例中，将采用这种控件的命名方式，添加了一个控件后，在【属性】窗口中的【(名称)】属性（见图 7-19）右边的文本框中修改默认的控件名为新控件名，修改完后按 Enter 键确认。

图7-19 【属性】窗口

在后面的案例中，添加的控件先采用 VB 6.0 的默认名字，然后再修改其【(名称)】属性。例如，把 Command1 的名称改为"cmdEqual"，Caption 属性修改为"="，如表 7-4 所示。

表 7-4　　　　　　　　　　　　　对象的属性设置

控　件	属性	属性值
Command1	(名称)	cmdEqual
	Caption	=

小结

本章围绕案例，首先介绍了实现该案例所用到的基础知识，包括单选按钮、复选框和框架控件，列表框和组合框控件，控件的字体属性。然后详细介绍了案例的实现，包括案例解析、操作步骤和案例拓展。最后介绍了一些扩展知识，包括单选按钮的 Style 属性，复选框的 Style 属性，控件的命名约定。

习题

一、选择题

1. 列表框控件在工具箱中的图标是（　　　　）。
   A.　　　　　　　B.　　　　　　　C.　　　　　　　D.

2. 可通过对单选按钮控件的（　　　　）属性值赋值 True，使其被选中。
   A. Value　　　　B. Select　　　　C. Click　　　　D. Option

3. 一组单选按钮共有 4 个单选按钮，则最多可选择（　　　　）个。
   A. 1　　　　　　B. 2　　　　　　C. 3　　　　　　D. 4

4. 一组复选框共有 4 个复选框，则最多可选择（　　　　）个。
   A. 1　　　　　　B. 2　　　　　　C. 3　　　　　　D. 4

5. 复选框控件的 Value 属性值不可能是（　　　　）。
   A. 0　　　　　　B. 1　　　　　　C. 2　　　　　　D. 3

6. 以下选项中，（　　　　）是列表框 List1 的第 1 行选项。
   A. List1.List(0)　　　　　　　　B. List(1).List0
   C. List0.List(1)　　　　　　　　D. List(0).List1

7. 如果列表框或组合框一个项目也没选择，则其 ListIndex 属性值为（　　　　）。
   A. -1　　　　　　B. 0　　　　　　C. 1　　　　　　D. False

8. 为一个列表框或组合框添加项目的方法是（　　　　）。
   A. AddItem　　　　　　　　　　B. ItemAdd
   C. AddList　　　　　　　　　　D. ListAdd

9. 从列表框或组合框中删除项目的方法是（　　　　）。
   A. RemoveItem　　　　　　　　B. ItemRemove

C. DeleteItem   D. ItemDelete

10. 一个控件的（　　　　）值为 True 时，其字体为加粗。

A. FontBold   B. FontItalic

C. FontUnderline   D. FontStrikethru

二、填空题

1. 一个单选按钮激发了单击事件，则其 Value 属性值为_____。

2. 可通过对复选框控件的_____属性值赋值为 1，使其被选中。

3. 如果一个窗体上有两组或两组以上单选按钮，每组单选按钮应放置到_____控件或_____控件中。

4. 把窗体上的一个控件移到框架中的方法是：先把控件_____到剪贴板，然后在从剪贴板_____到框架中。

5. 在设计阶段，要为列表框添加列表，在其 List 属性右边的下拉列表中每输入一行后按_____键，然后输入下一行。

6. 列表框或组合框的_____属性用来表示从列表框中所选择项目的索引。

7. 要使列表框或组合框中的项目自动排序，应设置其_____属性值为 True。

8. 列表框控件的 Style 属性值为_____时，列表中的项目的左边都有一个复选框。

9. 组合框控件的 Style 属性值为_____时，只能从下拉列表中选择项目，不能在文本框中输入文本。

10. 我们常用的"五号"字，相当于字体大小的磅值为_____。

三、上机练习

设计一个程序，程序运行时，出现如图 7-20 所示的窗口。在【时区】选项组中选择一个时区，在【制式】选项组中选择一种时间制式，在【杂项】选项组中选择相应选项，在【时】下拉列表中选择一个小时数，在【分】文本框中输入一个分钟数，在【秒】文本框中输入一个秒数，单击　报时　按钮，按以上选择报时，把报时信息显示在标签中。如果选中【提示】复选框，报时以"现在是"开始。图 7-21 所示为选择一组选项后的结果，图 7-22 所示为选择另一组选项后的结果。

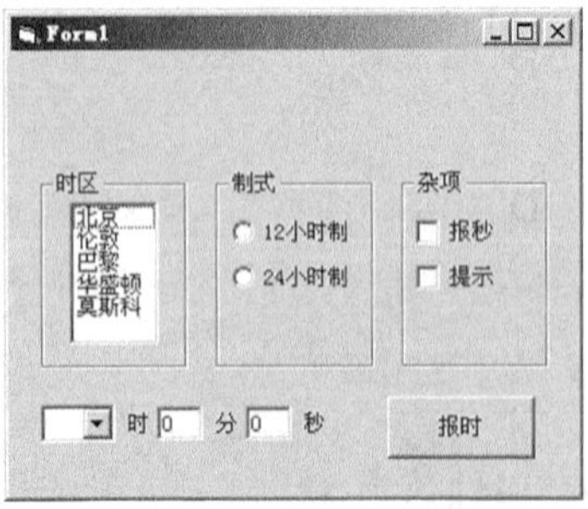

图7-20 程序运行后的窗口 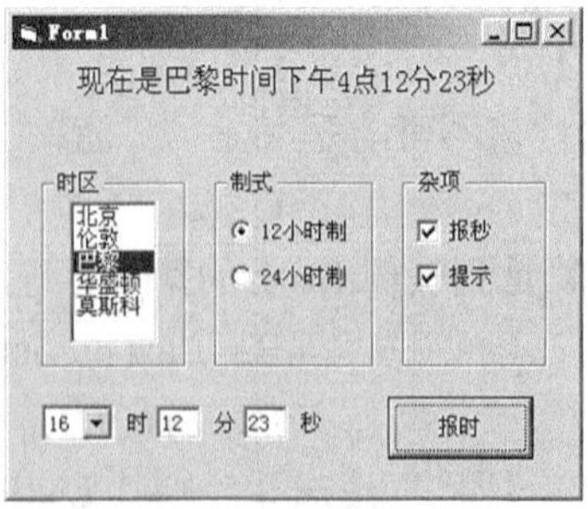　　　图7-21 选择一组选项后的结果 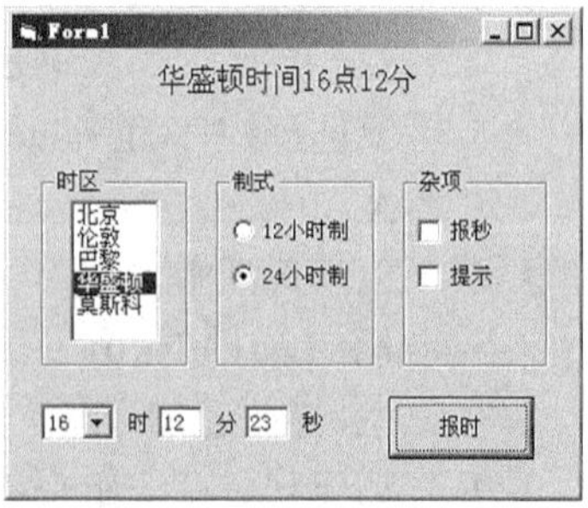　　　图7-22 选择另一组选项后的结果

第8章 编写简易计算器程序

在前面的案例中使用的控件都有单独的名称，VB 6.0 还允许多个相同类型的控件有相同的名称，这就是控件数组。使用控件数组，可以很方便地创建应用程序。在前面的案例中只用到了窗体的单击事件，实际上，窗体还有很多事件。另外，在前面的案例中仅用 MsgBox 函数输出信息，MsgBox 函数有许多不同的样式，还能返回用户的按键代码。本章通过案例"编写简易计算器程序"，介绍如何使用控件数组、窗体事件和 MsgBox 函数。

案例功能

设计一个简易的计算器程序，其程序界面如图 8-1 所示。利用该计算器完成基本的计算功能。单击 C 按钮，清除文本框中的数据；单击 OFF 按钮，退出计算器程序。退出程序前，弹如如图 8-2 所示的对话框，单击 是(Y) 按钮将退出计算器，否则不退出计算器。单击【简易计算器】窗口中的 ✕ 按钮时，也会做相同的退出询问。

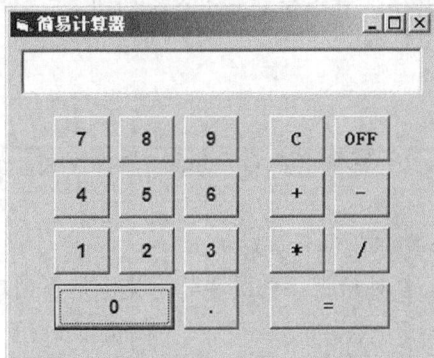

图8-1 程序界面

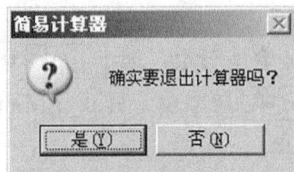

图8-2 退出程序询问对话框

学习目标
- 掌握控件数组的创建和使用方法。
- 掌握常用窗体事件的使用方法。
- 掌握 MsgBox 函数的使用方法。
- 掌握如何在程序开始时初始化数据。
- 掌握程序退出前的询问和处理方法。

8.1 预备知识

要完成本案例所要求的功能，需要掌握相关的基础知识，下面就介绍这些知识。

8.1.1　控件数组

控件数组是一组具有共同名称和类型的控件，它们的事件过程也相同。数组中的每个控件都有唯一的索引数，可用来决定是哪个控件识别事件。一个控件数组至少应有一个元素，元素数目可在系统资源和内存允许的范围内增加；数组的大小也取决于每个控件所需的内存和 Windows 资源。在控件数组中可用到的最大索引值为 32 767。同一控件数组中的元素有自己的属性设置值。控件数组常用于实现菜单控件和选项按钮分组。

1.　创建控件数组

在设计时，使用控件数组添加控件所消耗的资源比直接向窗体添加多个相同类型的控件消耗的资源要少。当希望若干控件共享代码时，可用控件数组。例如，如果创建了一个包含 3 个选项按钮的控件数组，则无论单击哪个按钮时都将执行相同的代码。

在设计时，创建控件数组有两种方法：一种是分别单独建立多个同一类型的控件，然后将其【名称】属性设置为一个相同的名字，并按从小到大的顺序设置各个控件的 Index 属性值，则这一系列控件将形成一个控件数组；另一种方法是在设计窗体时通过对控件的复制、粘贴操作，将现有的控件进行复制，实现控件数组的创建。

【例8-1】　用复制、粘贴的方法创建一个命令按钮数组，其中包括两个命令按钮。

解：操作步骤如下。

操作步骤

(1) 在窗体上添加一个命令按钮 Command1，在【属性】窗口中查看其 Index 属性为空，如图 8-3 所示。
(2) 选定该命令按钮，按 Ctrl+C 组合键，把该命令按钮复制到剪贴板上。
(3) 按 Ctrl+V 组合键，弹出【Microsoft Visual Basic】对话框（见图 8-4），提示是否创建控件数组。
(4) 在【Microsoft Visual Basic】对话框中，单击 是(Y) 按钮，就会在窗体上增加一个和 "Command1" 同名的控件。系统会将这些相同名称的控件构成一个控件数组。

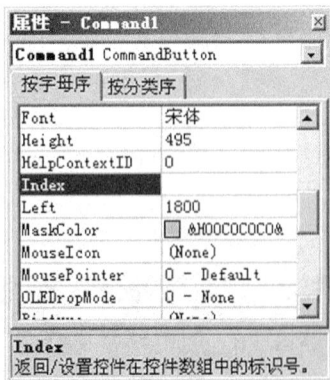

图8-3　Command1 的 Index 属性　　　　图8-4　【Microsoft Visual Basic】对话框

(5) 选定原来的 Command1 控件，在【属性】窗口中查看其 Index 属性为 "0"；选定新粘贴来的 Command1 控件，在【属性】窗口中查看其 Index 属性为 "1"，如图 8-5 所示。

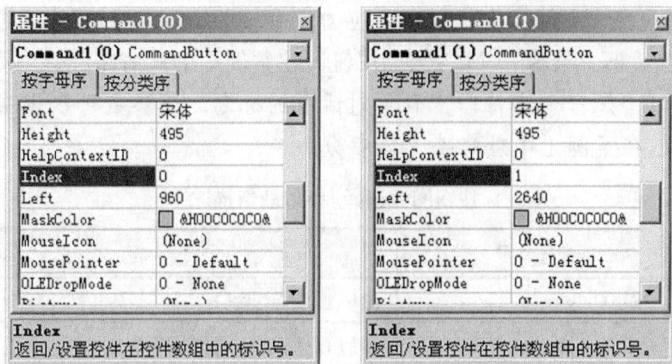

图8-5 两个 Command1 的 Index 属性

2. 控件数组元素的引用

在程序设计中，控件数组的用法与一般数组的用法大致相同。对控件数组的元素的引用是通过控件名称与 Index 属性值相结合的方式，其语法格式如下：

```
<控件数组名> (<控件的 Index 属性值>)
```

以上语法格式说明如下。

- <控件数组名>必须是一个合法的控件数组名。
- <控件的 Index 属性值>是控件数组元素的 Index 属性值。需要注意的是，Index 值不能是负数。

【例8-2】 写出把上例中第 1 个命令按钮的标题改成"确定"、第 2 个命令按钮的标题改成"取消"的语句。

解：语句如下：

```
Command1(0).Caption = "确定"
Command1(0).Caption = "取消"
```

3. 控件数组的事件

如同控件一样，控件数组也有事件。不管控件数组中有多少个控件，它们的事件过程代码却只有一个。例如，Commad1 控件数组的单击事件过程代码框架如下：

```
Private Sub Command1_Click(Index As Integer)

End Sub
```

在执行事件过程时，如果参数 Index 的值为 0，说明是第 1 个命令按钮所激发的事件；如果参数 Index 的值为 1，说明是第 2 个命令按钮所激发的事件。

8.1.2　MsgBox 函数

在第 1 章的案例中简单介绍了 MsgBox 函数，下面详细介绍这个函数。MsgBox 函数调用的语法格式如下：

```
MsgBox(<提示信息>,[<按钮图标选择>],[<对话框标题>],[<帮助文件>],[<帮助内容>])
```

以上语法格式中的前 3 个参数说明如下。

- <提示信息>是一个字符串，表示要显示的信息（如"确实要退出吗？"）。
- <按钮图标选择>是一个整数，表示对话框中包含哪些命令按钮或图标，表 8-1 中列出了<按钮图标选择>的值以及对应的命令按钮。该参数可以省略，默认的值为 0，即对话框中只有一个 确定 按钮，在案例 1 中就省略了该参数。

- <对话框标题>是一个字符串，表示对话框的标题。该参数可以省略，默认的值是工程名，在案例 1 中就省略了该参数。

表 8-1 　　　　　　　　　　　　　　　　<按钮图标选择>参数取值描述

数　　值	符号常量	含　　义
0	vbOKOnly	添加 确定 按钮
1	vbOKCancel	添加 确定 、 取消 按钮
2	vbAbortRetryIgnore	添加 终止(A) 、 重试(R) 、 忽略(I) 按钮
3	vbYesNoCancel	添加 是(Y) 、 否(N) 、 取消 按钮
4	vbYesNo	添加 是(Y) 、 否(N) 按钮
5	vbRetryCancel	添加 重试(R) 、 取消 按钮
16	vbCritical	添加 ⊗ 图标
32	vbQuestion	添加 ? 图标
48	vbExclamation	添加 ⚠ 图标
64	vbInformation	添加 ⓘ 图标

如果要使对话框中既包含按钮又包含图标，可从表 8-1 前 6 行中选择 1 个数，再从后 4 行中选择一个数，将它们相加作为<按钮图标选择>参数。

【例8-3】 调用 MsgBox 函数，把返回值赋值给变量 a，提示信息是"确实要退出计算器吗？"，对话框标题是"简易计算器"，对话框包含 是(Y) 、 否(N) 按钮和 ? 图标，如图 8-6 所示。

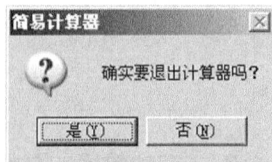

图8-6 【简易计算器】对话框

解：调用语句为

```
a = MsgBox("确实要退出计算器吗？", 4 + 32, "简易计算器")
```

或

```
a = MsgBox("确实要退出计算器吗？", vbYesNo + vbQuestion, "简易计算器")
```

【例8-4】 调用 MsgBox 函数，把返回值赋值给变量 a，提示信息是"程序出现异常"，对话框标题是"应用程序"，对话框包含 终止(A) 、 重试(R) 、 忽略(I) 按钮和 ⊗ 图标，如图 8-7 所示。

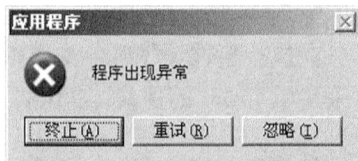

图8-7 【应用程序】对话框

解：调用语句为

```
a = MsgBox("程序出现异常", 2 + 16, "应用程序")
```

或

```
a = MsgBox("程序出现异常", vbAbortRetryIgnore + vbCritical, "应用程序")
```

MsgBox 函数的返回值是被单击的按钮的代码，如表 8-2 所示。在实际应用中，根据 MsgBox 函数的返回值，做相应处理。

表 8-2   MsgBox 函数返回值

返 回 值	符号常量	说 明
1	vbOK	单击 [确定] 按钮
2	vbCancel	单击 [取消] 按钮
3	vbAbort	单击 [终止(A)] 按钮
4	vbRetry	单击 [重试(R)] 按钮
5	vbIgnore	单击 [忽略(I)] 按钮
6	vbYes	单击 [是(Y)] 按钮
7	vbNo	单击 [否(N)] 按钮

【例8-5】 在例 8-4 中，对于调用 MsgBox 函数不同的返回值，写出做不同处理的语句框架。

解：语句框架是

```
a = MsgBox("确实要退出程序吗？", 4 + 32, "简易计算器")
Select Case a
    Case vbAbort
        '单击 [终止(A)] 按钮的处理语句
    Case vbRetry
        '单击 [重试(R)] 按钮的处理语句
    Case vbIgnore
        '单击 [忽略(I)] 按钮的处理语句
End Select
```

8.1.3 窗体的常用事件

在前面的案例中用到了窗体的单击事件。实际上窗体有许多事件，下面是几个常用的窗体事件。

1. Load 事件

Load 事件在一个窗体被装载时发生。其事件过程代码框架如下所示：

```
Private Sub Form_Load( )

End Sub
```

Load 事件过程通常用来对程序中的有些变量赋初始值，或对一些控件的属性设置初始值。需要注意的是，发生 Load 事件时，窗体还没有显示出来，因此在 Load 事件过程代码中，用 Print 方法显示信息时，信息不会显示在窗口中。

2. Unload 事件

Unload 事件当窗体被卸载时发生。当一个程序退出时，总是先卸载所有的窗体对象，因此总会发生 Unload 事件。其事件过程代码框架如下：

```
Private Sub Form_Unload(Cancel As Integer)
```

```
        End Sub
```

其中，参数 Cancel 用来确定是否卸载窗体。在事件代码中，如果给 Cancel 赋值为 0，则窗体被卸载；如果给 Cancel 赋值为非 0 的数，则窗体不被卸载。

3. QueryUnload 事件

QueryUnload 事件发生在 Unload 事件之前，其事件过程代码框架如下：

```
Private Sub Form_QueryUnload(Cancel As Integer, UnloadMode As Integer)


        End Sub
```

QueryUnload 用来确认是否卸载窗体，在 Form_QueryUnload 事件过程结束前，如果其参数 Cancel 赋值为 0，则表示不取消窗体的卸载操作，Form_QueryUnload 事件过程结束后，接着执行 Form_Unload 事件代码；如果其参数 Cancel 赋值为一个非 0 的数，则表示取消窗体的卸载操作，Form_QueryUnload 事件过程结束后，不再执行 Form_Unload 事件代码。

需要注意的是，尽管 Form_Unload 事件过程和 Form_QueryUnload 事件过程都有 Cancel 参数，并且其作用类似。但实际应用中，通常在 Form_QueryUnload 事件过程中确认是否卸载窗体。

【例8-6】 编写窗体的 QueryUnload 事件过程代码，根据 MsgBox 函数询问结果确定是否退出程序。

答：代码如下：

```
Private Sub Form_QueryUnload(Cancel As Integer, UnloadMode As Integer)
    Dim a As Integer
    a = MsgBox("确实要退出程序吗？", 4 + 32, "简易计算器")
    '单击  否(N)  按钮，表示不退出
    If (a = vbNo) Then Cancel = 1 Else Cancel = 0
End Sub
```

8.2 案例的实现

有了以上预备知识，下面来实现本章开始所介绍的案例。首先对本案例进行解析，然后给出具体的操作步骤，最后对本案例进行拓展，以巩固提高所学的内容。

8.2.1 案例解析

要用 VB 6.0 实现该案例，主要有两个任务：设计界面和编写代码。

1. 设计界面

首先对界面上的控件进行分析，对于数字按钮，由于它们的外观基本相同，其事件代码所做的处理也大致相同，因此比较适合用控件数组。对于操作符按钮，情况也类似。其他的控件，由于有其特殊性，不适合用控件数组。

添加控件数组有一定的技巧，就是先添加一个样板控件（即添加一个控件后，根据要求先设置相应的属性），然后再根据控件数组的个数，用复制粘贴的方法，创建控件数组。

在本案例中，首先添加数字"0"命令按钮，然后设置其大小和标题，再修改其【名称)】属性为"btnDigit"；用复制粘贴的方法创建控件数组的第 2 个控件数字"1"命令按钮 btnDigit(1)，再设置其大小和标题。对于控件数组的其余控件，由于与数字"1"命令按钮类似，所以复制粘贴数字"1"命令按钮 8 次，然后修改其标题属性，再移动到合适位置。这样，数字按钮的 10 个控件建立完毕。对于操作符按钮，用同样的方法建立（数组名为 btnOper）。其余的控件，只要逐个添加并设置其属性即可。

2. 编写代码

编写代码是本案例的重点和难点。编写代码的关键是先找出解决问题的方案，这是编写大型应用程序必须要做的工作，在该工作上所下工夫的多少直接决定了程序的质量。

计算器程序解决方案的关键是确定计算器的工作状态。从计算器的使用过程中不难发现，计算器有以下 6 个状态。

- 状态 1（计算结束状态）。计算器完成了一个计算，准备一个新的计算。这是计算器的初始状态。
- 状态 2（输入第 1 个数的整数部分状态）。在状态 1 中，输入一个数字或"–"号后，进入该状态。在这个状态中，允许做 3 件事：再输入数字（还处于当前状态）、输入一个小数点（状态变成状态 3）、输入一个运算符（状态变成了状态 4）。
- 状态 3（输入第 1 个数的小数部分状态）。在状态 2 中，输入了一个小数点，进入该状态。在这个状态下，允许做 2 件事：再输入数字（还处于当前状态）、输入一个运算符（状态变成了状态 4）。
- 状态 4（输入了运算符状态）。在状态 2 或状态 3 中，输入一个运算符，进入该状态。在这个状态中，允许做 1 件事，输入一个数字或"–"号后，状态变成了状态 5。
- 状态 5（输入第 2 个数的整数部分状态）。在状态 4 中，输入一个数字或"–"号后，进入了该状态。在这个状态中，允许做 3 件事：再输入数字（还处于当前状态）、输入一个小数点（状态变成状态 6）、输入"="（状态变成了状态 1）。
- 状态 6（输入第 2 个数的小数部分状态）。在状态 5 中，输入了一个小数点，进入该状态。在这个状态下，允许做 2 件事：再输入数字（还处于当前状态）、输入"="（状态变成了状态 1）。

为了区分这几个状态，我们定义 6 个符号常量，用来表示这 6 个状态。定义语句如下：

```
Const STATE_END = 0     '计算结束状态
Const STATE_INT1 = 1    '输入第 1 个数的整数部分状态
Const STATE_PNT1 = 2    '输入第 1 个数的小数部分状态
Const STATE_CAL = 3     '输入了运算符状态
Const STATE_INT2 = 4    '输入第 2 个数的整数部分状态
Const STATE_PNT2 = 5    '输入第 2 个数的小数部分状态
```

如果输入数据的位数太大，计算时会发生溢出错误。因此，我们限制一个数不能超过

10 位，我们用符号常量 MAX_LEN 来表示，定义语句如下：

```
Const MAX_LEN = 10
```

为了区分在状态 4 中单击了哪个运算符，下面用运算符控件数组的下标来表示相应的运算。于是，我们还要定义 4 个符号常量，用来表示 4 种运算。定义语句如下：

```
Const CALC_ADD = 0  '加法运算
Const CALC_SUB = 1  '减法运算
Const CALC_MUL = 2  '乘法运算
Const CALC_DIV = 3  '除法运算
```

定义完常量后，再定义窗体级变量，定义语句以及作用如下：

```
Dim State As Integer    '计算器的当前状态
Dim Oper As Integer     '要进行的运算
Dim Num1 As Double      '第 1 个操作数
Dim Num2 As Double      '第 2 个操作数
```

以上准备工作完成后，下面的任务就要编写事件过程代码。

(1) 数字按钮（控件数组名为 btnDigit）的单击事件代码

这个事件过程所做的处理是：判断输入的数据是否超出最大位数，如果没超出，根据计算器的当前状态，在文本框（名称为 txtIO）中显示所输入的数字，改变计算器的当前状态。其代码如下：

```
Private Sub btnDigit_Click(Index As Integer)
    If (Len(txtIO.Text) < MAX_LEN) Then  '判断数据位数是否超出范围
        '进行状态转换
        Select Case State
            Case STATE_END   '当前状态是计算结束状态
                txtIO.Text = Index
                State = STATE_INT1    '变成进入输入第 1 个数的整数部分状态
            Case STATE_CAL  '当前状态是输入了运算符状态
                txtIO.Text = Index
                State = STATE_INT2    '变成进入输入第 2 个数的整数部分状态
            Case Else
                txtIO.Text = txtIO.Text & Index
        End Select
    End If
End Sub
```

在以上事件过程代码中，参数 Index 表示单击了哪个数字，如果 Index 等于 0，表示单击了数字"0"，等等。

(2) 小数点按钮（控件名称是 btnPoint）的单击事件代码

这个事件过程所做的处理是：判断输入的数据是否超出最大位数，如果没超出，根据计算器的当前状态，在文本框（名称为 txtIO）中显示相应的信息，改变计算器的当前状态。其代码如下：

```
Private Sub btnPoint_Click()

    If Len(txtIO.Text) < MAX_LEN Then '判断数据位数是否超出范围

        '进行状态转换
        Select Case State
            Case STATE_END   '当前状态是计算结束状态
                txtIO.Text = "0."
                State = STATE_PNT1   '变成输入第 1 个数的小数部分状态
            Case STATE_CAL   '当前状态是输入了运算符状态
                txtIO.Text = "0."
                State = STATE_PNT2   '变成输入第 2 个数的小数部分状态
            Case STATE_INT1  '当前状态是输入第 1 个数的整数部分状态
                txtIO.Text = txtIO.Text & "."
                State = STATE_PNT1   '变成输入第 1 个数的小数部分状态
            Case STATE_INT2  '当前状态是输入第 2 个数的整数部分状态
                txtIO.Text = txtIO.Text & "."
                State = STATE_PNT2   '变成输入第 2 个数的小数部分状态
        End Select

    End If

End Sub
```

(3) 运算符按钮（控件数组名为 btnOper）的单击事件代码

由于运算符按钮是一个控件数组，所以其单击事件过程代码的框架如下：

```
Private Sub btnOper_Click(Index As Integer)


End Sub
```

其中参数 Index 表示单击了哪个运算符，Index 等于 0，表示单击了"+"；Index 等于 1，表示单击了"−"；Index 等于 2，表示单击了"*"；Index 等于 3，表示单击了"/"。

由于负号"−"既可以看成是一个负数的开始，也可以看成是减法运算，因此要区分这两种情况。当单击了"−"后，根据前面的分析，当前状态为"计算结束状态"、"输入了运算符状态"、"输入第 1 个数的整数部分状态"或"输入第 1 个数的小数部分状态"时才进行处理，否则不进行处理。当前状态为"输入第 1 个数的整数部分状态"或"输入第 1 个数的小数部分状态"时，其处理过程是一样的，我们统一进行处理。其代码如下：

```
Private Sub btnOper_Click(Index As Integer)

    '单击运算符后，再单击"-"，"-"作为负号使用
    If (Index = 1) Then '对减号进行分析
        Select Case State
            Case STATE_END   '当前状态是计算结束状态
                txtIO.Text = "-"
                State = STATE_INT1     '变成输入第 1 个数的整数部分状态
            Case STATE_CAL   '当前状态是输入了运算符状态
                txtIO.Text = "-"
```

```
                State = STATE_INT2        '变成输入第 2 个数的整数部分状态
            Case STATE_INT1, STATE_PNT1  '当前状态是输入第 1 个数的状态
                Num1 = Val(Text1.Text) '获取第 1 个运算数据
                txtIO.Text = ""
                State = STATE_CAL        '变成输入了运算符状态
                Oper = Index             '记录下进行的运算
            '其他情况不响应
        End Select
    Else
        '只有输入了第 1 个数后才响应运算符
        If (State = STATE_INT1) Or (State = STATE_PNT1) Then
            Num1 = Val(txtIO.Text)      '获取第 1 个运算数据
            txtIO.Text = ""
            State = STATE_CAL            '变成输入了运算符状态
            Oper = Index                 '记录下进行的运算
        End If
    End If
End Sub
```

(4) "="按钮（控件名称为 btnEqual）的单击事件代码

这个事件过程所做的处理是：如果当前状态是在输入第 2 个数的状态，根据前面所输入的运算符进行运算，并显示计算结果。在做除法时，要判断除数是否为 0，如果为 0，则输出错误信息。计算完后改变计算器的状态为"计算结束状态"。其代码如下：

```
Private Sub btnEqual_Click()
    '只有输入了第 2 个数后才响应=运算符
    If (State = STATE_INT2) Or (State = STATE_PNT2) Then
        Num2 = Val(txtIO.Text)        '获取第 2 个运算数据
        Select Case Oper
            Case CALC_ADD '加法
                txtIO.Text = Str(Num1 + Num2)
            Case CALC_SUB '减法
                txtIO.Text = Str(Num1 - Num2)
            Case CALC_MUL '乘法
                txtIO.Text = Str(Num1 * Num2)
            Case CALC_DIV '除法
                If Num2 = 0 Then
                    txtIO.Text = "除数不能为零"
                Else
                    txtIO.Text = Str(Num1 / Num2)
                End If
```

```
        End Select
        State = STATE_END    '变成计算结束状态
    End If
End Sub
```

(5) "C" 按钮（控件名称为 btnClear）的单击事件代码

这个事件过程所做的处理是：把文本框清空，把操作数 Num1 和 Num2 清 0，把计算器的状态变成计算结束状态。其代码如下：

```
Private Sub btnClear_Click()
    txtIO.Text = ""
    Num1 = 0
    Num2 = 0
    State = STATE_END
End Sub
```

(6) "OFF" 按钮（控件名称为 btnQuit）的单击事件代码

案例要求，单击 OFF 按钮，退出计算器程序。退出程序前，弹如如图 8-2 所示的对话框，当单击 是(Y) 按钮时退出计算器，否则不退出计算器。

退出程序的语句以前没有介绍，在 VB 6.0 中，退出程序的语句是：

```
End
```

End 语句是 VB 6.0 的基本语句，执行到这个语句时，退出当前运行的程序。

由于案例要求退出程序前要弹出如图 8-2 所示的对话框，让用户来确认是否退出。在 8.1.2 小节中介绍过，用 MsgBox 函数可弹出如图 8-2 所示的对话框。根据 MsgBox 函数的返回值，来确定是否退出程序。其代码如下：

```
Private Sub btnQuit_Click()
    Dim Answer As Integer


    Answer = MsgBox(" 确实要退出计算器吗？", 4 + 32, "简易计算器")
    If (Answer = vbYes) Then End
End Sub
```

(7) 窗体的 Load 事件代码

在预备知识中介绍过，窗体的 Load 事件过程通常用来对程序中的有些变量赋初始值。在该程序中需要对变量 Num1、Num2 和 State 赋初值，其代码如下：

```
Private Sub Form_Load()
    State = STATE_END
    Num1 = 0
    Num2 = 0
End Sub
```

(8) 窗体的 QueryUnload 事件代码

在预备知识中介绍过，QueryUnload 用来确认是否卸载窗体，同样用 MsgBox 函数询问是否卸载窗体，然后根据用户的选择进行处理。其代码如下：

```
Private Sub Form_QueryUnload(Cancel As Integer, UnloadMode As Integer)
```

```
        Dim Answer As Integer

        Answer = MsgBox(" 确实要退出计算器吗? ", 4 + 32, "简易计算器")
        Cancel = (Answer = vbNo)
    End Sub
```

8.2.2 操作步骤

有了以上的案例解析，下面只需要按步骤操作就行了。

操作步骤

(1) 启动 VB 6.0，创建"标准 EXE"工程。

(2) 修改窗体的【(名称)】属性为"frmCalc"，【Caption】属性为"简易计算器"。

(3) 在窗体中添加 1 个文本框控件，适当调整控件大小，并调整至适当位置，修改文本框的【(名称)】属性为"txtIO"，【Text】属性为空。

(4) 在窗体上添加 1 个命令按钮控件（数字"0"的按钮），调整控件大小为合适大小，位置至适当位置，修改命令按钮【(名称)】属性为"btnDigit"，【Caption】属性为"0"。

(5) 选定该命令按钮，按 Ctrl+C 组合键，再按 Ctrl+V 组合键，弹出【Microsoft Visual Basic】对话框（见图 8-8），提示是否创建控件数组。单击 是(Y) 按钮，在窗体上增加一个 btnDigit 控件，其【Index】属性值为 1（原来的 btnDigit 控件，其【Index】属性值为 0）。

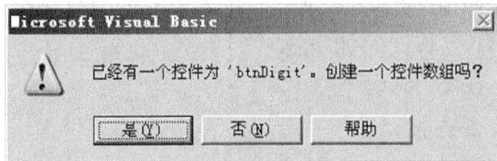

图8-8 【创建控件数组】对话框

(6) 调整"btnDigit(1)"命令按钮的大小及位置，修改【Caption】属性为"1"。

(7) 选定"btnDigit(1)"命令按钮，按 Ctrl+C 组合键，再按 Ctrl+V 组合键，这时窗体上添加了 btnDigit(2) 命令按钮，调整该命令按钮至合适位置，修改【Caption】属性为"2"。

(8) 用步骤(7)的方法，添加另外 7 个数字命令按钮 btnDigit(3)～btnDigit(9)。

(9) 在窗体上添加 1 个命令按钮控件（运算符为"+"的按钮），调整控件大小及位置，修改命令按钮的【(名称)】属性为"btnOper"，【Caption】属性为"+"。

(10) 选定该命令按钮，按 Ctrl+C 组合键，再按 Ctrl+V 组合键，弹出【Microsoft Visual Basic】对话框。单击 是(Y) 按钮，在窗体上增加一个 btnOper 控件，其【Index】属性值为 1（原来的 btnOper 控件，其【Index】属性值为 0）。

(11) 调整 btnOper (1) 命令按钮的大小及位置，修改【Caption】属性为"-"。

(12) 用步骤(10)～(11)的方法，添加另外两个运算符命令按钮 btnOper (2)、btnOper (3)。

(13) 在窗体上添加 1 个命令按钮控件（小数点"."的按钮），调整控件大小及位置，修改命令按钮的【(名称)】属性为"btnPoint"，【Caption】属性为"."。

(14) 用步骤(13)的方法，添加 "C" 命令按钮（名称为 btnClear）、添加 "OFF" 命令按钮（名称为 btnQuit）、添加 "=" 命令按钮（名称为 btnEqual）。完成以上工作后，窗体的界面如图 8-9 所示。

图8-9 添加控件后的窗体

(15) 双击窗体，打开代码窗口，在代码窗口的开始处添加以下代码：

```
'以下 6 个符号常量表示计算器的 6 种状态
Const STATE_END = 0      '计算结束状态
Const STATE_INT1 = 1     '输入第 1 个数的整数部分状态
Const STATE_PNT1 = 2     '输入第 1 个数的小数部分状态
Const STATE_CAL = 3      '输入了运算符状态
Const STATE_INT2 = 4     '输入第 2 个数的整数部分状态
Const STATE_PNT2 = 5     '输入第 2 个数的小数部分状态
'以下符号常量表示输入数据的最大位数
Const MAX_LEN = 10
'以下 4 个符号常量表示要进行的 4 种运算，与 btnOper 的下标一致
Const CALC_ADD = 0 '加法运算
Const CALC_SUB = 1 '减法运算
Const CALC_MUL = 2 '乘法运算
Const CALC_DIV = 3 '除法运算
'以下定义 4 个窗体级变量
Dim State As Integer          '计算器的当前状态
Dim Oper As Integer           '要进行的运算
Dim Num1 As Double            '第 1 个操作数
Dim Num2 As Double            '第 2 个操作数
```

(16) 在代码窗口中添加 8 个事件过程 btnDigit_Click、btnPoint_Click、btnOper_Click、btnEqual_Click、btnClear_Click、btnQuit_Click、Form_Load 和 Form_QueryUnload 的代码，这些代码在案例解析中已经详细写出。

(17) 以 "案例 8.frm" 为文件名保存窗体文件到 "D:\案例" 文件夹；以 "案例 8.vbp" 为文件名保存工程文件到 "D:\案例" 文件夹。

(18) 单击工具栏上的【启动】按钮 ▶ 运行工程，出现程序窗口（见图 8-1）。

(19) 单击相应的按钮，让程序完成一个计算，查看计算结果。

(20) 单击 OFF 按钮，在弹出的对话框（见图 8-2）中单击 否(N) 按钮，不退出程序。

(21) 单击程序窗口中的 × 按钮，在弹出的对话框（见图 8-2）中单击 是(I) 按钮，退出程序。

8.2.3 案例拓展

完成以上案例后，下面对该案例进行拓展。

功能要求

在本章案例的基础上，再增加一个功能，要求计算器能够显示运算的表达式和结果。图 8-10 所示为程序运行时的窗口，图 8-11 所示为完成一个计算后的窗口。

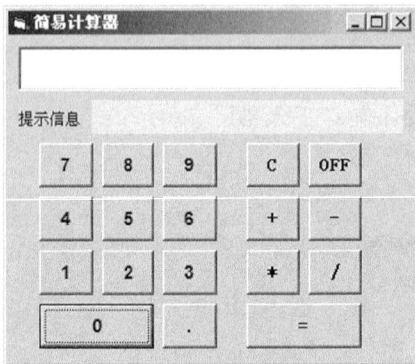

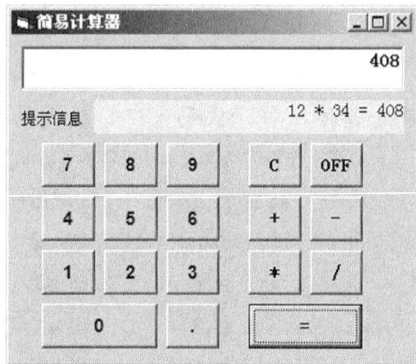

图8-10 程序运行时的窗口   图8-11 完成一个计算后的窗口

操作提示

添加 2 个标签，设置第 1 个标签的【Caption】属性为"提示信息"，第 2 个标签（控件名称为 lblMessage）的【BackColor】属性设置为黄色。修改以下几处程序代码。

(1) 输入了一个运算符后，显示第 1 个数和运算符。因此，在 btnOper_Click 事件过程代码中，在两处 "Oper = Index" 语句后各添加一句：

```
lblMessage.Caption = Num1 & " " & btnOper(Index).Caption & " "
```

(2) 计算出结果后，显示整个运算表达式和运算结果。因此，在 btnEqual_Click 事件过程代码中，在 "State = STATE_END" 语句后添加一句：

```
lblMessage.Caption = lblMessage.Caption & Num2 & " =" & txtIO.Text
```

(3) 单击 c 按钮后，清除上一次的显示信息。因此，在 btnEqual_Click 事件过程代码中，在 "State = STATE_END" 语句后添加一句：

```
lblMessage.Caption = ""
```

8.3 知识扩展

在 8.1 节中介绍了本案例所用到的基础知识，以下内容对前面的内容进行扩充，以扩大视野。

8.3.1　窗体的其他事件

窗体的事件，除了在 8.1.3 节中介绍的内容外，还有以下事件。

1.　Initialize 事件

Initialize 事件是在应用程序创建窗体时发生，是窗体最早发生的事件。其事件过程代码的框架如下：

```
Private Sub Form_Initialize( )


End Sub
```

2.　Activate 事件

Activate 事件当窗口成为活动窗口时发生。其事件过程代码的框架如下：

```
Private Sub Form_Activate( )


End Sub
```

3.　Deactivate 事件

Deactivate 事件当窗口不再是活动窗口时发生。其事件过程代码的框架如下：

```
Private Sub Form_Deactivate( )


End Sub
```

4.　GotFocus 事件

GotFocus 事件当窗口获得焦点时产生，GotFocus 事件在 Activate 事件之后发生，其事件过程代码的框架如下：

```
Private Sub Form_GotFocus( )


End Sub
```

5.　LostFocus 事件

GotFocus 事件当窗口失去焦点时产生，LostFocus 事件在 Deactivate 事件之前发生。其事件过程代码的框架如下：

```
Private Sub Form_LostFocus( )


End Sub
```

6.　Resize 事件

Resize 事件当窗口第一次显示或当窗口状态改变时（例如，一个窗体被最大化、最小化或被还原）发生。其事件过程代码的框架如下：

```
Private Sub Form_Resize( )


End Sub
```

8.3.2 窗体的其他方法

在 3.3.2 节中介绍了窗体的 Print 方法，窗体还有许多其他方法，下面介绍几个主要的窗体方法。

1. Move 方法

Move 方法用于移动窗体、改变窗体的大小。其语法格式如下：

```
Move <left>, [<top>], [<width>], [<height>]
```

其中，<left>是单精度值，表示要移动到的左边的水平坐标（x 轴）；<top>是单精度值，表示要移动到的顶边的垂直坐标（y 轴）；<width>是单精度值，表示新的宽度；<height>是单精度值，表示新的高度。

在窗体移动时，坐标原点 (0,0) 总是屏幕的左上角，坐标单位是缇，1 英寸=1440 缇。

2. Cls 方法

Cls 方法用于清除运行时所生成的文本和图形。其语法格式如下：

```
Cls
```

Cls 方法只是清除运行时所产生的文本和图形，而设计时在使用 Picture 属性设置的背景位图和放置的控件不受 Cls 方法影响。

3. Hide 方法

Hide 方法用于隐藏窗体，但不能使其卸载。其语法格式如下：

```
Hide
```

隐藏窗体时，它就从屏幕上被删除，并将其 Visible 属性设置为 False。用户将无法访问隐藏窗体上的控件。

4. Show 方法

Show 方法用于显示窗体。其语法格式如下：

```
Show [<style>],[<ownerform>]
```

其中，参数<Style>是个可选的整数，它用于决定窗体的模式。如果<style>为 0，则窗体是无模式的，这种情况下，焦点能在其他窗体之间转移。如果<style>为 1，则窗体是有模式的，这种情况下，Show 方法后的代码要等到模式对话框关闭之后才能执行，且焦点也不能移动到其他窗体。<ownerform>用于指定窗体的拥有者，可将某个窗体的窗体名传给这个参数，使得这个窗体成为新窗体的拥有者。使用该参数，可以确保对话框在其父窗体最小化时也能最小化，或者在其父窗体关闭时它也被卸载。

5. SetFocus 方法

SetFocus 方法的作用是将焦点移至指定的窗体，即激活窗体。其语法格式如下：

```
SetFocus
```

焦点不能移到不可见的窗体，也不能把焦点移到 Enabled 属性被设置为 False 的窗体。

6. Refresh 方法

Refresh 方法可强制全部重绘一遍窗体，用于对窗体进行刷新。其语法格式如下：

```
Refresh
```

小结

本章围绕案例，首先介绍了实现该案例所用到的基础知识，包括控件数组、MsgBox 函数和窗体的常用事件。然后详细介绍了案例的实现，包括案例解析、操作步骤和案例拓展。最后介绍了一些扩展知识，包括窗体的其他事件、窗体的其他方法。

习题

一、选择题

1. 一个控件数组包括 4 个控件，则控件数组的事件过程代码有（　　　　）个。

　　A. 1　　　　　　B. 2　　　　　　C. 3　　　　　　D. 4

2. 要使 MsgBox 函数在调用时包含 是(Y) 、 否(N) 两个按钮，则其第 2 个参数的值应该是（　　　　）。

　　A. 1　　　　　　B. 2　　　　　　C. 3　　　　　　D. 4

3. 要使 MsgBox 函数在调用时还要包含 ? 图标，则其第 2 个参数的值应该加上（　　　　）。

　　A. 16　　　　　B. 32　　　　　C. 48　　　　　D. 64

4. 窗体的以下事件中，最早发生的是（　　　　）。

　　A. Load　　　　　　　　　　B. Unload

　　C. QueryUnload　　　　　　D. Initialize

5. 窗体的以下事件中，最晚发生的是（　　　　）。

　　A. Load　　　　　　　　　　B. Unload

　　C. QueryUnload　　　　　　D. Initialize

6. 以下（　　　　）语句执行上会退出程序。

　　A. Exit　　　　B. Quit　　　　C. Stop　　　　D. End

7. 要显示一个窗体，应调用该窗体的（　　　　）方法。

　　A. Show　　　　B. Display　　　C. Open　　　　D. Visible

二、填空题

1. 控件数组具有相同的名称，控件数组的各控件是通过_____属性区分的。

2. 窗体的_____事件通常用来初始化变量的值。窗体的_____事件通常用来确认是否卸载窗体。

3. 窗体的 QueryUnload 事件中，对 Cancel 赋_____值，可阻止窗体的卸载。

4. GotFocus 事件在 Activate 事件之____发生。

5. LostFocus 事件在 Deactivate 事件之_____发生。

6. 窗体的_____方法可清除运行时在窗体上产生的文本和图形。

7. 一个窗体调用了 Hide 方法后，其 Visible 属性的值等于_____。

三、上机练习

设计一个整数除法计算器，程序运行时，出现如图 8-12 所示的窗口。要求计算器只完成整数的整除运算（对应按钮 \ ）和求余运算（对应按钮 % ）。程序退出时，询问用户是否退出。

图8-12　程序运行后的窗口

第9章 处理字符串

在前面的案例中设计的程序窗口没有菜单栏和工具栏，VB 6.0 为用户提供的菜单栏、工具栏设计工具，可以简化和美化界面。在前面的案例中仅介绍了字符串的连接运算，VB 6.0 提供了强大的字符串处理功能。本章通过案例"处理字符串"，介绍添加菜单栏和工具栏的方法，以及字符串函数。

案例功能

设计一个程序，对文本框中的字符串进行处理，包括转换成大写或小写；去掉开始或结尾的空格；统计字母或数字的个数，程序界面如图 9-1 所示。在文本框中输入字符串后，选择一个菜单命令，完成相应的操作。另外，单击工具栏上的按钮，也可完成相应的操作。

程序的【转换】菜单、【去空】菜单和【统计】菜单如图 9-2 所示。

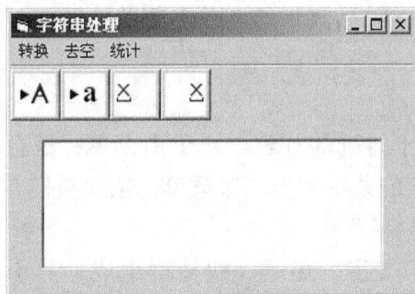

图9-1 程序界面

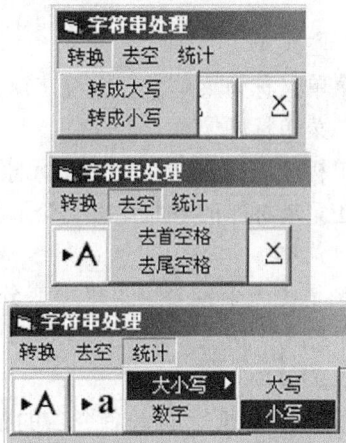

图9-2 【转换】菜单、【去空】菜单和【统计】菜单

学习目标

- 理解菜单的基本概念。
- 掌握添加菜单栏的方法。
- 掌握添加工具栏的方法。
- 掌握设计有菜单栏和工具栏的应用程序的方法。

9.1 预备知识

要完成本案例所要求的功能，需要掌握相关的基础知识，下面就介绍这些知识。

9.1.1　添加菜单栏

菜单不仅可以简化程序界面，还可以美化程序界面，因此在用 VB 6.0 进行程序界面设计时，菜单的设计是必须掌握的技能。

1.　菜单的基本概念

菜单可以认为是一个命令列表。菜单中的选项，称为菜单项，也叫"命令"。良好的菜单设计是应用程序能吸引用户的一个重大因素。图 9-3 所示列出了菜单的各种元素。

图9-3　菜单元素

(1)　主菜单

主菜单又称为菜单栏，出现在窗体的标题栏下面，可包含一个或多个菜单标题。

(2)　菜单标题

菜单标题是主菜单中的一个元素，包括标题名称和热键。通过单击菜单标题或使用热键可以在菜单标题的下面弹出一个下拉式菜单。

(3)　菜单

菜单是由一个或多个菜单项或分隔条组成的上下排列的列表。对于由菜单标题直接拉出的菜单称为一级菜单，由一级菜单中的菜单项拉出的菜单称为二级菜单，依此类推。

(4)　菜单项

菜单项是要执行的"命令"的描述，可由标识文字、热键、快捷键组成。其中，热键、快捷键是菜单项的可选择项。菜单项的执行可由程序中的运行条件限制。当其呈灰色显示（如图 9-3 中的菜单项"下一个"）时，表示此菜单项在此时不能被执行。

(5)　分隔条

在菜单中常出现一条条的横线称为"分隔条"，它是用来对菜单中的各菜单项进行分组，使整个菜单安排得合理有序。

(6)　热键

热键是菜单项中的带下画线的、由括号括起来的字符。在菜单中，按下热键可以执行该菜单项。

(7)　快捷键

快捷键是指菜单项的最右边给出的功能键或组合键。在程序运行过程中，按下快捷键就会执行该快捷键对应的菜单项。使用快捷键方式不需要弹出菜单。

2.　菜单编辑器

VB 6.0 提供了一个菜单编辑器用来设计菜单，只要在窗体设计状态下选择【工具】/【菜单编辑器】命令或按 Ctrl +E 组合键，弹出如图 9-4 所示的【菜单编辑器】对话框。

第 9 章 处理字符串

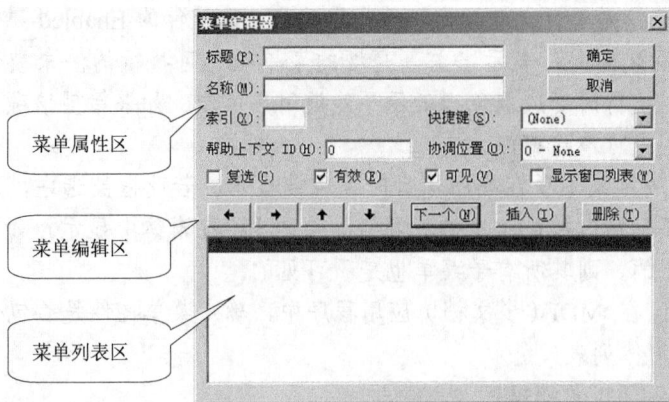

图9-4 【菜单编辑器】对话框

启动菜单编辑器后，便可以创建新的菜单和菜单栏、在已有的菜单上增加新命令、用自己的命令来替换已有的菜单命令，以及修改和删除已有的菜单和菜单栏。

菜单编辑器的界面可以分为上、下两部分。上部分是菜单属性区，下部分是菜单编辑区和菜单列表区。

(1) 菜单属性区的元素

- 【标题】：在该文本框中可以输入菜单名或命令名，这些名字将出现在菜单栏或菜单项中。如果想在菜单中建立分隔条，则应在文本框中键入一个连字符（-）。为了能够通过键盘访问菜单项，可在每个菜单项上建立一个热键，即在菜单名后的括号里用"&"符号连接一个字母。这样，在程序运行时，该字母带有下画线（&符号是不可见的）显示在菜单名后。按 ALT 键和该字母就可访问这些菜单项或命令。如果要在菜单中显示"&"符号，则应在标题中连续输入两个"&"符号。

- 【名称】：必须输入的可识别菜单项的标识符（控件名称），它不会出现在菜单中，也不会在窗体中显示出来，而是在程序中用来标识该菜单项控件，即通过它引用该菜单项。

- 【索引】：可指定一个数字值来确定控件在控件数组中的位置，该位置与控件的屏幕位置无关。使用这个属性可以建立动态菜单。

- 【快捷键】：可从其右侧的下拉列表中选择所需的快捷键，如"Ctrl+O"。

- 【帮助上下文 ID】：用于制作帮助菜单。为目录索引（Context ID）指定唯一数值，以便在帮助文件属性指定的帮助文件中用该数值查找适当的帮助主题。

- 【协调位置】：每个单独的菜单控件都具有该属性，它决定在激活对象的菜单时，窗体顶层菜单如何显示在窗体中。在其下拉列表中包括以下4个选项。
  0（None）——（默认值）窗体的顶层菜单项不在对象菜单栏中显示。
  1（Left）——窗体的菜单在对象菜单栏的左边位置显示。
  2（Middle）——窗体的菜单在对象菜单栏的中间位置显示。
  3（Right）——窗体的菜单在对象菜单栏的右边位置显示。

- 【复选】：决定在菜单项的左边是否设置复选标记"✔"。通常用它在程序运行时指出切换选项的开关状态。

161

- 【有效】：此选项决定是否让菜单项对事件做出响应，即控件的 Enabled 属性。当【有效】复选框被选中，表示当前高亮度的菜单项为可执行的；未被选中时，相应菜单项在执行时变成灰色，表示不能被用户操作。如果希望该项失效并模糊显示出来，也可清除事件。
- 【可见】：此选项决定菜单项在程序运行时是否被显示，若此框被选中，表示当前菜单项在程序运行时被显示出来，否则该菜单项不在窗体中显示。如果一个菜单项是不可见的，则其所有子菜单也是不可见的。
- 【显示窗口列表】：在 MDI（多文档）应用程序中，确定菜单控件是否包含一个打开的 MDI 子窗体列表。
- 确定 按钮：关闭菜单编辑器。

(2) 菜单编辑区的元素

- ← 按钮：每次单击都把选定的菜单上移一个等级。一共可以创建 4 个子菜单等级（共 5 个等级）。
- → 按钮：每次单击都把选定的菜单下移一个等级。一共可以创建 4 个子菜单等级。
- ↑ 按钮：每次单击都把选定的菜单项在同级菜单内向上移动一个位置。
- ↓ 按钮：每次单击都把选定的菜单项在同级菜单内向下移动一个位置。
- 下一个(N) 按钮：将选定光标移动到下一行。
- 插入(I) 按钮：在列表框的当前选定行上方插入一行。
- 删除(T) 按钮：删除当前选定行。

(3) 菜单列表区

菜单列表区列出了当前窗体的所有菜单控件。当在标题文本框中键入一个菜单项时，该项也会出现在菜单控件列表框中。从列表框中选取一个已存在的菜单控件可以编辑该控件的属性。

菜单栏中可以包括多个菜单项，每个菜单项分别是一个控件，每一个控件都有自己的名字和属性。在设计时，对菜单项属性的设置只能通过菜单编辑器进行。在程序运行时，则只能通过语句来改变菜单项属性的值，如 Enabled、Visible、Checked 属性等。

菜单控件只包含一个事件，即 Click 事件。在设计阶段，选择一个菜单时，会打开代码编辑器窗口，可用来编写该菜单控件 Click 事件的代码。在程序运行阶段，选择一个菜单时，将激发该菜单控件的 Click 事件。

9.1.2 添加工具栏

工具栏不仅可以美化界面，而且可还可以简化操作，它一般显示在菜单栏下面，由一些命令按钮组成，并且每个按钮上都有图像。通常，每个命令按钮都有相应的菜单项与之对应，可看做是相应菜单项的快捷方式。例如，在 VB 6.0 中，工具栏上的 按钮便是【工具】/【菜单编辑器】命令的快捷按钮，单击 按钮也可以直接打开【菜单编辑器】对话框。

在 VB 6.0 中，工具栏的设计也是通过专门的工具条控件来完成的，但由于工具条控件不是标准控件，因此必须先向工具箱中添加工具条控件。和其他标准控件一样，工具条控件也有自己的属性，但属性的设置不是在【属性】窗口中完成的，而是通过专门【属性页】对话框来完成的。

工具栏设计通常包括以下内容。

1. 添加工具栏控件

选择【工程】/【部件】命令，打开【部件】对话框，选择【部件】对话框中的【控件】选项卡，在【控件】的列表中选中【Microsoft Windows Common Control 6.0】选项，并单击左边的小方框，如图 9-5 所示。

单击 确定 按钮，关闭【部件】对话框，这时工具箱中就新增如图 9-6 所示的控件。

图9-5 【部件】对话框

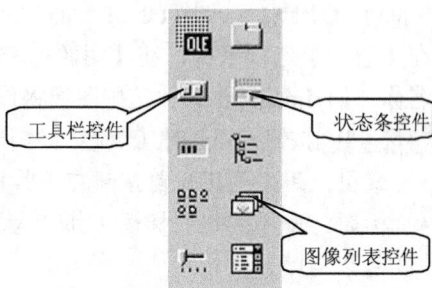
图9-6 工具箱中新增的控件

2. 添加图像列表

在工具箱中双击图像列表控件，向窗体添加图像列表控件，在图像列表控件上单击鼠标右键，从弹出的快捷菜单中选择【属性】命令，便弹出【属性页】对话框，其【通用】选项卡和【图像】选项卡分别如图 9-7 和图 9-8 所示。在【通用】选项卡中，可选择图像的大小（如 32×32）。在【图像】选项卡中，单击 插入图片(P)... 按钮，将弹出【选定图片】对话框，通过这个对话框，可选择工具栏按钮所需要的图片文件。

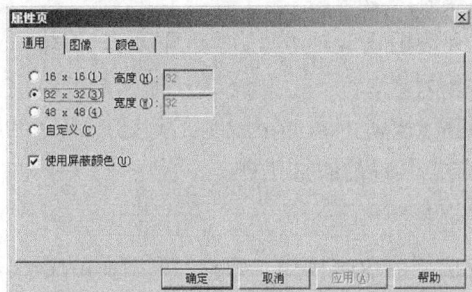
图9-7 【属性页】对话框的【通用】选项卡

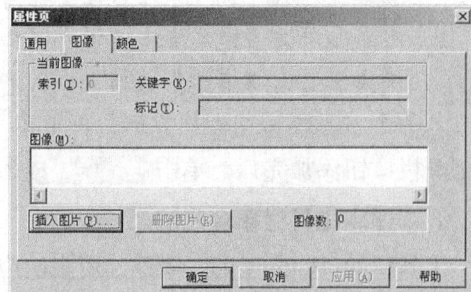
图9-8 【属性页】对话框的【图像】选项卡

3. 添加工具栏

在工具箱中，双击工具栏控件，在窗体上添加一个工具栏控件。在添加的工具栏控件上单击鼠标右键，在弹出的快捷菜单中选择【属性】命令，弹出【属性页】对话框，其【通用】选项卡和【按钮】选项卡分别如图 9-9 和图 9-10 所示。

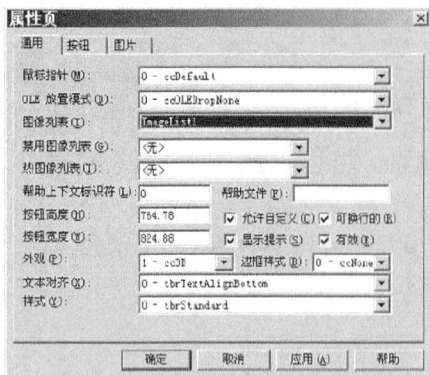

图9-9 【属性页】对话框的【通用】选项卡   图9-10 【属性页】对话框的【按钮】选项卡

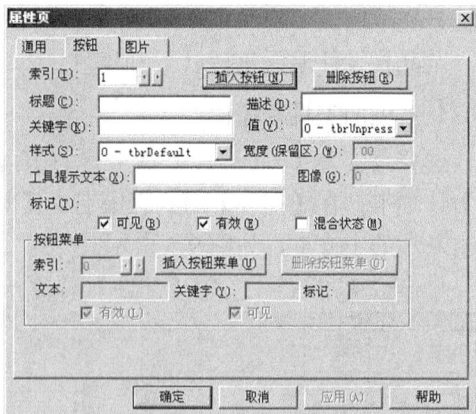

在【通用】选项卡中，在【图像列表】下拉列表中可选择事先向窗体中添加的图像列表控件名称（如 ImageList1），这些图像将作为工具栏上按钮的图像。在【按钮】选项卡中，单击 插入按钮(N) 按钮，可创建工具栏的一个按钮，工具栏的按钮可设置以下常用属性。

- 索引：用来指定当前按钮在工具栏的所有按钮中的索引（Index）值。
- 标题：命令按钮的标题（如"大写"），在工具栏按钮图像的下方显示。该属性可以省略。
- 关键字：用来标识该命令按钮的一个关键字（如"A1"、"A2"等），用以唯一区分工具栏中的各按钮。该属性可以省略。
- 值：用来设置该工具栏按钮是否被按下。如果从【值】下拉列表中选择"0"（这是默认值），则该工具按钮在运行时被按下，否则不被按下。
- 样式：用来指定工具栏上按钮的样式，有 6 个选项值。当样式为 0（默认值）时，按钮的样式是按钮样式；当样式为 3 时，表示是一个分隔条。
- 工具提示文本：当鼠标指针移动到该工具项时，会出现一个即时提示框，显示该提示文本（如"把字母转为大写"）。该属性可以省略。
- 图像：用来指定工具栏按钮的图像在图像列表的图像序号（从 1 开始），图像列表就是在【通用】选项卡中所指定的图像列表。

当一个工具栏按钮添加完后，再单击 插入按钮(N) 按钮，添加下一个工具栏按钮。当所有工具栏按钮添加完后，单击 确定 按钮，完成工具栏的添加工作。

4. 编写工具栏事件代码

工具栏的 ButtonClick 事件，用来响应工具栏按钮的单击操作，事件过程代码的框架如下（工具栏 btrMain 为例）：

```
Private Sub tbrMain_ButtonClick(ByVal Button As MSComctlLib.Button)

    End Sub
```

在该事件过程中，"Button"是所单击的按钮，要确定按下哪个按钮，可使用 Button 的"关键字"属性（Key 属性）"Button.Key"，也可使用 Button 的"索引"属性（Index 属性）"Button.Index"。通常情况下，用 Select Case 语句来区分这些按钮。

9.1.3 字符串函数

Vb 6.0 有以下常用的字符串函数。

1. Asc(s)函数

功能：求字符串 s 的第 1 个字符的 ASCII 码的值。

格式：n=Asc(s)

【例9-1】   n=Asc("A")   'n=65

                  n=Asc("a")   'n=97

                  n=Asc("0")   'n=48

2. Chr(n)函数

功能：把一个 ASCII 码的值 n 转换成字符。

格式：s= Chr(n)

【例9-2】   s= Chr(65)   's="A"

                  s= Chr(98)   's="b"

                  s= Chr(49)   's="1"

3. Len(s)函数

功能：计算字符串 s 的长度。

格式：n=Len(s)

说明：空字符串长度为 0，空格符也算一个字符，一个中文字虽然占用 2 个字节，但也算一个字符。

【例9-3】   n=Len("")   'n=0

                  n=Len("abcd")   'n=4

                  n=Len("VB 教程")   'n=4

4. Left(s, n)函数

功能：返回字符串 s 最左边的 n 个字符。

格式：s2= Left(s, n)

说明：如果字符串的长度小于 n，则返回整个字符串 s。

【例9-4】   s= Left("abcd",2)   's="ab"

                  s= Left("abcd",6)   's="abcd"

                  s= Left("相当高兴",2)   's="相当"

5. Right(s, n)函数

功能：返回字符串 s 最右边的 n 个字符。

格式：s2= Right (s, n)

说明：如果字符串的长度小于 n，则返回整个字符串 s。

【例9-5】   s= Right("abcd",2)   's="cd"

                  s= Right("abcd",6)   's="abcd"

                  s= Left("相当高兴",2)   's="高兴"

6. Mid(s, n, m)函数

功能：返回字符串 s 从第 n 个字符开始的 m 个字符。

格式：s2=Mid(s, n, m)　　　'第 3 个参数可以省略，表示其余所有的字符

【例9-6】　　　　s2=Mid("abcdefg", 5)　　　　's2="efg"

　　　　　　　　s2=Mid("abcdefg",2, 4)　　　　's2="bcde"

7. Replace(s1, s2, s3)函数

功能：返回将字符串 s1 中的字符串 s2 替换为字符串 s3 后的字符串。

格式：s=Replace(s1, s2, s3)

【例9-7】　　　　s= Replace("Haha", "a", "e")　　's="Hehe"

　　　　　　　　s= Replace("Goood", "oo", "o")　　's="Good"

8. StrReverse(s)函数

功能：返回把字符串 s 反转后的字符串。

格式：s2=StrReverse(s)

【例9-8】　　　　s=StrReverse("Good")　　　　's="dooG"

　　　　　　　　s=StrReverse("相当高兴")　　　's="兴高当相"

9. UCase(s)函数

功能：返回把字符串 s 中的小写字母转换成大写字母后的字符串。

格式：s2=UCase(s)

【例9-9】　　　　s= UCase("Very")　　　　　's="VERY"

　　　　　　　　s= UCase("happy 123!")　　　's="HAPPY 123!"

10. LCase(s)函数

功能：返回把字符串 s 中的小写字母转换成大写字母后的字符串。

格式：s2=LCase(s)

【例9-10】　　　　s= LCase("Very")　　　　　's="very"

　　　　　　　　　s= LCase("HAPPY 123!")　　　's="happy 123!"

11. InStr(n, s1, s2)函数

功能：在字符串 s1 中，从第 n 个字符开始查找字符串 s2，返回 s2 第 1 次查找到的位置。

格式：m = InStr(n, s1, s2)　　　　　　　　'第 1 个参数可以省略

说明：

(1)　若在 s1 中找到 s2，则返回值是 s2 第 1 个字符出现在 s1 中的位置。

(2)　若在 s1 中多处有 s2，则以第 1 处的那个 s2 为准。

(3)　InStr(s1, s2)等价于 InStr(1, s1, s2)。

(4)　若 s1 为空字符串，或在 s1 中找不到 s2，则都返回 0。

(5)　若 s2 为空字符串，则返回 0。

【例9-11】　　　　m= InStr("Look Good", "oo")　　　　'm=2

　　　　　　　　m= InStr(3, "Look Good", "oo")　　　'm=7

m= InStr("Look Good", "So")   'm=0

9.2 案例的实现

有了以上预备知识，下面来实现本章开始所介绍的案例。首先对本案例进行解析，然后给出具体的操作步骤，最后对本案例进行拓展，以巩固提高所学的内容。

9.2.1 案例解析

要用 VB 6.0 实现该案例，主要有两个任务：设计界面和编写代码。

1. 设计界面

设计界面主要有 3 项工作：在窗体上添加控件、添加菜单栏和添加工具栏。

(1) 在窗体上添加控件

本案例在窗体上只添加一个文本框控件。添加文本框后，移动文本框到合适位置，并调整至合适大小，然后改变控件的名称为"txtMain"，把文本框的【Text】属性设置为空。

(2) 添加菜单栏

要添加菜单栏，首先要把本案例的菜单结构分析清楚。根据案例的功能要求，菜单的结构如表 9-1 所示。

表 9-1　　　　　　　　　　　　　菜单的结构

菜单标题	菜单级别与关系	菜单名称
转换	主菜单	mnuConvert
转换成大写	【转换】菜单的子菜单	mnuToUpper
转换成小写	【转换】菜单的子菜单	mnuToLower
-	【转换】菜单的分隔条	mnuSpace
退出	【转换】菜单的子菜单	mnuQuit
去空	主菜单	mnuCutSpace
去首空格	【去空】菜单的子菜单	mnuHeadSpace
去尾空格	【去空】菜单的子菜单	mnuTailSpace
统计	主菜单	mnuCount
大小写	【统计】菜单的子菜单	mnuUpperLower
大写	【大小写】菜单的子菜单	mnuUpperCount
小写	【大小写】菜单的子菜单	mnuLowerCount
数字	【统计】菜单的子菜单	mnuDigitCount

根据 9.1.1 节所介绍的内容，启动菜单编辑器后，在菜单编辑器中，根据菜单的结构即可添加所需要的菜单。

(3) 添加工具栏

要添加工具栏，首先要把本案例的工具栏结构分析清楚。根据案例的功能要求，工具栏有 4 个按钮和一个分隔条。因此，设计工具栏时，首先要准备 4 个图片，这用 Windows 中的"画图"程序不难完成。

4 个图片文件准备好后，可根据 9.1.2 节所介绍的内容，先添加"Microsoft Windows Common Control 6.0"控件，然后从工具箱中添加图像列表控件和工具栏控件，在图像列表控件中加载所绘制的图片，然后再逐个设置工具栏的各个按钮。

2. 编写代码

编写代码首先要确定要编写哪些对象的哪些事件过程代码，从案例的功能中可知，本案例需要编写菜单中 8 个菜单的单击事件代码，还有工具栏的 ButtonClick 事件代码。在程序运行过程中，一旦转换了大写（或小写），不能再进行转换，但是，当文本框中的文本改变后，还允许再进行转换。对于去空格，也应当这样处理。因此，还要编写文本框的 Change 事件代码。

另外，为了使程序代码更容易理解，还要编写 3 个自定义函数，用来判断一个字符是否为大写字母、小写字母和数字。

(1) 判断大写字母的函数 IsUpperCase(c)

判断方法是：如果 c 的 ASCII 码值在"A"和"Z"的 ASCII 码值之间，字符 c 就是大写字母。可以用 Asc()函数来求一个字符的 ASCII 码值，所以函数的代码如下：

```
Private Function IsUpperCase(c As String)
    IsUpperCase = (Asc(c) >= Asc("A") And Asc(c) <= Asc("Z"))
End Function
```

(2) 判断小写字母的函数 IsLowerCase(c)

判断方法与判断大写字母类似，函数的代码如下：

```
Private Function IsLowerCase(c As String)
    IsLowerCase = (Asc(c) >= Asc("a") And Asc(c) <= Asc("z"))
End Function
```

(3) 判断数字的函数 IsDigit(c)

判断方法与判断大写字母类似，函数的代码如下：

```
Private Function IsDigit(c As String)
    IsDigit = (Asc(c) >= Asc("0") And Asc(c) <= Asc("9"))
End Function
```

(4) 文本框（名称为 txtMain）的 Change 事件代码

该事件代码的工作是：把【转成大写】菜单（名称为 mnuToUpper）、【转成小写】菜单（名称为 mnuToLower）、【去首空格】菜单（名称为 mnuHeadSpace）、【去尾空格】菜单（名称为 mnuTailSpace）的【Enabled】属性赋值为 True。另外，还要把工具栏（名称为 tbrMain）上的 4 个按钮的【Enabled】属性值变成 True。工具栏的【Buttons】属性为该工具栏所有按钮的集合，其第 i 个按钮是 tbrMain.Buttons.Item(i)，只要把这个对象的【Enabled】属性赋值为 True 即可。文本框（txtMain）的 Change 事件代码如下：

```
Private Sub txtMain_Change()
```

```
        Dim i As Integer
        mnuToUpper.Enabled = True
        mnuToLower.Enabled = True
        mnuHeadSpace.Enabled = True
        mnuTailSpace.Enabled = True

        For i = 1 To 4  '工具栏共有 5 个按钮
            tbrMain.Buttons.Item(i).Enabled = True
        Next i
    End Sub
```

（5）【转成大写】菜单（名称为 mnuToUpper）的单击事件代码

该事件代码的工作是：把文本框中的文本转换成大写（用 UCase()函数完成此工作），然后把【转成大写】菜单和【转成大写】工具栏按钮的【Enabled】属性赋值为 False，再把【转成小写】菜单和【转成小写】工具栏按钮的【Enabled】属性赋值为 True。事件代码如下：

```
    Private Sub mnuToUpper_Click()
        txtMain.Text = UCase(txtMain.Text)
        mnuToUpper.Enabled = False
        tbrMain.Buttons.Item(1).Enabled = False
        mnuToLower.Enabled = True
        tbrMain.Buttons.Item(2).Enabled = True
    End Sub
```

（6）【转成小写】菜单（名称为 mnuToLower）的单击事件代码

该事件代码的工作是：把文本框中的文本转换成小写（用 LCase()函数完成此工作），然后把【转成小写】菜单和【转成小写】工具栏按钮的【Enabled】属性赋值为 False，再把【转成大写】菜单和【转成大写】工具栏按钮的【Enabled】属性赋值为 True。事件代码如下：

```
    Private Sub mnuToLower_Click()
        txtMain.Text = LCase(txtMain.Text)
        mnuToLower.Enabled = False
        tbrMain.Buttons.Item(2).Enabled = False
        mnuToUpper.Enabled = True
        tbrMain.Buttons.Item(1).Enabled = True
    End Sub
```

（7）【去首空格】菜单（名称为 mnuHeadSpace）的单击事件代码

该事件代码的工作是：把文本框中文本的首个空格去掉（用 LTrim()函数完成此工作），然后把【去首空格】菜单和【去首空格】工具栏按钮的【Enabled】属性赋值为 False。事件代码如下：

```
    Private Sub mnuHeadSpace_Click()
        txtMain.Text = LTrim(txtMain.Text)
        mnuHeadSpace.Enabled = False
        tbrMain.Buttons.Item(4).Enabled = False
```

```
    End Sub
```

（8）【去尾空格】菜单（名称为 `mnuTailSpace`）的单击事件代码

该事件代码的工作是：把文本框中文本的尾部空格去掉（用 RTrim()函数完成此工作），然后把【去尾空格】菜单和【去尾空格】工具栏按钮的【Enabled】属性赋值为 False。事件代码如下：

```
    Private Sub mnuTailSpace_Click()
        txtMain.Text = RTrim(txtMain.Text)
        mnuTailSpace.Enabled = False
        tbrMain.Buttons.Item(5).Enabled = False
    End Sub
```

（9）【大写】菜单（名称为 mnuUpperCount）的单击事件代码

该事件代码的工作是：统计文本框中大写字母的个数。在一开始定义了一个函数 IsUpperCase(c)，用来判断一个字符是否为大写字母。但接下来的问题是，如何把文本框中的字符逐个地取出来。我们知道，Mid(s, n, m)函数可以读取字符串 s 从第 n 个字符开始的 m 个字符，因此可以用 Mid(s, n, 1)读取字符串第 n 个字符。如果 n 从 1 到 Len(s)，就可逐个取出字符串中的字符。事件代码如下：

```
    Private Sub mnuUpperCount_Click()
        Dim i As Integer, n As Integer
        Dim c As Integer, s As String * 1
        c = 0
        n = Len(txtMain.Text)
        For i = 1 To n
            s = Mid(txtMain.Text, i, 1)
            If IsUpperCase(s) Then c = c + 1
        Next i
        MsgBox "共有 " & c & " 个大写字母"
    End Sub
```

（10）【小写】菜单（名称为 mnuLowerCount）的单击事件代码

该事件代码的工作是：统计文本框中小写字母的个数。其方法与统计文本框中大写字母的个数类似。事件代码如下。

```
    Private Sub mnuLowerCount_Click()
        Dim i As Integer, n As Integer
        Dim c As Integer, s As String * 1
        c = 0
        n = Len(txtMain.Text)
        For i = 1 To n
            s = Mid(txtMain.Text, i, 1)
            If IsLowerCase(s) Then c = c + 1
        Next i
```

```
        MsgBox "共有 " & c & " 个小写字母"
    End Sub
```

(11) 【数字】菜单（名称为 mnuDigitCount）的单击事件代码

该事件代码的工作是：统计文本框中数字的个数。其方法与统计文本框中大写字母的个数类似。事件代码如下。

```
Private Sub mnuLowerCount_Click()
    Dim i As Integer, n As Integer
    Dim c As Integer, s As String * 1
    c = 0
    n = Len(txtMain.Text)
    For i = 1 To n
        s = Mid(txtMain.Text, i, 1)
        If IsLowerCase(s) Then c = c + 1
    Next i
    MsgBox "共有 " & c & " 个数字"
End Sub
```

(12) 【退出】菜单（名称为 mnuQuit）的单击事件代码

该事件过程代码比较简单。

```
Private Sub mnuQuit_Click()
    End
End Sub
```

(13) 工具栏（名称为 btrMain）的 ButtonClick 事件过程代码

在 9.1.2 节中介绍过，工具栏（tbrMain）的 ButtonClick 事件过程代码的框架如下：

```
Private Sub tbrMain_ButtonClick(ByVal Button As MSComctlLib.Button)


End Sub
```

在这个事件过程中，参数"Button"是所单击的按钮，可以用 Button 的【Index】属性（Button.Index）来区分单击哪个按钮。本案例中，由于有 5 个按钮（其中第 3 个是分隔符），所以比较适合用 Select 语句来区分它们。所以事件过程的初步代码如下：

```
Private Sub tbrMain_ButtonClick(ByVal Button As MSComctlLib.Button)
    Select Case Button.Index
        Case 1
            '【转为大写】按钮的处理代码
        Case 2
            '【转为小写】按钮的处理代码
        Case 4
            '【去首空格】按钮的处理代码
        Case 5
            '【去尾空格】按钮的处理代码
    End Select
```

```
End Sub
```

由于【转为大写】按钮与【转为大写】菜单的功能完全一样，前面已经编写了【转为大写】菜单的单击事件代码，因此没必要再写【转为大写】按钮的处理代码，只需要调用【转为大写】菜单的单击事件过程即可，该事件过程是 mnuToUpper_Click，调用方法是：

```
Call mnuToUpper_Click
```

对于其他按钮的处理代码，同样调用相应的事件过程即可。所以，btrMain 工具栏的【ButtonClick】事件过程代码如下：

```
Private Sub tbrMain_ButtonClick(ByVal Button As MSComctlLib.Button)
    Select Case Button.Index
        Case 1
            Call mnuToUpper_Click
        Case 2
            Call mnuToLower_Click
        Case 3
            Call mnuHeadSpace_Click
        Case 4
            Call mnuTailSpace_Click
    End Select
End Sub
```

9.2.2 操作步骤

有了以上的案例解析，下面只需要按步骤操作就行了。

操作步骤

(1) 启动 VB 6.0，创建"标准 EXE"工程。
(2) 修改窗体的【(名称)】属性为"frmString"，【Caption】属性为"字符串处理"。
(3) 在窗体中添加一个文本框控件，调整控件大小为合适大小，并调整至适当位置，修改文本框【(名称)】属性为"txtMain"，【Text】属性为空。
(4) 选择【工具】/【菜单编辑器】命令，弹出【菜单编辑器】对话框（见图 9-4）。
(5) 在【菜单编辑器】对话框中，在【标题】文本框中输入"转换"，在【名称】文本框中输入"mnuConvert"。
(6) 在【菜单编辑器】对话框中，单击 下一个(N) 按钮。
(7) 在【菜单编辑器】对话框中，在【标题】文本框中输入"转成大写"，在【名称】文本框中输入"mnuToUpper"，单击 → 按钮。
(8) 用步骤(6)～(7)的方法，添加"转成小写"、"-"和"退出"菜单。
(9) 用步骤(5)～(8)的方法，按照表 9-1 的菜单结构，添加【去空】和【统计】主菜单以及子菜单。
(10) 在【菜单编辑器】对话框中，单击 确定 按钮，完成添加菜单栏的工作，窗体如图 9-11 所示。

(11) 选择【工程】/【部件】命令，打开【部件】对话框，选择【部件】对话框中的【控件】选项卡，在【控件】的列表框中选中【Microsoft Windows Common Control 6.0】选项，并单击左边的小方框（见图 9-5）。

(12) 在【部件】对话框中，单击 确定 按钮，在工具箱中增加了相应的控件（见图 9-6）。

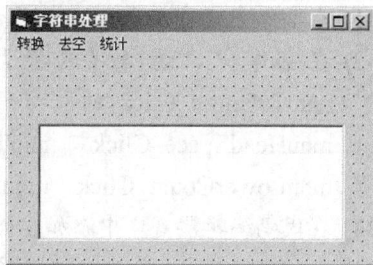

图9-11 添加菜单栏后的窗体

(13) 在工具箱中，双击图像列表控件 ，向窗体添加图像列表控件 "ImageList1"。

(14) 选中图像列表控件 "ImageList1"，然后在图像列表控件上单击鼠标右键，在弹出的快捷菜单中选择【属性】命令，弹出【属性页】对话框。

(15) 在【属性页】对话框中，打开【通用】选项卡（见图 9-7），选中【32×32】单选按钮。

(16) 在【属性页】对话框中，打开【图像】选项卡（见图 9-8）。

(17) 在【图像】选项卡中，单击 插入图片(P)... 按钮，弹出【选定图片】对话框，在这个对话框中，选择事先准备好的第 1 个工具栏按钮的图片，在 "ImageList1" 中添加该图片。

(18) 用步骤(17)的方法，添加另外 3 张图片。

(19) 在【属性页】对话框中，单击 确定 按钮，完成图片的添加工作。

(20) 在工具箱中，双击工具栏控件 ，在窗体上添加一个工具栏控件 "Toolbar1"。在【属性】窗口中修改【(名称)】属性为 "tbrMain"。

(21) 在 "tbrMain" 工具栏控件上单击鼠标右键，在弹出的快捷菜单中选择【属性】命令，弹出【属性页】对话框。

(22) 在【属性页】对话框中，打开【通用】选项卡（见图 9-9），在【图像列表】下拉列表中选择 "ImageList1"。

(23) 在【属性页】对话框中，打开【按钮】选项卡（见图 9-10）。

(24) 在【按钮】选项卡中，单击 插入按钮(N) 按钮。在【工具提示文本】文本框中输入 "转为大写"，在【图像】文本框中输入 "1"。

(25) 在【按钮】选项卡中，单击 插入按钮(N) 按钮。在【工具提示文本】文本框中输入 "转为小写"，在【图像】文本框中输入 "2"。

(26) 在【按钮】选项卡中，单击 插入按钮(N) 按钮。在【样式】下拉列表框中选择 "3"。

(27) 在【按钮】选项卡中，单击 插入按钮(N) 按钮，在【工具提示文本】文本框中输入 "去首空格"，在【图像】文本框中输入 "3"。

(28) 在【按钮】选项卡中，单击 插入按钮(N) 按钮。在【工具提示文本】文本框中输入 "去尾空格"，在【图像】文本框中输入 "4"。

(29) 在【属性页】对话框中，单击 确定 按钮，完成工具栏的添加工作，窗体如图 9-12 所示。

(30) 在窗体中双击文本框，打开代码编辑器窗口，添加 txtMain_Change 的代码。

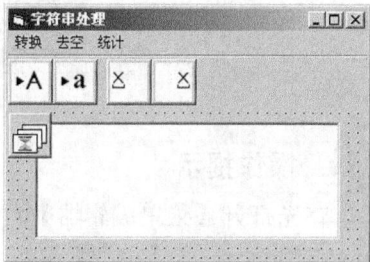

图9-12 添加工具栏后的窗体

(31) 在窗体中双击工具栏，打开代码编辑器窗口，添加 tbrMain_ButtonClick 的代码。

(32) 在窗体中，选择【转换】/【转成大写】命令，打开代码编辑器窗口，添加 mnuToUpper_Click 的代码。用类似操作添加 mnuToUpper_Click、mnuToLower_Click、mnuHeadSpace_Click、mnuTailSpace_Click、mnuQuit_Click、mnuUpperCount_Click、mnuLowerCount_Click、mnuLowerCount_Click 的代码。

(33) 在代码编辑器窗口中添加 3 个通用过程 IsUpperCase、IsLowerCase、IsLowerCase 的代码。

(34) 以"案例 9.frm"为文件名保存窗体文件到"D:\案例"文件夹；以"案例 9.vbp"为文件名保存工程文件到"D:\案例"文件夹。

(35) 单击工具栏上的【启动】按钮 ▶ 运行工程，出现程序窗口（见图 9-1）。

(36) 在文本框中输入相应的字符，并选择某一菜单命令，或单击工具栏上的某一按钮，查看文本框中字符的变化。

(37) 单击程序窗口中的 ✕ 按钮，结束程序运行。

9.2.3 案例拓展

完成以上案例后，下面对该案例进行拓展。

功能要求

在本章案例的基础上，再增加两个功能：第 1 个功能是去掉字符串中多余的空格（2 个或 2 个以上的连续空格变成 1 个空格）；第 2 个功能是统计字符串中单词的个数（连续的字母当成一个单词）。拓展后的程序界面如图 9-13 所示，修改后的【去空】菜单和【统计】菜单如图 9-14 所示。

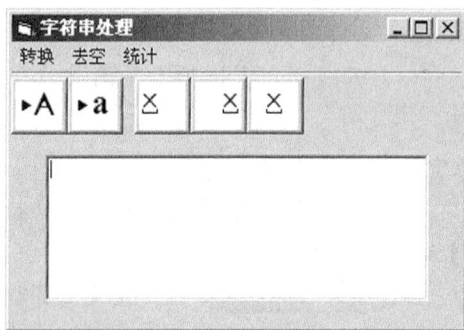

图9-13　程序运行的开始窗口

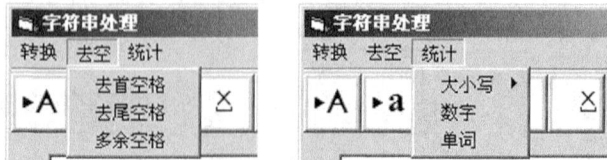

图9-14　【去空】菜单和【统计】菜单

操作提示

首先打开【菜单编辑器】对话框，在其中增加 2 个菜单：【多余空格】菜单（名称是 mnuMidSpace）和【单词】菜单（名称是 mnuWordCount），然后再添加这两个菜单的单击事件代码如下：

```
Private Sub mnuMidSpace_Click()
    Dim n As Integer
    Dim s As String

    s = txtMain.Text
    Do
        n = Len(s)
        s = Replace(s, "  ", " ")
    Loop Until n = Len(s)
    txtMain.Text = s
    mnuMidSpace.Enabled = False
    tbrMain.Buttons.Item(6).Enabled = False
End Sub
Private Sub mnuWordCount_Click()
    Dim i As Integer
    Dim c As Integer, s As String * 1
    Dim InWord As Boolean

    InWord = False
    c = 0
    n = Len(txtMain.Text)
    For i = 1 To n
        s = Mid(txtMain.Text, i, 1)
        If IsUpperCase(s) Or IsLowerCase(s) Then
            If Not InWord Then
                c = c + 1
                InWord = True
            End If
        Else
            InWord = False
        End If
    Next i
    MsgBox "共有 " & c & " 个单词"
End Sub
```

  其次，在图像列表中添加一张图片。由于图像列表与工具栏链接后不能添加图片，所以首先在工具栏的【属性页】对话框的【通用】选项卡中，在【图像列表】属性框中选择"无"，取消工具栏和图像列表的链接。然后在图像列表的【属性页】的【图像】选项卡中添加一张图片。

  接着在工具栏的【属性页】对话框的【按钮】选项卡中，逐个设置工具栏的按钮（共 6

个按钮）。

最后，修改 tbrMain_ButtonClick 的代码如下：

```
Private Sub tbrMain_ButtonClick(ByVal Button As MSComctlLib.Button)
    Select Case Button.Index
        Case 1
            Call mnuToUpper_Click
        Case 2
            Call mnuToLower_Click
        Case 4
            Call mnuHeadSpace_Click
        Case 5
            Call mnuTailSpace_Click
        Case 6
            Call mnuMidSpace_Click
    End Select
End Sub
```

9.3 知识扩展

在 9.1 节中介绍了本案例所用到的基础知识，以下内容对前面的内容进行扩充，以扩大视野。

9.3.1 文本框控件

在第 2 章的案例中介绍了文本框的 Text 属性、Locked 属性和 BorderStyle 属性。文本框还有其他属性和事件，下面介绍如下。

1. MaxLength 属性

功能：返回或设置文本框最多可容纳的字符数。

说明：MaxLength 属性的数据类型是长整数类型。如果 MaxLength 属性值是 0（这是默认值），表示文本框可容纳 65 535 个字符以内的任意字符。如果设置 MaxLength 属性值不为 0，在向文本框中输入数据时，如果字符数超过 MaxLength，文本框不再接受所输入的数据。

2. MultiLine 属性

功能：返回或设置是否能够接受和显示多行文本。

说明：MultiLine 属性的数据类型是布尔类型，如果 MultiLine 属性值是 True，则允许输入多行文本；如果是 False（为默认值），则忽略回车符并将数据限制在一行内。MultiLine 属性只能在设计阶段设置，在运行阶段不能修改 MultiLine 属性的值。

3. PasswordChar 属性

功能：把文本框文本的所有字符用该字符显示，常用来输入密码。

说明：PasswordChar 属性的数据类型是字符串类型。如果 PasswordChar 属性值不为空字符串（只有第一个字符有效），文本框的文本显示时都用该字符替代，而文本框的文本并没有改变。如果 PasswordChar 属性值为空字符串（这时默认值），则文本框中显示实际的文本。如果 MultiLine 属性设置为 True，那么设置 PasswordChar 属性将不起作用。

4. ScrollBars 属性

功能：返回或设置文本框是否有滚动条。

说明：ScrollBars 属性的数据类型是整数类型，只能取 4 个值：0（没有滚动条，这是默认值）、1（只有水平滚动条）、2（只有垂直滚动条）、3（既有水平滚动条又有垂直滚动条）。如果 MultiLine 属性设置为 False，那么设置 ScrollBars 属性值为非 0 值时将不起作用。ScrollBars 属性只能在设计阶段设置，在运行阶段不能修改它的属性值。

5. Change 事件

Change 事件是在文本框中内容（Text 属性）发生变化时所激发的事件。无论是通过用户输入还是通过代码改变文本框中的内容，都会同样激发该事件。

6. GotFocus 事件

当焦点从另外一个控件移动到该文本框控件时所激发的事件。

7. LostFocus 事件

当焦点从该文本框控件移动到另外一个控件时所激发的事件。

9.3.2 弹出快捷菜单

在预备知识中介绍了菜单栏，在 Windows 应用程序中，还有一种常用的菜单方式——快捷菜单，即单击鼠标右键弹出一个菜单，可从中选择相应的命令。

快捷菜单是通过窗体的 PopupMenu 方法实现的，PopupMenu 方法的语法格式如下：

```
PopupMenu <MenuName>, [<Flags>], [<x>], [<y>], [<BoldCommand>]
```

以上语法格式说明如下。

- <MenuName>是要显示的菜单名，该菜单是在菜单编辑器中建立的，必须至少含有一个子菜单。
- <Flags>是一个整数，用来指定弹出式菜单的位置和行为。其取值分为两组，一组用来指定菜单位置（如表 9-2 所示），另一组用来定义特殊的菜单行为（如表 9-3 所示）。这个参数可以省略，默认值是 0。Flags 的两组参数可以单独使用，也可以联合使用。当联合使用时，每组中取一个值，两个值相加。

表 9-2   菜单位置常量

直接常量	符号常量	含义
0	vbPopupMenuLeftAlign	<x>、<y>为弹出式菜单左上角的坐标
4	vbPopupMenuCenterAlign	<x>、<y>为弹出式菜单顶边中间的坐标
8	vbPopupMenuRightAlign	<x>、<y>为弹出式菜单右上角的坐标

直接常量	符号常量	含义
0	VbPopupMenuLeftButton	通过单击鼠标左键选择菜单命令
8	VbPopupMenuRightButton	通过单击鼠标右键选择菜单命令

表 9-3   菜单行为常量

- <x>、<y>用来指定弹出式菜单在窗体上的显示位置，这个位置要与 < Flags > 参数配合使用。这两个参数可以省略，默认值为当前鼠标的位置。
- <BoldCommand>是<MenuName>菜单的一个子菜单名，在弹出菜单中，这个菜单名以加粗方式显示。这个参数可以省略。

为了显示弹出式菜单，通常把 PopupMenu 方法放在 MouseDown 事件中，该事件响应所有的鼠标单击操作。例如，窗体的 MouseDown 事件过程代码框架如下：

```
Private Sub Form_MouseDown(Button As Integer, Shift As Integer, _
                           X As Single, Y As Single)

End Sub
```

在这个事件过程中，Button 参数表示按下了哪个鼠标键。如果 Button=1，表示按下了鼠标左键；如果 Button=2，表示按下了鼠标右键。

【例9-12】写出窗体的 MouseDown 事件过程代码，当按下鼠标右键时弹出菜单 mnuMyMenu。

解：

```
Private Sub Form_MouseDown(Button As Integer, Shift As Integer, _
                           X As Single, Y As Single)
       If Button=2 Then PopupMenu mnuMyMenu
End Sub
```

小结

本章围绕案例，首先介绍了实现该案例所用到的基础知识，包括添加菜单栏、添加工具栏和字符串函数。然后详细介绍了案例的实现，包括案例解析、操作步骤和案例拓展。最后介绍了一些扩展知识，包括文本框控件和弹出快捷菜单。

习题

一、选择题

1. 在菜单编辑器中，要使一个菜单具有 Alt+A 热键，在菜单名中应包含（   ）。
   A．@A   B．&A   C．!A   D．#A

2. 在菜单编辑器中，要建立一个菜单分隔条，则该菜单的标题应该是（   ）。
   A．/   B．-   C．| D．\

3. 在菜单编辑器中，要使一个子菜单变成主菜单，应该单击（　　　）按钮。

  A. ←   B. →   C. ↑   D. ↓

4. 在菜单编辑器中，要使一个子菜单变成下一级子菜单，应该单击（　　）按钮。

  A. ←   B. →   C. ↑   D. ↓

5. 在菜单编辑器中，要使一个菜单在菜单列表中上移位置，应该单击（　　）按钮。

  A. ←   B. →   C. ↑   D. ↓

6. 在设计工具栏时，要使工具栏包含图片按钮，应先在窗体上添加（　　　）控件。

  A. 图像框   B. 图像列表   C. 图像文件   D. 图像文件夹

7. 在工具栏【属性页】对话框的【按钮】选项卡中，要添加一个工具栏分隔条，应在【样式】下拉列表中选择（　　　　）。

  A. 0   B. 1   C. 2   D. 3

8. 工具栏的（　　　）事件能响应工具栏上按钮的单击事件。

  A. Click   B. Button

  C. ButtonClick   D. ClickButton

二、填空题

1. 在 VB 6.0 中，要使工具箱中包含工具栏控件，应选择【工程】/　　　　　　　命令，然后添加【Microsoft Windows Common Control 6.0】控件。

2. 在设计工具栏时，要想使工具栏按钮显示提示信息，应在工具栏【属性页】对话框的【按钮】选项卡中的　　　　　文本框中设置提示信息。

3. Chr(Asc("A"))的值是　　　　，Asc (Chr(65))的值是　　　　。

4. Len("12" &"34")的值是　　　　。

5. Right(Left("abcdefg",4),2)的值是　　　　。

6. Mid(Mid("abcdefg",3,5),3,2)的值是　　　　。

7. StrReverse (StrReverse ("abcd"))的值是　　　　。

8. 如果字符串 s 中不包含字母，则 s=UCase(s)的值为　　　　。

9. 如果字符串 s 中包含小写字母，则 s=UCase(s)的值为　　　　。

10. InStr("我是相当高兴","高兴")的值是　　　　。

三、上机练习

设计一个程序，对文本框中的文字设置字体属性，包括改变字体、改变字形、改变字号。程序界面如图 9-15 所示。在文本框中输入字符串后，选择一个菜单命令，完成相应的操作。另外，单击工具栏上的按钮，也完成相应的操作。

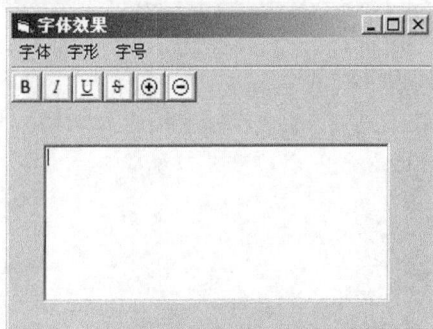

图9-15　程序界面

程序的【字体】、【字形】和【字号】菜单如图 9-16 所示。

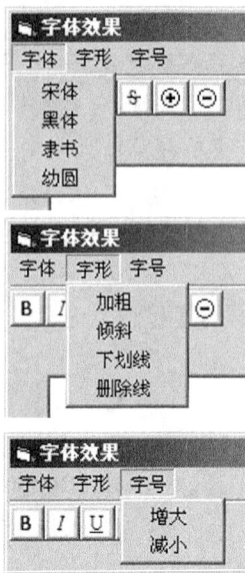

图9-16 【字体】、【字形】和【字号】菜单

利用 VB 6.0 的图像框控件可以方便地显示图片，这使得应用程序更加引人入胜。利用 VB 6.0 的定时器控件可以在一定的时间间隔内激发事件，可以方便地处理定时问题。利用 VB 6.0 的公共对话框控件可以方便地使用 Windows 操作系统的常用对话框，为编程提供了方便。另外，VB 6.0 的滚动条控件可以很方便地展现进度状态，还可以用来设置某一范围内的值。本章通过案例"制作动画"，介绍这些控件的使用方法。

案例功能

设计一个动画制作程序，程序界面如图 10-1 所示，程序中的动画图片是事先设置好的，也可在程序运行时自己设置动画中的图片。程序运行后，可在【帧数】文本框中输入要播放动画的帧数；通过【速度】滚动条，可设置动画播放的速度；如果选中【循环】复选框，将循环播放动画，否则只播放一遍；单击 播放 按钮，播放动画，这时 播放 按钮变成 暂停 按钮，单击 暂停 按钮，暂停播放动画。

如果要制作自己的动画，只需要设置【动画帧】中的各动画帧即可（最多可添加 12 个动画帧），方法是单击【动画帧】中的一个图片框，弹出【加载图片】对话框，可选择一个图片文件，替换该动画帧。所有动画帧添加完后，还应设置【帧数】，与添加的动画帧一致。

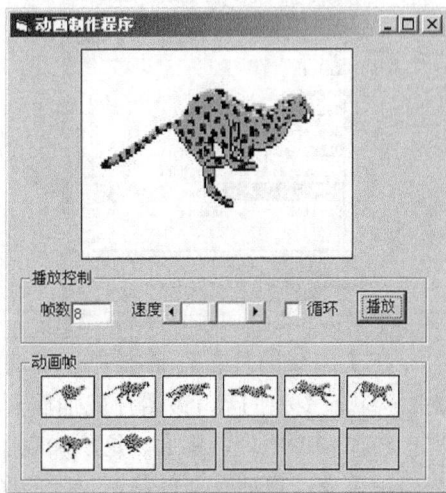

图10-1 程序界面

学习目标
- 掌握图像框控件的使用方法。
- 掌握滚动条控件的使用方法。
- 掌握定时器控件的使用方法。
- 掌握公共对话框控件的使用方法。
- 掌握用 VB 6.0 制作动画的基本方法。

10.1 预备知识

要完成本案例所要求的功能，需要掌握相关的基础知识，下面就介绍这些知识。

10.1.1 图像框控件

图像框（Image）控件用来在窗体上显示图片，在工具箱中的图标是 ▨。图像框有两个重要的属性：Picture 属性和 Stretch 属性。

1. Picture 属性

功能：Picture 属性用来表示图像框中所显示的图片。

说明：在设计阶段，如果图像框没有加载图片，在【属性】窗口的【Picture】属性右边的文本框中显示的是"(None)"，如图 10-2 所示。

无论图像框是否加载了图片，在【属性】窗口的【Picture】属性右边的文本框中，单击 ··· 按钮，弹出如图 10-3 所示的【加载图片】对话框。

图10-2 没有加载图片的 Picture 属性

图10-3 【加载图片】对话框

在【加载图片】对话框中，可选择一个图片文件，单击 打开(O) 按钮后，该图片就加载到图像框中。如果图像框已经加载过图片，那么，这次加载图片成功后，原来的图片会被丢弃，取而代之的是新加载的图片。加载图片后就能在图像框中看到相应的图片，同时【Picture】属性右边的文本框中显示的是图片的类型（如图 10-4 所示的"(Bitmap)"）。

如果要清除图像框加载的图片，只需要在【Picture】属性右边的文本框中，用鼠标选定代表图片类型的字符串（如图 10-4 所示的"(Bitmap)"），然后按 Del 键删除即可。

图10-4 加载了图片的 Picture 属性

在运行阶段也可以通过赋值语句修改图像框的【Picture】属性，通常使用 LoadPicture 函数，其语法格式如下：

```
<图像框名>.Picture = LoadPicture([<图片文件名>])
```

以上语法格式说明如下。

- <图像框名>是在窗体上添加的图像框控件的名称，如"Image1"。
- <图片文件名>是要加载的图片文件的名字，如果图片文件名中不包含路径（如"小花猫.bmp"），在 VB 6.0 中运行程序时，则从 VB 6.0 应用程序所在的文件夹中加载该图片文件；把程序编译成 EXE 文件后运行，则从该 EXE 文件所在的文件夹中加载该图片文件。如果图片文件名中包含路径，如"C:\小花

猫.bmp",则从指定的文件夹中加载该图片文件。如果<图片文件名>是空字符串
("")，或者省略了<图片文件名>，则取消图像框所加载的图片文件。

【例10-1】 设计一个程序，在窗体上有一个图像框控件（Image1）和两个命令按钮
（Command1 和 Command2）。单击 Command1 命令按钮，在图像框中加载 "C:\
小花猫.bmp" 图片文件；单击 Command2 命令按钮，从图像框中取消图片。写
出 Command1 和 Command2 的单击事件过程代码。

解：事件过程代码如下：

```
Private Sub Command1_Click()

    Image1.Picture = LoadPicture("C:\小花猫.bmp")

End Sub


Private Sub Command2_Click()

    Image1.Picture = LoadPicture()

End Sub
```

2. Stretch 属性

功能：Stretch 属性用来返回或设置图像框与所加载图片大小的适配方式。

说明：Stretch 属性的数据类型是布尔类型。如果 Stretch 的属性值为 True，表示所加载
的图片的大小调整到与图像框的大小一样；如果 Stretch 的属性值为 False（默认值），表示
图像框的大小调整到与所加载的图片的原始大小一样。

【例10-2】 在例 10-1 的基础上，再添加两个命令按钮（Command3 和 Command4）。单击
Command3 命令按钮，使图像框的长和宽都缩小 10%；单击 Command4 命令按
钮，使图像框的大小为图像框中图片的原始大小。写出 Command3 和
Command4 的单击事件过程代码。

解：事件过程代码如下：

```
Private Sub Command3_Click()

    Image1.Stretch = True

    Image1.Width = Image1.Width * 0.9

    Image1.Height = Image1.Height * 0.9

End Sub


Private Sub Command4_Click()

    Image1.Stretch = False

End Sub
```

【例10-3】 设计一个程序，在窗体上有一个图像框控件（Image1），在设计阶段加载一幅图
片。然后在窗体上添加两个图像框控件（Image2、Image3）和两个命令按钮
（Command1 和 Command2）。单击 Command1 命令按钮，在 Image2 中按 50%
显示 Image1 中的图片；单击 Command2 命令按钮，在 Image3 中按 200%显示
Image1 中的图片。程序运行结果如图 10-5 所示。写出 Command1 和 Command2
的单击事件过程代码。

解：事件过程代码如下：

```
Private Sub Command1_Click()
    Image2.Width = Image1.Width / 2
    Image2.Height = Image1.Height / 2
    Image2.Stretch = True
    Image2.Picture = Image1.Picture
End Sub

Private Sub Command2_Click()
    Image3.Width = Image1.Width * 2
    Image3.Height = Image1.Height * 2
    Image3.Stretch = True
    Image3.Picture = Image1.Picture
End Sub
```

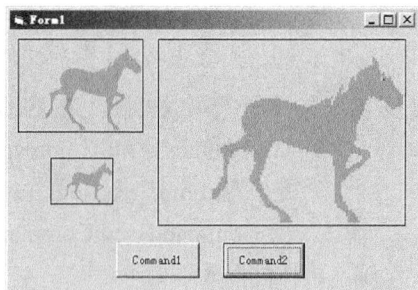

图10-5　程序运行结果

10.1.2 定时器控件

定时器（Timer）控件在工具箱中的图标是 ，该控件可以按照指定的时间间隔不断发生定时事件。定时器控件在设计阶段是可见的，在程序运行时是不可见的，它的重要属性和事件如下。

1. Enabled 属性

功能：Enabled 属性用来设置或返回定时器控件是否有效。

说明：Enabled 属性的数据类型是布尔类型。如果 Enabled 的属性值是 True，则定时器控件处于有效状态，当 Interval 属性值不为 0 时，每隔 Interval 属性值指定的毫秒，激发一次 Timer 事件；如果 Enabled 的属性值是 False，则定时器控件处于无效状态，不管 Interval 属性值为多少，都不激发 Timer 事件。

2. Interval 属性

功能：Interval 属性用来设置或返回定时器定时的毫秒数。

说明：Interval 属性的数据类型是长整数类型。如果 Interval 的属性值为 0，则定时器不激发 Timer 事件；如果 Interval 的属性值是一个非 0 值（最大值是 65 535），则定时器每隔该属性值所指定的毫秒，激发一次 Timer 事件（前提是定时器的 Enabled 属性值为 True）。

由于 PC 的时钟体系因素，实际上并不能精确到 1ms，最小精确间隔时间大约为 0.055s（1/18.2s）。

3. Timer 事件

Timer 控件只有一个 Timer 事件，在一个 Timer 控件预定的时间间隔过去之后会发生一个 Timer 事件。该间隔的频率储存于该控件的 Interval 属性。一个定时器控件（以 Timer1 定时器控件为例）的 Timer 事件过程代码的框架如下：

```
Private Sub Timer1_Timer()

End Sub
```

【例10-4】设计一个程序，在窗体上显示一个数字时钟（见图 10-6），要求时间每秒更新一次。

解：在窗体上添加一个标签控件 Label1 和一个定时器控件 Timer1。设置标签控件的 AutoSize 属性为 True，字体大小为"四号"、颜色为红色。设置定时器控件的 Interval 为 1000。VB 6.0 提供了一个 Time()函数，用来取出计算机中时钟的当前时间，可以利用该函数来获得当前时间。双击定时器控件，在代码编辑器窗口中添加以下代码：

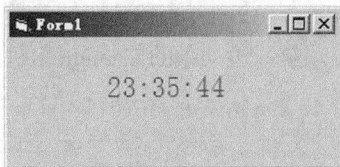

图10-6 数字时钟程序

```
Private Sub Timer1_Timer()
    Label1.Caption = Time()
End Sub
```

10.1.3 滚动条控件

滚动条用图形的方式模拟在一个区间内的一个位置，可作为速度、数量的指示器来使用。滚动条有两种，即水平滚动条和垂直滚动条，它们在工具箱中的图标分别是 ◁▷ 和 ▵▿ 。滚动条常用的属性和事件如下。

1. Max、Min 属性

功能：Max、Min 属性用来设置或返回滚动条的最大值和最小值。

说明：Max、Min 属性的数据类型是整数类型。滚动条的 Max 属性是水平滚动条处在最右位置时，或垂直滚动条处于底部位置时，滚动条的 Value 属性的最大值。滚动条的 Min 属性是水平滚动条处在最左位置时，或垂直滚动条处于顶部位置时，滚动条的 Value 属性的最小值。对于每个属性，可指定-32 768～32 767 的一个整数，包括-32 768 和 32 767。默认设置值是：Max 为 32 767，Min 为 0。如果 Max 被设为比 Min 小的值，那么最大值将被分别设为水平滚动条的最左位置处，或垂直滚动条的最上位置处。

2. Value 属性

功能：Value 属性用来设置或返回滚动条滑块的当前位置。

说明：Value 属性的数据类型是整数类型。Value 属性值在 Max 和 Min 属性值之间（包括这两个值）。此属性在设计和运行时都是可读取和设置的。在运行时，可以通过改变控件的 Value 属性来改变滚动条滑块的位置。

3. LargeChange、SmallChange 属性

功能：LargeChange、SmallChange 属性用来设置或返回滚动条滑块的改变量。

说明：LargeChange、SmallChange 属性的数据类型是整数类型。LargeChange 属性控制单击滚动滑块和滚动箭头之间的区域时，滚动条控件的 Value 属性值的改变量；SmallChange 属性控制单击滚动箭头时，滚动条控件的 Value 属性值的改变量。对这两个属性，都可以指定1～32 767 的整数（包括 1 和 32 767）。默认时，每个属性都设置为 1。

4. Change 事件

当滚动条控件上的滑动块移动时，会激发 Change 事件；当在运行时，用代码改变控件的代表位置的 Value 属性时，也会激发 Change 事件。

【例10-5】设计一个程序，在窗体上有一个水平滚动条 HScroll1 和标签 Label1，HScroll1 的 Max 和 Min 属性分别为 100 和 0。当滚动条的滑块移动时，在标签中用百分比显示滑块的位置（见图 10-7）。写出滚动条的 Change 事件过程代码。

解：滚动条的 Change 事件过程代码如下：

```
Private Sub HScroll1_Change()
    Label1.Caption = HScroll1.Value & "%"
End Sub
```

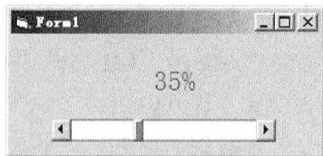
图10-7 滚动条的例子

10.1.4 公共对话框控件

在以前的案例中介绍过 InputBox 函数和 MsgBox 函数都可弹出一个对话框。VB 6.0 除了这两个对话框外，还提供了【打开】、【保存】、【字体选择】、【打印设置】、【帮助】等 6 种通用对话框。由于通用对话框控件不是常用控件，工具箱中没有通用对话框控件，需要用户自己添加。

1. 添加通用对话框控件

在工具箱中添加通用对话框控件的方法是：选择【工程】/【部件】命令，打开【部件】对话框，选择【部件】对话框中的【控件】选项卡，在【控件】的列表框中选中【Microsoft Common Diaglog Control 6.0】选项，并单击左边的小方框，如图 10-8 所示。单击 确定 按钮，关闭【部件】对话框，这时工具箱中就增加一个通用对话框控件，图标是 📋 。

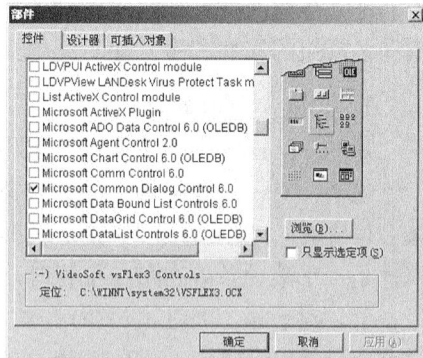
图10-8 【部件】对话框

在窗体中添加通用对话框控件的方法是：双击工具箱中的通用对话框控件图标 📋 ，就会在窗体中添加通用对话框控件，默认的名称是 CommonDialog1。

通用对话框控件虽在程序设计阶段是可见的，但其大小不可变。在程序运行时，通用对话框控件是不可见的。另外，由于 6 种通用对话框都是通过通用对话框控件来调用的，因此通用对话框的属性与所代表的对话框的类型有关，并且通用对话框控件不能响应任何事件。

2. 【颜色】对话框的使用

在窗体上添加了通用对话框 CommonDialog1 后，可以调用其 ShowColor 方法，然后通过其 Color 属性，获得从【颜色】对话框中所选择的颜色值。在调用 ShowColor 方法前，设置通用对话框 Flags 属性的不同值，可使【颜色】对话框有不同的外观，如表 10-1 所示。

表 10-1   【颜色】对话框的 Flags 属性值

值	符号常量	说　明
1	cdlCCRGBInit	为对话框设置默认的颜色值
2	cdlCCFullOpen	显示全部对话框，包括自定义颜色部分
4	cdlCCPreventFullOpen	使【规定自定义颜色】按钮无效
8	cdlCCShowHelpButton	在对话框上显示【帮助】按钮

图 10-9 所示的是 Flags 为 1 时的【颜色】对话框。

【例10-6】设计一个程序，在窗体上有一个标签控件 Label1、一个通用对话框控件 CommonDialog1 和一个命令按钮控件 Command1。单击 Command1，弹出如图 10-9 所示的【颜色】对话框，从中选择一种颜色作为标签的背景色。写出 Command1 的单击事件过程代码。

解：单击事件过程代码如下：

```
Private Sub Command1_Click()
    CommonDialog1.Flags = 1
    CommonDialog1.ShowColor
    Label1.BackColor = CommonDialog1.Color
End Sub
```

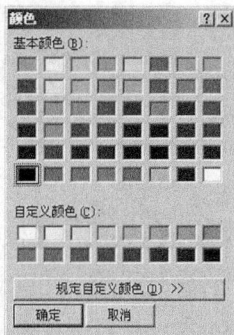

图10-9　Flags=1 时的【颜色】对话框

3. 【字体】对话框的使用

在窗体上添加了通用对话框 CommonDialog1 后，可以调用其 ShowFont 方法，然后通过 FontName、FontSize、FontBold 和 FontItalic 属性，获得从【字体】对话框中所设置的字体。在调用 ShowFont 方法前，设置通用对话框 Flags 属性的不同值，可使【字体】对话框有不同的外观，如表 10-2 所示。

表 10-2　　　　　　　　　　　　　　【字体】对话框的 Flags 属性值

值	符号常量	说　　明
1	cdlCFScreenFonts	使用显示器所用的字体
2	cdlCFPrinterFonts	使用打印机所用的字体
3	cdlCFBoth	使用以上两类字体

图 10-10 所示为 Flags 为 1 时的【字体】对话框。

【例10-7】设计一个程序，在窗体上有一个标签控件 Label1、一个通用对话框控件 CommonDialog1 和一个命令按钮控件 Command1。单击 Command1，弹出如图 10-10 所示的【字体】对话框，利用该对话框设置标签的字体。写出 Command1 的单击事件过程代码。

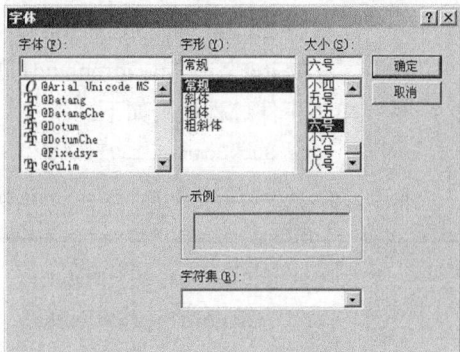

图10-10　Flags=1 时的【字体】对话框

解：单击事件过程代码如下：

```
Private Sub Command1_Click()
    CommonDialog1.Flags = 1
    CommonDialog1.ShowFount
```

```
    Label1.FontName = CommonDialog1.FontName
    Label1.FontSize = CommonDialog1.FontSize
    Label1.FontBold = CommonDialog1.FontBold
    Label1.FontItalic = CommonDialog1.FontItalic
End Sub
```

4. 【打开】(【保存】)对话框的使用

在窗体上添加了通用对话框 CommonDialog1 后，用户可以调用其 ShowOpen（ShowSave）方法，然后通过 FileName 属性，获得从【打开】(【保存】)对话框中所选择的文件名（包含文件的路径）。在调用 ShowOpen（ShowSave）方法前，应设置通用对话框的 Filter、FilterIndex、CancelError 属性值，它们的含义如表 10-3 所示。

表 10-3 【打开】(【保存】)对话框属性

属　性	功　能
Filter 属性	返回或设置文件过滤器，即文件的扩展名，通过设置 Filter 属性，可以在对话框文件列表框中只显示扩展名与所设通配符相匹配的文件
	每个过滤器包括两部分：说明部分和文件通配符。两者之间用 "｜" 隔开，如 "文本文件|*.txt"
	如果 Filter 属性有多个过滤器时，每个过滤器之间也需要使用 "｜" 将其隔开
FilterIndex 属性	设置默认的过滤器，在为 Filter 属性设定多个值后，系统会按顺序给每个属性值设置一个索引值设置 FilterIndex 属性值后，和 FilterIndex 属性值相对应的 Filter 属性就会显示在【文件】对话框的【文件类型】列表框中
CancelError 属性	确定当单击对话框的 [取消] 按钮时，是否发出一个错误信息

【例10-8】 设计一个程序，在窗体上有一个标签控件 Label1、一个通用对话框控件 CommonDialog1 和一个命令按钮控件 Command1。单击 Command1，弹出【打开】对话框，选择一个文件，则文件名在 Label1 中显示，否则在 Label1 中显示 "没有选择文件!"。【打开】对话框只显示 3 种文件类型 "*.bmp"、"*.jpg" 和 "*.gif"，即 "位图图片"、"压缩图片" 和 "动画图片"，默认的文件类型 "*.jpg"。写出 Command1 的单击事件过程代码。

解：单击事件过程代码如下：

```
Private Sub Command1_Click()
    CommonDialog1.Filter = "位图图片|*.bmp|压缩图片|*.jpg|动画图片|*.gif"
    CommonDialog1.FilterIndex = 2
    CommonDialog1.ShowOpen
    If CommonDialog1.FileName <> "Then"
        Label1.Caption = CommonDialog1.FileName
    Else
        Label1.Caption = "没有选择文件! "
    End if
End Sub
```

10.2 案例的实现

有了以上预备知识，下面来实现本章开始所介绍的案例。首先对本案例进行解析，然后给出具体的操作步骤，最后对本案例进行拓展，以巩固提高所学的内容。

10.2.1 案例解析

要用 VB 6.0 实现该案例，主要有两个任务：设计界面和编写代码。

1. 设计界面

设计界面主要有两项工作：在窗体上添加控件和设置控件属性。

(1) 在窗体上添加控件

在窗体上添加控件首先要确定添加哪些控件，然后再添加这些控件。从案例的程序界面可以出，在窗体上需要添加 13 个图像框（imgPlay，imgFrame(0)~ imgFrame(11)）、2 个框架（fraControl、fraFrame）、1 个文本框（txtCount）、2 个标签（Label1、Label2）、1 个水平滚动条（hsbSpeed）、1 个复选框（chkRepeat）、1 个命令按钮（btnPlay），另外还有两个运行时看不到的控件：定时器（tmrPlay）和公共对话框（dlgOpen）。

需要注意的是，动画帧框架中的 12 个图像框是一个框架组，在添加这些图片框时，先添加一个图片框，设置其位置和大小，然后修改其【(名称)】属性为"imgFrame"，其余 11 个用复制、粘贴的方法即可。

(2) 设置控件属性

设置控件属性这一工作在以前的案例中多次做过，主要有 4 项任务：设置位置、设置大小、设置标题、更改名称。这些任务都不难完成。

对于水平滚动条控件 hsbSpeed，还需要按照表 10-4 设置相应的属性。

表 10-4　　　　　　　　　　　　　　hsbSpeed 的属性设置

属　　性	属　性　值
Max	10
Min	1000
LargeChange	50
SmallChange	10
Value	500

对于 13 个图像框，还需要设置其 Appearance 属性值为 1，BorderStyle 属性值为 1，使这些图像框都有边框。设置 Stretch 属性值为 False，使图片的大小跟图像框的大小一样。

由于要求在单击 播放 按钮后才播放动画，所以对于定时器控件 tmrPlay，还需要设置其 Enabled 的属性值为 False。

2. 编写代码

在编写事件代码前，应先确定有哪些窗体级变量，不难看出，应该定义动画总帧数的变量 FrameCount 和当前播放的动画帧的变量 FrameCurrent，定义语句如下：

```
Dim FrameCount As Integer
Dim FrameCurrent As Integer
```

然后确定要编写哪些对象的哪些事件过程代码，从案例的功能中可知，本案例需要编写 4 类控件的事件过程代码。

(1) 命令按钮 btnPlay 的单击事件过程代码

该事件代码的工作是，获取动画总帧数，以下语句就可以完成：

```
FrameCount = Val(txtCount.Text)
```

然后，判断当前状态，如果是播放状态，则停止播放，否则继续播放。代码的框架如下：

```
If (btnPlay.Caption = "暂停") Then
    '停止播放
Else
    '继续播放
End If
```

停止播放要做两件事，把命令按钮 btnPlay 的标题变成"播放"，然后停止定时器控件 tmrPlay 的定时。以下语句就可以完成：

```
btnPlay.Caption = "播放"
tmrPlay.Enabled = False
```

要继续播放时，首先要判断动画总帧数是否为 0，如果不为 0，要做 3 件事：首先设置定时器 tmrPlay 的 Interval 属性值为水平滚动条 hsbSpeed 的 Value 的值，以确定播放速度。其次，打开定时器 tmrPlay。最后，把命令按钮 btnPlay 的标题变成"暂停"。以下语句就可以完成：

```
tmrPlay.Interval = hsbSpeed.Value
tmrPlay.Enabled = True
btnPlay.Caption = "暂停"
```

最终，命令按钮 btnPlay 的单击事件过程代码如下：

```
Private Sub btnPlay_Click()
    FrameCount = Val(txtCount.Text)
    If (btnPlay.Caption = "暂停") Then
        btnPlay.Caption = "播放"
        tmrPlay.Enabled = False
    Else
        If (FrameCount <> 0) Then
            tmrPlay.Interval = hsbSpeed.Value
            tmrPlay.Enabled = True
            btnPlay.Caption = "暂停"
        End If
    End If
End Sub
```

(2) 水平滚动条 hsbSpeed 的 Change 事件过程代码

该事件代码只做一件事，设置定时器 tmrPlay 的 Interval 属性值为水平滚动条 hsbSpeed
的 Value 的值，所以事件过程代码如下：

```
Private Sub hsbSpeed_Change()
    tmrPlay.Interval = hsbSpeed.Value
End Sub
```

(3) 定时器 tmrPlay 的 Timer 事件过程代码

该事件代码的工作是播放动画，即把当前要播放的动画帧的图片，在图片框 imgPlay 中
显示，然后把下一动画帧变成当前动画帧。播放到最后一张动画帧时，如果没有选择重复播
放（即复选框 chkRepeat 的 Value 值不为 1），停止播放动画（把定时器 tmrPlay 停止，把命
令按钮 btnPlay 的标题改为"播放"）。事件过程代码如下：

```
Private Sub tmrPlay_Timer()
    imgPlay.Picture = imgFrame(FrameCurrent).Picture
    FrameCurrent = FrameCurrent + 1
    If (FrameCurrent = FrameCount) Then
        FrameCurrent = 0
        If (chkRepeat.Value <> 1) Then
            tmrPlay.Enabled = False
            btnPlay.Caption = "播放"
        End If
    End If
End Sub
```

(4) 动画帧图像框的单击事件代码

该事件代码的工作是：打开通用对话框 dlgOpen，让用户选择一个图像文件，然后在该
图像框中加载所选择的图像文件。

由于动画帧图像框的 12 个图像框是图像框控件数组（数组名是 imgFrame），其单击事
过程代码的框架如下：

```
Private Sub imgFrame_Click(Index As Integer)


End Sub
```

该事件过程的参数 Index 表示所单击的图像框在图像框数组中的下标，要在该图像框
（名称为 imgFrame(Index)）中加载图像文件。

加载的图像文件要通过【打开】对话框选择，用户只要调用公共对话框控件 dlgOpen 的
ShowOpen 方法即可。为了方便选择图像文件，在【打开】对话框中设置过滤器，只从
"*.bmp"、"*.jpg" 和 "*.gif" 这 3 类文件中选择图像文件，并且首选 "*.jpg"。根据在 10.1.4
小节中介绍的内容，只要设置 dlgOpen 的 Filter 和 FilterIndex 属性即可，语句如下：

```
dlgOpen.Filter = "位图图片|*.bmp|压缩图片|*.jpg|动画图片|*.gif"
dlgOpen.FilterIndex = 2
```

由于在【打开】对话框中，用户可以不选择文件（这时 dlgOpen 的 FileName 属性值为
""），在这种情况下，就不能在 imgFrame(Index)中加载图像文件。

最终事件过程代码如下：

```
Private Sub imgFrame_Click(Index As Integer)
    dlgOpen.Filter = "位图图片|*.bmp|压缩图片|*.jpg|动画图片|*.gif"
    dlgOpen.FilterIndex = 2
    dlgOpen.FileName = ""
    dlgOpen.ShowOpen
    If (dlgOpen.FileName <> "") Then
        imgFrame(Index).Picture = LoadPicture(dlgOpen.FileName)
    End If
End Sub
```

10.2.2 操作步骤

有了以上的案例解析，下面只需要按步骤操作就行了。

🔧 **操作步骤**

(1) 启动 VB 6.0，创建"标准 EXE"工程。

(2) 修改窗体的【(名称)】属性为"frmAnimate"，【Caption】属性为"动画制作程序"。

(3) 在窗体上添加 13 个图像框（imgPlay，imgFrame(0)~ imgFrame(11)）、2 个框架（fraControl、fraFrame）、1 个文本框（txtCount）、2 个标签（Label1、Label2）、1 个水平滚动条（hsbSpeed）、1 个复选框（chkRepeat）、1 个命令按钮（btnPlay），1 个定时器（tmrPlay），设置它们的大小、位置和标题。

(4) 按表 10-5 所示设置 hsbSpeed 的属性。设置 13 个图像框的 Appearance 属性值为 1，BorderStyle 属性值为 1，Stretch 属性值为 False。设置 tmrPlay 的 Enabled 属性值为 False。

(5) 选择图像框 imgPlay，在【属性】窗口的【Picture】属性右边的文本框中，单击 ⋯ 按钮，弹出【加载图片】对话框（见图 10-3），选择动画的第 1 幅图片。

(6) 用步骤(5)的方法，为图像框 imgFrame(0)~imgFrame(7)加载动画的 8 幅图片。

(7) 修改文本框 txtCount 的 Text 属性值为"8"。

(8) 选择【工程】/【部件】命令，打开【部件】对话框，选择【部件】对话框中的【控件】选项卡，在【控件】的列表中选中【Microsoft Common Diaglog Control 6.0】选项，并单击左边的小方框（见图 10-8），单击 确定 按钮。

(9) 双击工具箱中的通用对话框控件图标 📇，在窗体中添加通用对话框控件，修改【(名称)】属性为"dlgOpen"。

(10) 双击命令按钮控件 btnPlay，在打开的代码开始处添加定义变量的语句（见案例解析）和 btnPlay_Click 事件过程代码（见案例解析）。

(11) 双击命令按钮控件 btnPlay，在打开的代码编辑器窗口的开始处添加定义变量的语句（见案例解析）和 btnPlay_Click 事件过程代码（见案例解析）。

(12) 双击水平滚动条控件 hsbSpeed，在打开的代码编辑器窗口中添加 hsbSpeed_Change 事件过程代码（见案例解析）。

(13) 双击定时器控件 tmrPlay，在打开的代码编辑器窗口中添加 tmrPlay_Timer 事件过程代码（见案例解析）。

(14) 双击动画帧框架中的一个图片框，在打开的代码编辑器窗口中添加 imgFrame_Click 事件过程代码（见案例解析）。

(15) 以"案例 10.frm"为文件名保存窗体文件到"D:\案例"文件夹；以"案例 10.vbp"为文件名保存工程文件到"D:\案例"文件夹。

(16) 单击工具栏上的【启动】按钮 ▶，运行工程，出现程序窗口（见图 10-1）。

(17) 单击 播放 按钮，播放动画。拖动水平滚动条的滑块，查看动画的播放速度。

(18) 单击 暂停 按钮，停止动画播放。

(19) 单击动画帧的第 1 个图像框，在弹出的【打开】对话框中，选择新动画的第 1 个图像文件。新动画的其他动画帧也如此设置。

(20) 在【帧数】文本框中输入新动画的帧数，单击 播放 按钮，播放新的动画。

(21) 单击程序窗口中的 ✕ 按钮，结束程序运行。

10.2.3 案例拓展

完成以上案例后，下面对该案例进行拓展。

功能要求

在本章案例的基础上，再增加一个功能，要求在播放动画的过程中，能够显示动画的播放进度（见图 10-11）。另外，还可以通过拖动【进度】滚动条，逐帧显示动画帧。

操作提示

在【播放控制】框架中添加一个标签（标题是"进度"）和一个水平滚动条（名称为 hsbProgress，【Max】属性值为 7，【Min】属性值为 0，【Value】属性值为 0）。

由于水平滚动条 hsbProgress 的滑块移动时，当前动画帧需要相应变化，图像框 imgFrame 中显示的图像为当前动画帧，所以应添加 hsbProgress 的 Change 事件过程代码如下。

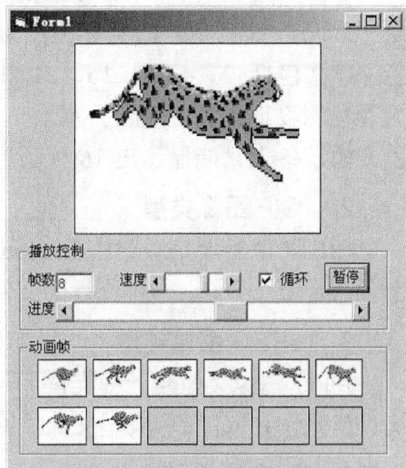

图10-11 程序运行的开始窗口

```
Private Sub hsbProgress_Change()
    FrameCurrent = hsbProgress.Value
    imgPlay.Picture = imgFrame(FrameCurrent).Picture
End Sub
```

由于在开始播放时需要重新设定动画帧的总数，所以 hsbProgress 的 Max 属性也应做相应改动（等于 FrameCount - 1），所以应在事件过程 btnPlay_Click 的"If (FrameCount <> 0) Then"后添加一句：

```
hsbProgress.Max = FrameCount - 1
```

由于在动画播放过程中，水平滚动条 hsbProgress 要体现当前播放的动画帧，所以应在事件过程 tmrPlay_Timer 的"End Sub"的前一行添加下面一句：

```
hsbProgress.Value = FrameCurrent
```

10.3 知识扩展

在 10.1 节中介绍了本案例所用到的基础知识，以下内容对前面的内容进行扩充，以扩大视野。

10.3.1 图像框控件的图像格式

在图 10-3 所示的【加载图片】对话框中，打开【文件类型】下拉列表（见图 10-12），列表中的文件类型是图像框控件可显示的图像文件的类型。

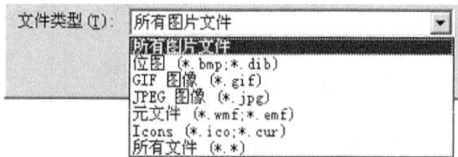

图10-12 【文件类型】下拉列表框

1. 位图类型

位图类型也叫 Bitmap 类型，将图像定义为点（像素）的图案。位图类型的文件扩展名是".bmp"或".dib"。也称位图为"画图类型"（"paint-type"）的图形。位图可用多种颜色深度（包括 2、4、8、16、24 和 32 位的颜色深度），但是只有当显示设备支持位图使用的颜色深度时才能正确显示位图。例如，每像素 8bit（256 色）的位图在每像素 4bit（16色）的设备上只能显示出 16 种颜色。

2. GIF 图像类型

GIF 图像类型是最初由 CompuServe 开发的一种压缩位图格式。它可支持多达 256 种的颜色，是 Internet 上一种流行的文件格式。GIF 图像类型文件扩展名为".gif"。

3. JPEG 图像类型

JPEG 图像类型是一种支持 8 位和 24 位颜色的压缩位图格式，是 Internet 上一种流行的文件格式。JPEG 图像类型文件扩展名为".jpg"。

4. 元文件类型

元文件类型也叫 Metafile 文件类型，将图形定义为编码的线段和图形。普通元文件类型文件的扩展名为".wmf"，增强型元文件类型文件的扩展名为".emf"。图像框控件和图片框控件只能加载与 Microsoft Windows 兼容的元文件类型文件。元文件类型文件也称作"绘图类型"的图形。

5. Icons 类型

Icons 类型也叫图标类型，是特殊类型的位图。图标的最大尺寸为 32 像素×32 像素，但在 Microsoft Windows 95 下，图标也可为 16 × 16 像素大小。Icons 类型的文件扩展名为".ico"。

6. Cursor 类型

Cursor 类型也叫游标类型，像图标一样，实质上是位图。然而游标也包含热点，通过 x

和 y 坐标跟踪游标位置的像素。Cursor 类型的文件扩展名是 ".cur"。

10.3.2 形状控件和直线控件

在预备知识中介绍了图像框控件，该控件可以加载一幅图片。VB 6.0 还有两个用来直接显示图形的控件——形状控件和直线控件。

1. 形状控件

形状（Shape）控件在工具箱中的图标是 ⊡，该控件用来在窗体上直接显示一个图形（矩形、圆、圆角矩形等）。形状控件不响应任何事件，它具有以下重要属性。

(1) Shape 属性

功能：Shape 属性用来设置或返回形状控件所显示的形状类型。

说明：Shape 属性的数据类型是整数类型，只有 6 个值：0～5。Shape 的属性值与图形的对照表如表 10-5 所示。图 10-13 所示为在窗体上添加了 6 个相同的小的形状控件，在不同 Shape 属性值情况下的所显示的形状，这 6 可形状控件都被选定。

表 10-5　　　　　　　　　　Shape 的属性值对应的图形

属性值	对应的图形
0	矩形，矩形的大小为形状控件的实际大小
1	正方形，正方形的边长为形状控件长和宽的小者
2	椭圆，椭圆的两个轴与形状控件的长和宽相等
3	圆，圆的直径为形状控件长和宽的小者
4	圆角矩形，4 个角为圆弧的矩形
5	圆角正方形，4 个角为圆弧的正方形

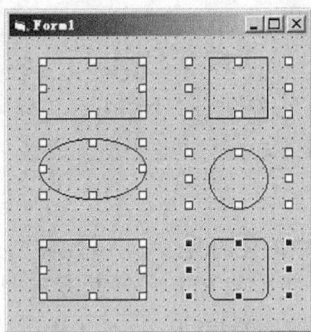

图10-13　形状控件的 6 种形状

(2) BackColor 属性

功能：BackColor 属性用来设置或返回形状的背景色。

说明：BackColor 属性的数据类型是长整数类型，该属性不能独立发挥作用，只有当 BackStyle 属性值为 1 时才起作用。

(3) BackStyle 属性

功能：BackStyle 属性用来设置或返回形状背景色的风格。

说明：BackStyle 属性的数据类型是整数类型，只有 2 个值：0 和 1。如果 BackStyle 的属性值为 0，BackColor 属性所指定的形状背景色不起作用；如果 BackStyle 的属性值为 1，BackColor 属性所指定的形状背景色起作用。

(4) BorderColor 属性

功能：BorderColor 属性用来设置或返回形状边框线的颜色。

说明：BorderColor 属性的数据类型是长整数类型，该属性不能独立发挥作用，只有当 BorderStyle 属性值不为 0 时才起作用。

(5) BorderStyle 属性

功能：BorderStyle 属性用来设置或返回形状边框线的线型。

说明：BorderStyle 属性的数据类型是整数类型，只有 7 个值：0～6。如果 BorderStyle 的属性值为 0，BorderColor 属性所指定的形状无边框；如果 BorderStyle 的属性值不为 0，BorderColor 属性所指定的形状背景色起作用，并显示相应的线型。

(6) BorderWidth 属性

功能：BorderWidth 属性用来设置或返回形状边框线的粗细。

说明：BorderWidth 属性的数据类型是整数类型，不能为 0 和负数。

(7) FillColor 属性

功能：FillColor 属性用来设置或返回形状填充的颜色。

说明：FillColor 属性的数据类型是长整数类型，该属性不能独立发挥作用，只有当 FillStyle 属性值不为 0 时才起作用。

(8) FillStyle 属性

功能：FillStyle 属性用来设置或返回形状填充的风格。

说明：FillStyle 属性的数据类型是整数类型，只有 8 个值：0～7。如果 FillStyle 的属性值为 1（这是默认值），FillColor 属性所指定的形状无填充；如果 FillStyle 的属性值不为 1，FillColor 属性所指定的形状背景色起作用，并显示相应的填充风格。图 10-14 所示为形状控件的 8 种不同填充风格。

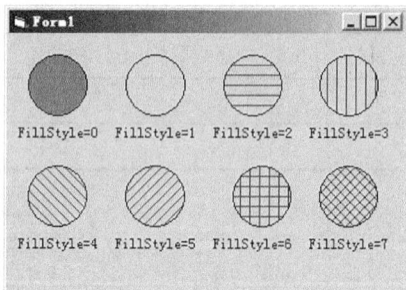

图10-14　形状控件的 8 种填充风格

2. 直线控件

直线（Line）控件在工具箱中的图标是 ＼，该控件用来在窗体上直接显示一条直线。直线控件不响应任何事件。直线控件有 3 个重要属性：BorderColor、BorderStyle 和 BorderWidth，它们的作用和形状控件的相同，这里不再重复。

小结

本章围绕案例，首先介绍了实现该案例所用到的基础知识，包括图像框控件、定时器控件、滚动条控件和公共对话框控件。然后详细介绍了案例的实现，包括案例解析、操作步骤和案例拓展。最后介绍了一些扩展知识，包括图像框控件的体现格式、形状和直线控件。

习题

一、选择题

1. 如果图像框没有加载图片，在【属性】窗口的【Picture】属性右边的文本框中显示的是（　　）。

　　A．"No"　　　　B．"(No)"　　　　C．"None"　　　　D．"(None)"

2. 在 VB 6.0 中，（　　）函数用来给图像框加载图像文件。

　　A．LoadPicture　　　　　　　B．PictureLoad

　　C．LoadImage　　　　　　　　D．ImageLoad

3. 要使定时器每隔 1s 激发定时事件，应设置其 Interval 属性值为（　　）。

　　A．1　　　　B．10　　　　C．100　　　　D．1000

4. Timer 控件只有一个事件（　　）。

　　A．Time　　　　B．Timer　　　　C．Clock　　　　D．Clocker

5. 如果水平滚动条的 Max 属性比 Min 小，那么最大值将设为水平滚动条的最（　　）位置处。

　　A．左　　　　B．右　　　　C．顶　　　　D．底

6. 滚动条的（　　）属性表示滚动条滑块的当前位置。

　　A．Value　　　　B．Current　　　　C．CurrentValue　　　　D．ValueCurrent

7. 通用对话框的（　　）方法可以打开【颜色】对话框。

　　A．ShowFont　　　　B．ShowColor　　　　C．ShowOpen　　　　D．ShowSave

8. 通用对话框的（　　）方法可以打开【打开】对话框。

　　A．ShowFont　　　　B．ShowColor　　　　C．ShowOpen　　　　D．ShowSave

9. 形状控件的（　　）属性用来表示形状的类型。

　　A．Shape　　　　B．Type　　　　C．Style　　　　D．Class

10. 通用对话框的（　　）属性可获得用户选择的文件名。

　　A．File　　　　B．Name　　　　C．FileName　　　　D．NameFile

二、填空题

1. 用代码清除图像框 Image1 中的图像，其语句是 Image1.Picture = LoadPicture_____ 或 Image1.Picture = LoadPicture_____。

2. 一个图像框，要把加载的图片的大小调整到与图像框的大小一样，应对 Stretch 属性赋值_____；要把图像框的大小调整到与加载的图片的大小一样，应对 Stretch 属性赋值_____。

3. 在 VB 6.0 中，用来取出计算机中时钟的当前时间的函数是_____。

4. 一个滚动条控件，当滚动条控件上的滑动块移动时，会激发_____事件。

5. 在 VB 6.0 中，要使工具箱中包含通用对话框控件，应选择【工程】/_____命令，然后添加【Microsoft Common Diaglog Control 6.0】控件。

6. 一个通用对话框，调用 ShowFont 方法后，可通过通用对话框的_____属性、_____属性、_____属性、_____属性获得字体的设置。

7. 一个通用对话框，调用 ShowOpen 方法时，要求只显示 3 种文件类型："*.bmp"、"*.jpg"和"*.gif"，即"位图图片"、"压缩图片"和"动画图片"，默认的文件类型"*.jpg"，则通用对话框的 Filer 属性应赋值为_____，则通用对话框的 FilerIndex 属性应赋值为_____。

8. 一个形状控件，当设置了 BackColor 属性值后，还需要设置 BackStyle 属性的值为_____，才能使控件有相应的背景色。

9. 一个形状控件，当 Shape 属性值为_____时，该形状控件所呈现的形状是长方形。当 Shape 属性值为_____时，该形状控件所呈现的形状是正方形。当 Shape 属性值为_____时，该形状控件所呈现的形状是圆。当 Shape 属性值为_____时，该形状控件所呈现的形状是椭圆。当 Shape 属性值为_____时，该形状控件所呈现的形状是圆角矩形。当 Shape 属性值为_____时，该形状控件所呈现的形状是圆角正方形。

10. 一个形状控件，当设置了 FillColor 属性值后，设置 FillStyle 属性的值为_____，才能使填充的样式为水平线；设置 FillStyle 属性的值为_____，才能使填充的样式为垂直线；设置 FillStyle 属性的值为_____，才能使填充的样式为水平垂直线网格；设置 FillStyle 属性的值为_____，才能使填充的样式为斜线网格。

三、上机练习

设计一个动画制作程序，程序界面如图 10-15 所示，程序中的动画图片是事先设置好的（本书配套素材中有这 12 张图片），也可在程序运行时自己设置动画中的图片。程序运行后，可在【帧数】文本框中输入要播放动画的帧数；通过【速度】滚动条，可设置动画播放的速度；如果选中【重复播放】复选框，循环播放动画，否则只播放一遍；单击 播放 按钮，播放动画，这时 播放 按钮变成 暂停 按钮，再单击 暂停 按钮，停止播放动画；单击 停止 按钮，结束动画播放，下一次播放从头开始。

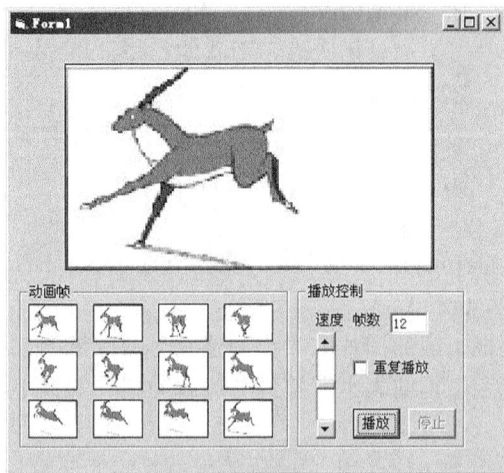

图10-15 程序界面

如果要制作自己的动画，只需要设置【动画帧】中的各动画帧即可（最多可添加 12 个动画帧），方法是单击【动画帧】中的一个图片框，弹出【打开】对话框，可选择一个图片文件，替换该动画帧。所有动画帧添加完后，还应设置【帧数】，使其与添加的动画帧一致。

第11章 简易画板

VB 6.0 不仅有图像处理功能，还有强大的图形处理功能。在窗体或图片框中，可以很方便地绘制各种图形。另外，大多数控件除了具有鼠标的单击或双击事件外，还具有按下鼠标键、松开鼠标键、鼠标移动等事件，通过这些事件，可编写功能强大的应用程序。本章通过案例"简易画板"，介绍如何使用绘图方法和鼠标事件。

案例功能

设计一个简易的画板程序，程序界面如图 11-1 所示。占据窗口大部分的是一个图片框，鼠标指针在图片框中的形状是。通过选择【绘图工具】按钮组中的相应命令，在图片框中拖曳鼠标指针可绘制相应的图形。另外，在绘制图形前，还可从【绘图颜色】选项组中选择所需要的颜色，从【线条宽度】选项组中选择线条的宽度。

在图片框中拖曳鼠标指针绘图时，如果选择【画笔】命令，就像用画笔绘画一样绘制图形；如果选择【直线】命令，会绘制出不断更新的直线（以鼠标单击的位置为起

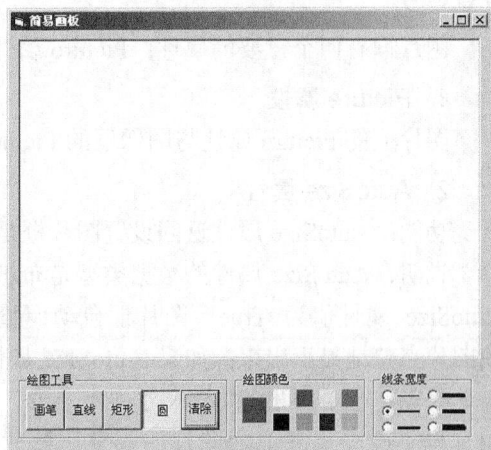

图11-1 程序界面

点，以移动到的位置为终点），松开鼠标左键，完成直线的绘制；如果选择【矩形】命令，会绘制出不断更新的矩形（以鼠标单击的位置为对角线的起点，以移动到的位置为对角线的终点），松开鼠标左键，完成直线的矩形；如果选择【圆】命令，会绘制出不断更新的圆（以鼠标单击的位置为圆心，以圆心到移动到的位置为半径），松开鼠标左键，完成圆的绘制。单击【清除】命令，清除所绘制的图形。

学习目标
- 理解坐标系统的概念。
- 理解窗体及图片框的绘图属性。
- 掌握窗体及图片框的绘图方法的使用。
- 掌握鼠标事件的使用方法。

11.1 预备知识

要完成本案例所要求的功能，需要掌握相关的基础知识，下面就介绍这些知识。

11.1.1 图片框控件

图片框控件在工具箱中的图标是 ，图片框控件是一个功能强大的控件，表现在以下几个方面。

(1) 图片框控件可以显示图片。图片框可以像图像框一样显示一幅图片。

(2) 图片框控件可以容纳其他控件。也就是说图片框控件是一个容器控件，可以在图片框控件中添加其他控件。在第 7 章的案例中介绍过，单选按钮除了用框架控件分组外，还可以用图片框控件分组，指的就是图片框的这个特点。

(3) 在图片框控件中可以绘制图形。图片框控件有许多绘图方法，可以在图片框中绘制诸如直线、矩形、圆等几何图形。

(4) 在图片框控件内可显示文字。图片框控件也具有 Print 方法，可以在图片框内显示文字信息。

图片框有两个重要的属性：Picture 属性和 AutoSize 属性。

1．Picture 属性

图片框的 Picture 属性与图像框的 Picture 属性基本一样，不再重复说明。

2．AutoSize 属性

功能：AutoSize 属性返回设置图片框是否自动调整尺寸。

说明：AutoSize 属性的数据类型是布尔类型。如果 AutoSize 属性值为 True，图片框自动调整尺寸，以便使图片完整地显示出来；如果 AutoSize 属性值为 False（这是默认值），图片框的尺寸固定不变，图片框中的图片也不改变尺寸，当图片的尺寸比图片框的尺寸大时，便只能显示图片的一部分。图 11-2 所示为窗口中的两个图片框，左边的 AutoSize 属性设置为 False，右边的 AutoSize 属性设置为 True。

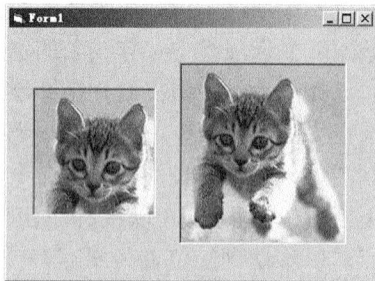

图11-2 窗体中的两个图片框

需要说明的是，与图像框相比，图片框控件的功能强，但所占用的资源也多，显示图片的速度比图像框控件要慢。因此，如果只用来显示图片，用图像框要比图片框经济。在第 10 章的案例中就是用图像框来显示图片的。

11.1.2 坐标系统

无论在窗体中还是在图片框控件中对图形进行操作，都不能离开与图形密切相关的坐标系统。使用坐标系统，可明确图形的位置和大小。

坐标系统跟平面几何中的坐标一样，用来指示窗体或图片框中的某个位置。同平面几何中的坐标不同的是，在平面几何坐标中的 x 轴和 y 轴是从原点向右和向上延伸的；而 VB 6.0 中的坐标系统是将对象（可能是窗体，也可能是控件等）的左上角作为原点，向右和向下延伸的，形成了坐标系统的 x 轴和 y 轴，如图 11-3 所示。

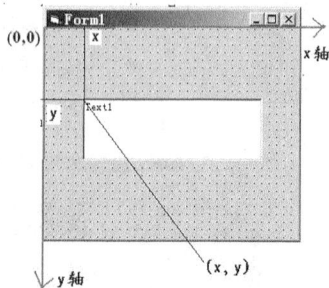

图11-3 坐标系统

在 VB 6.0 中，坐标系统可有 3 类刻度。

1. 默认刻度

窗体或图片框的默认刻度单位为缇（twip），1 缇=1/1 440 英寸。

2. 标准刻度

对于窗体或图片框，可以通过设置 ScaleMode 属性，选择 VB 6.0 提供的标准刻度。表 11-1 所示为 ScaleMode 属性值所对应的刻度单位。

表 11-1   ScaleMode 属性值所对应的刻度单位

属性值	单位	说　明
0	用户定义（user）	用户自定义的刻度
1	缇（twip）	这是默认刻度。1 缇=1/1 440 英寸
2	磅（point）	1 磅=1/72 英寸
3	像素（pixel）	像素是监视器或打印机分辨率的最小单位。每英寸里像素的数目由设备的分辨率决定
4	字符（character）	
5	英寸（inch）	
6	毫米（mm）	
7	厘米（cm）	

当设置 ScaleMode 属性值后，VB 6.0 会重定义窗体或图片框的 ScaleWidth 属性和 ScaleHeight 属性，使它们与新刻度保持一致，ScaleTop 属性和 ScaleLeft 属性会设置为 0。

3. 自定义刻度

自定义窗体或图片框坐标系统的刻度有两种方法，一种方法是通过设置坐标属性（ScaleLeft 属性、ScaleTop 属性、ScaleWidth 属性和 ScaleHeight 属性），另一种方法是通过调用 Scale 方法。

(1) 通过设置坐标属性

- ScaleLeft 属性。ScaleLeft 属性用来表示自定义的坐标系统中，窗体或图片框最左边的 x 轴坐标。在默认刻度中，ScaleLeft 的属性值为 0。
- ScaleTop 属性。ScaleTop 属性用来表示自定义的坐标系统中，窗体或图片框最上边的 y 轴坐标。在默认刻度中，ScaleTop 的属性值为 0。
- ScaleWidth 属性。ScaleWidth 属性用来表示自定义的坐标系统中，x 轴方向有 |ScaleWidth|个刻度单位，ScaleWidth 不能为 0。
- ScaleHeight 属性。ScaleHeight 属性用来表示自定义的坐标系统中，y 轴方向有 |ScaleHeight|个刻度单位，ScaleHeight 不能为 0。

通过设置坐标属性自定义刻度时，应注意以下问题。

- 改变了 ScaleWidth 属性、ScaleHeight 属性、ScaleTop 属性或 ScaleLeft 属性中的任何一个属性值，ScaleMode 属性值自动设为 0，表示当前的坐标系统刻度为用户自定义刻度。
- 如果 ScaleWidth<0，则自定义刻度的坐标系统中，x 轴的方向是从右向左。如果 ScaleHeight<0，则自定义刻度的坐标系统中，y 轴的方向是从下向上。

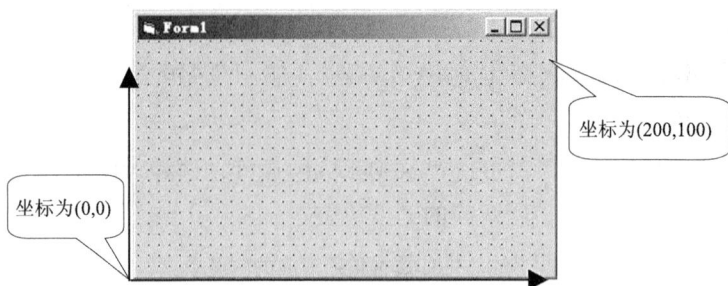

【例11-1】通过设置坐标属性的方法自定义窗体（Form1）坐标系统的刻度，如图 11-4 所示。

图11-4 自定义的坐标系统刻度

解：用以下 4 条赋值语句实现：

```
Form1. ScaleLeft = 0  :  Form1. ScaleTop = 100
Form1. ScaleWidth = 200  :  Form1. ScaleHeight = -100
```

(2) 通过调用 Scale 方法

窗体和图片框都有 Scale 方法，用来设置其坐标系统的刻度单位。其语法格式如下：

```
[<Object>.]Scale(<x1>,<y1>)-(<x2>,<y2>)
```

其中，<Object>为窗体或图片框的名称，(<x1>,<y1>)是窗体或图片框最左上角的坐标，(<x2>,<y2>)是窗体或图片框最右下角的坐标。<x1>相当于 ScaleLeft 属性，<y1>相当于 ScaleTop 属性，<x2>−<x1>相当于 ScaleWidth 属性，<y2>−<y1>相当于 ScaleHeight 属性。

【例11-2】通过调用 Scale 方法，完成例 11-1 的功能。

解：用以下一条语句即可实现：

```
Form1.Scale(0,100)-(200,100)
```

11.1.3 绘图属性

窗体和图片框常用的绘图属性有 DrawStyle 属性、DrawWidth 属性和 DrawMode 属性。

1. DrawStyle 属性

功能：DrawStyle 属性用来返回和设置图形方法输出的线型的样式。

说明：DrawStyle 属性的数据类型是整数类型，其取值决定了所绘制图形线型的样式，表 11-2 所示为 DrawStyle 常用的属性值与线型样式的对照表。

表 11-2　　　　　　DrawStyle 常用的属性值与线型样式对照表

属 性 值	符 号 常 量	说　　明
0（默认值）	vbSolid	实线
1	vbDash	虚线
2	vbDot	点线
3	vbDashDot	点画线
4	vbDashDotDot	双点画线

2. DrawWidth 属性

功能：DrawWidth 属性用来返回和设置图形方法输出的线宽。

说明：DrawWidth 属性的数据类型是整数类型，取值范围为 1～32 767。该值以像素为单位表示线宽。默认值为 1，即一个像素宽。需要注意的是，如果 DrawWidth 属性值大于 1，DrawStyle 属性值设置为非 0 时，则绘制不出所需要的线型，而是绘制出一条实线。

3. DrawMode 属性

功能：DrawMode 属性用来返回和设置绘图时所绘制颜色的产生方式。

说明：DrawMode 属性的数据类型是整数类型，取值范围为 1～16。DrawMode 常用的属性值及其功能如表 11-3 所示。

表 11-3　　　　　　　　　　　DrawMode 常用的属性值及其功能

属 性 值	符号常量	说　　明
1	vbBlackness	不管画笔是什么颜色，都用黑色绘图
7	vbXorPen	用画笔的颜色和绘图点上的颜色进行异或后产生的颜色绘图
13	vbCopyPen	用画笔的颜色绘图（这是默认值）
16	vbWhiteness	不管画笔是什么颜色，都用白色绘图

当用形状控件或直线控件在窗体或图片框中添加形状或直线时，画笔的颜色由窗体或图片框的 ForeColor 属性指定。用绘图方法绘图时，画笔的颜色为调用绘图方法时所指定的颜色。

当 DrawMode 属性值为 7（vbXorPen）时，在同一个地方绘制同一个图 2 次，第 2 次绘图会把第 1 次所绘的图清除，恢复到第 1 次绘图前的状态。

11.1.4 绘图方法

窗体和图片框常用的绘图方法有 Pset 方法、Line 方法和 Circle 方法。

1. Pset 方法

PSet 方法的功能是在指定坐标的位置上绘制一个指定颜色的点，其语法格式如下：

```
[<Object>.]PSet [Step] (<x>, <y>), [<Color>]
```

以上语法格式说明如下。

- <Object>是一个窗体或图片框的名称。<Object>可以省略，如果省略，则 <Object>是当前窗体的名称。
- Step 用于表示坐标(<x>,<y>)是一个相对坐标，参照坐标是(CurrentX,CurrentY)，也就是说，指定的点的坐标是 (CurrentX+<x>,CurrentY+<y>)。CurrentX 和 CurrentY 是<Object>的属性，用来说明当前点的坐标（上一个绘图方法完成后的坐标）。程序开始运行时，当前坐标是（0,0）。Step 可以省略，如果 Step 省略，则坐标(<x>,<y>)是一个绝对坐标。
- (<x>, <y>)表示要绘制的点的坐标，如果省略了 Step 关键字，这个坐标是绝对坐标，否则是相对坐标。

- <Color>是要绘制的点的颜色。<Color>可以省略，如果省略<Color>，则使用 <Object>对象的 ForeColor 属性所指定的颜色画点。

使用 PSet 方法绘制点时，应注意以下问题。

- 所绘制的点的大小取决于<Object>的 DrawWidth 属性值。如果 DrawWidth 属性值为 1，那么 PSet 绘制 1 个像素大小的点；如果 DrawWidth 属性值大于 1，那么 PSet 以(<x>，<y>)为中心，绘制一个直径为 DrawWidth 个像素的实心圆。
- 所绘制的点的颜色取决于<Object>的 DrawMode 属性和<Color>。如果 DrawMode 属性值为 13（vbCopyPen），则所绘制的点的颜色为<Color>所指定的颜色。如果 DrawMode 属性值为 7（vbXorPen），则所绘制的点的颜色为 <Color>所指定的颜色与(<x>，<y>)位置上点的颜色进行异或运算后的颜色。
- Pset 方法调用完后，Step (<x>，<y>)为当前坐标，<Object>的 CurrentX 和 CurrentY 属性值会随之改变。

【例11-3】编写一个程序，在窗体（背景色为白色）的随机位置上绘制随机颜色的点，绘制点的速度是每秒 10 个。当单击窗体时，停止绘制，再单击窗体将继续绘制点。程序运行结果如图 11-5 所示。

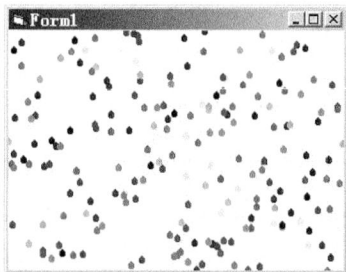

图11-5 程序运行结果

解：在窗体上添加了一个定时器控件 Timer1，其 Interval 属性设置为 100，程序代码如下：

```
Private Sub Form_Load()
    BackColor = vbWhite        '设置窗体的背景色为白色
    DrawWidth = 6              '设置点的大小
End Sub
Private Sub Form_Click()
    '以下语句用来开关定时器
    Timer1.Enabled = Not Timer1.Enabled
End Sub
Private Sub Timer1_Timer()
    Dim rX As Single, rY As Single
    Dim rColor As Long
    rX = Rnd() * ScaleWidth        '随机点的 x 坐标
    rY = Rnd() * ScaleHeight       '随机点的 y 坐标
    rColor = QBColor(Rnd() * 15)   '随机颜色
    PSet (rX, rY), rColor          '画点
End Sub
```

2. Line 方法

Line 方法的功能是画一条直线或一个矩形。其语法形式如下：

```
[<Object>.]Line [[Step] (<x1>,<y1>)]-[Step] (<x2>,y2),[<Color>],[B[F]]
```

以上语法格式，说明如下。

- <Object>是一个窗体或图片框的名称。<Object>可以省略，如果省略，则 <Object>是当前窗体的名称。
- Step 用来说明(<x1>,<y1>)和(<x2>,<y2>)是相对坐标，其作用与 PSet 方法相同，不再重复。
- (<x1>,<y1>)是直线或矩形的起点坐标，(x2, y2)是直线或矩形的终点坐标。
- Step (<x1>,<y1>)可以省略，如果省略了，以起点的坐标为当前点的坐标（CurrentX, CurrentY）。
- <Color>是要绘制直线或矩形的颜色。<Color>可以省略，如果省略<Color>，则使用<Object>对象的 ForeColor 属性所指定的颜色绘制点。
- B 表示利用对角坐标绘制出矩形。B 可以省略，如果省略了 B，则绘制的是直线。
- F 必须在 B 没有省略的情况下出现，F 规定了矩形以<Color>颜色填充。如果 F 省略，则矩形的填充取决于<Object>的 FillColor 和 FillStyle 属性。

使用 Line 方法绘制直线或矩形时，应注意以下问题。

- 所绘制直线或矩形边框的粗细取决于<Object>的 DrawWidth 属性值，单位是像素。
- 所绘制直线或矩形边框的线型取决于<Object>的 DrawStyle 属性值。
- 所绘制直线或矩形边框的颜色取决于<Object>的 DrawMode 属性和<Color>。DrawMode 属性的作用与 PSet 类似，不再重复。
- Line 方法调用完后，Step (<x2>, <y2>)为当前坐标，<Object>的 CurrentX 和 CurrentY 属性值会随之改变。

【例11-4】编写一个程序，单击窗体时，在窗体上绘制 3 个正方形以及 3 条线，正方形边框的颜色是红色，3 条线的颜色是蓝色。采用默认刻度，最左上角的坐标是（0,0），正方形的边长是 1000。运行结果如图 11-6 所示。

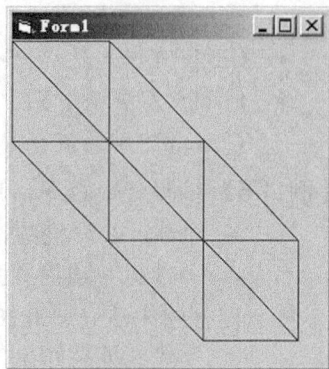

图11-6 程序运行结果

解：在代码编辑窗口中添加以下代码：

```
Private Sub Form_Click()
    '以下绘制 3 个正方形
    Line (0, 0)-(1000, 1000), vbRed, B
    Line -Step(1000, 1000), vbRed, B
    Line -Step(1000, 1000), vbRed, B
    '以下绘制 3 条直线
    Line (1000, 0)-(3000, 2000), vbBlue
    Line (0, 0)-(3000, 3000), vbBlue
    Line (0, 1000)-(2000, 3000), vbBlue
End Sub
```

3. Circle

Circle 方法的功能是绘制圆（圆弧）和椭圆（椭圆弧），其语法格式如下：

```
[<Object>.]Circle [Step](<x>,<y>),<r>,[<Color>],[<s>],[<e>],[<a>]
```

以上语法格式说明如下。

- <Object>是一个窗体或图片框的名称。<Object>可以省略，如果省略，则<Object>是当前窗体的名称。
- [Step](<x>,<y>)用来表示圆心的坐标，Step 的含义同 PSet 方法。
- <r>是圆的半径。
- <Color>是圆周线的颜色。<Color>可以省略，如果省略<Color>，则使用<Object>对象的 ForeColor 属性所指定的颜色绘制点。
- <s>是圆弧的起点（以弧度为单位），取值范围从-2π～2π。<s>可以省略，默认值是 0。
- <e>是圆弧的终点（以弧度为单位），取值范围从-2π～2π。<e>可以省略，默认值是 2*π。
- <a>是椭圆的纵横比。<a>可以省略，默认值是 1，即绘制圆。

使用 Circle 方法绘制点时，应注意以下问题。

- 所绘制圆周线的粗细取决于<Object>的 DrawWidth 属性值。
- 所绘制圆周线的线型取决于<Object>的 DrawStyle 属性值。
- 所绘制圆周线的颜色取决于<Object>的 DrawMode 属性和<Color>。DrawMode 属性的作用与 PSet 类似，不再重复。
- 当<s>为负值时，所绘制的圆弧（椭圆弧）的起点与圆心有连线，否则没有。
- 当<e>为负值时，所绘制的圆弧（椭圆弧）的终点与圆心有连线，否则没有。
- 如果绘制的是封闭图形（包括圆、椭圆和扇形），则封闭图形的填充取决于<Object>的 FillColor 属性和 FillStyle 属性。
- Circle 方法总是从<s>到<e>按逆时针方向绘图。
- Circle 方法调用完后，Step (<x>, <y>)为当前坐标，<Object>的 CurrentX 和 CurrentY 属性值会随之改变。

【例11-5】编写一个程序，单击窗体时，在窗体上画 1 个圆、2 个椭圆、1 个不带连心线的圆弧、1 个带连心线的圆弧。使用默认刻度单位，圆心坐标是 (2000,2000)，圆的半径是 1000，圆周线颜色是红色；两个椭圆的长轴是 2000，短轴是 1000，椭圆周线的颜色是蓝色；圆弧的颜色是绿色。所有线条的宽度是 2 个像素。程序运行结果如图 11-7 所示。

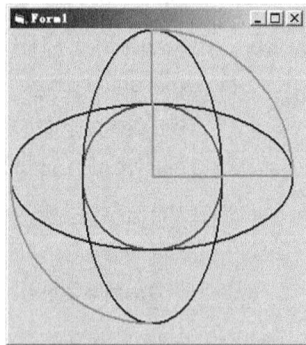

图11-7　程序运行结果

解：在代码编辑窗口中添加以下代码。

```
Private Sub Form_Click()
    Const PI = 3.1415927    '定义圆周率π的符号常量
    DrawWidth = 2
    Circle (2000, 2000), 1000, vbRed              '绘制圆
    Circle (2000, 2000), 2000, vbBlue, , , 2      '绘制椭圆
    Circle (2000, 2000), 2000, vbBlue, , , 0.5    '绘制椭圆
    '绘制带连心线的圆弧
```

```
        Circle (2000, 2000), 2000, vbGreen, -2 * PI, -PI / 2
        '绘制不带连心线的圆弧
        Circle (2000, 2000), 2000, vbGreen, PI, 3 * PI / 2
    End Sub
```

11.1.5 鼠标事件

在前面的案例中多次用到鼠标的单击事件，对于一个对象，鼠标除了常见的单击（Click）事件、双击（DblClick）事件之外，还有按下鼠标按键（MouseDown）事件、释放鼠标按键（MouseUp）事件以及鼠标移动（MouseMove）事件。

1. MouseDown 事件

当鼠标指针位于窗体或有效控件上时，单击鼠标按键将触发该窗体或有效控件的 MouseDown 事件。MouseDown 事件过程代码的框架如下：

```
Private Sub Object_MouseDown([Index as Integer,] Button As Integer, _
        Shift As Integer, X As Single, Y As Single)
    …
    End Sub
```

以上事件过程代码的框架说明如下。

- Object 是响应 MouseDown 事件的对象，如果对象是窗体，则 Object 为 Form。
- Index 表示响应 MouseDown 事件的控件数组的元素下标，如果单击的不是控件数组中的控件，在其事件过程没有 Index 参数。
- Button 表示用户单击鼠标键的编号。表 11-4 所示为 Button 值对应的鼠标按键。

表 11-4　　　　　　　　　　　Button 值对应的鼠标按键

Button 值	符号常量	按　键
1	VbLeftButton	按下鼠标左键
2	VbRightButton	按下鼠标右键
4	VbMiddleButton	按下鼠标中间键

- Shift 表示用户按下鼠标按键的同时，是否按下了 Shift 键、Ctrl 键和 Alt 键，以及这 3 个键的组合情况。表 11-5 所示为 Shift 值对应的鼠标按键。

表 11-5　　　　　　　　　　　Shift 值对应的鼠标按键

Button 值	符号常量	按　键
0		没有按下 3 个键中的任何键
1	VbShiftMask	按下 Shift 键
2	VbCtrlMask	按下 Ctrl 键
3	VbShift + VbCtrlMask	按下 Shift+Ctrl 组合键

Button 值	符号常量	按 键
4	VbAltMask	按下 Alt 键
5	VbAltMask + VbShiftMask	按下 Alt+Shift 组合键
6	VbAltMask + VbCtrlMask	按下 Alt+Ctrl 组合键
7	VbAltMask+VbShiftMask+ VbCtrlMask	按下 Alt+Shift+Ctrl 组合键

- X, Y 表示鼠标指针的当前位置坐标。

2. MouseUp 事件

当用户释放鼠标按键的时候，触发该事件。MouseUp 事件过程代码的框架如下：

```
Private Sub Object_MouseUp([Index As Integer,] Button As Integer, _
        Shift As Integer, X As Single, Y As Single)
    ...
End Sub
```

MouseUp 事件过程代码的框架与 MouseDown 事件过程代码的框架基本相同，不再赘述。

3. MouseMove 事件

当鼠标在窗体或有效控件上移动时，窗体或有效控件会触发 MouseMove 事件。MouseMove 事件过程代码的框架如下：

```
Private Sub Object_MouseMove([Index As Integer,] Button As Integer, _
        Shift As Integer, X As Single, Y As Single)
    ...
End Sub
```

MouseMove 事件过程代码的框架与 MouseDown 或 MouseUp 事件过程代码的框架基本相同，不同之处是，在 MouseDown 或 MouseUp 事件中，只能识别 1 个键按下或释放，而在 MouseMove 事件中，可以同时识别多个键是否按下。表 11-6 所示为 Button 值对应的鼠标按键。

表 11-6　　　　　　　　　　　　Button 值对应的鼠标按键

Button 值	符号常量	按 键
0		没有按下任何键
1	VbLeftButton	按下鼠标左键
2	VbRightButton	按下鼠标右键
3	VbLeftButton + VbRightButton	同时按下鼠标左键和右键
4	VbMiddleButton	按下鼠标中间键
5	VbMiddleButton + VbLeftButton	同时按下鼠标中间键和左键
6	VbMiddleButton + VbRightButton	同时按下鼠标中间键和右键
7	VbMiddleButton + VbLeftButton + VbRightButton	同时按下鼠标左键、中间键和右键

需要注意的是，在 MouseMove 事件过程中的 Button 参数与在 MouseDown 和 MouseUp 事件过程中的 Button 参数不同。在 MouseMove 事件中，可以通过 Button 参数的返回值判断鼠标在移动的同时，是否按下了鼠标按键，而且根据该值，不仅可以判断哪一个按键被按下，还可以判断几个按键同时按下的情况。从表 11-6 中可以看出，MouseDown 和 MouseUp 事件过程中的 Button 参数只能判断哪一个按键被按下的情况。另外，在 MouseMove 事件过程中的 Button 参数的值可以是 0，而在 MouseDown 和 MouseUp 事件过程中的 Button 参数值永远不可能是 0。

11.2 案例的实现

有了以上预备知识，下面来实现本章开始所介绍的案例。首先对本案例进行解析，然后给出具体的操作步骤，最后对本案例进行拓展，以巩固提高所学的内容。

11.2.1 案例解析

要用 VB 6.0 实现该案例，主要有两个任务：设计界面和编写代码。

1. 设计界面

设计界面的主要工作是在窗体上添加控件和设置控件属性。从案例的程序界面可以看出，窗体上的控件以及属性如下。

- 1 个图片框控件，名称为 picDraw，背景色为白色，程序中所绘制的图都是在图片框 picDraw 中画的。
- 3 个框架控件，名称分别为 fraTool（标题为"绘图工具"）、fraColor（标题为"绘图颜色"）和 fraWidth（标题为"线条宽度"）。
- fraTool 框架中 1 个单选按钮控件数组 optDraw，4 个单选按钮控件的 Index 属性为 0～3，标题分别为"画笔"、"直线"、"矩形"、"圆"，控件的 Style 属性都为 1，即图形风格的单选按钮。单选按钮下陷表示被选中，不下陷表示未被选中。
- fraTool 框架中 1 个命令按钮 btnClear，标题为"清除"。
- fraColor 框架中 1 个标签 lblColorCurrent，是最左边的大标签，标题为空，背景色为蓝色。
- fraColor 框架中 1 个标签数组 lblColor，8 个标签控件的 Index 属性为 0～7，标题都为空，背景色为 8 种不同的颜色。
- fraWidth 框架中的 1 个单选按钮控件数组 optWidth，6 个单选按钮的 Index 属性为 1～6，标题都为空。
- fraWidth 框架中的 1 个直线控件数组 Line1，直线控件的 Index 属性为 1～6，BorderWidth 属性为 1～6，与单选按钮控件数组一一对应。

2. 编写代码

在编写事件代码前，应先确定有哪些窗体级变量。根据画图程序的功能，需要用变量 CurColor 来保存当前画图的颜色，用变量 CurDraw 来保存当前要画的图的类型，这两个变量的定义语句如下：

```
Private CurColor As Long
Private CurDraw As Integer
```

在画图过程中，需要用变量 xStart 和 yStart 保存画图起点的位置；用变量 xOld 和 yOld 保存在移动过程中前一点的位置；用变量 rOld 保存画圆时在移动过程中前一个圆的半径；用变量 r 保存画圆时最新的半径。这 6 个变量的定义语句如下：

```
Private xStart As Single
Private yStart As Single
Private xOld As Single
Private yOld As Single
Private rOld As Single, r As Single
```

确定了窗体级变量后，再确定要编写哪些对象的哪些事件过程代码。从案例的功能中可知，本案例需要编写以下事件的过程代码。

(1) 绘图工具单选按钮控件数组 optDraw 的单击事件过程代码

该事件过程代码的工作是：根据所选择的单选按钮，在变量 CurDraw 中保存当前要画图的类型。事件过程代码如下：

```
Private Sub optDraw_Click(Index As Integer)
    CurDraw = Index
End Sub
```

(2) 画图颜色标签控件数组 lblColor 的单击事件过程代码

该事件过程代码的工作是：把当前颜色标签（lblColorCurrent）的背景色设置成所单击的标签控件的背景色，并在变量 CurColor 中保存该颜色。事件过程代码如下：

```
Private Sub lblColor_Click(Index As Integer)
    lblColorCurrent.BackColor = lblColor(Index).BackColor
    CurColor = lblColor(Index).BackColor
End Sub
```

(3) 线条宽度单选按钮控件数组 optWidth 的单击事件过程代码

该事件过程代码的工作是：把图片框 picDraw 的 DrawWidth 属性设置成相应的线条宽度。由于在设计界面时已经把单选按钮的 Index 属性与线条宽度一一对应，所以相应的线条宽度就是单选按钮的下标。事件过程代码如下：

```
Private Sub optWidth_Click(Index As Integer)
    picDraw.DrawWidth = Index
End Sub
```

(4) 在图片框 picDraw 中按下鼠标键的事件过程代码

该事件过程代码的工作是：先判断按下的键是否为左键，如果是左键，则认为是画图开始，否则什么也不做。画图开始所作的工作是初始化变量，即把画图起始点的坐标（xStart, yStart）和画图前一点的坐标（xOld,yOld）设置成鼠标键按下时的坐标（X,Y）；把画圆的前一半径设置为 0，把图片框 picDraw 的 DrawMode 属性设置成 vbXorPen（等于 7）。事件过程代码如下：

```
Private Sub picDraw_MouseDown(Button As Integer, Shift As Integer, _
                            X As Single, Y As Single)

    If Button = 1 Then
        xStart = X
        yStart = Y
        xOld = X
        yOld = Y
        rOld = 0
        picDraw.DrawMode = vbXorPen
    End If
End Sub
```

把图片框 picDraw 的 DrawMode 属性设置成 vbXorPen 的目的是，利用这种绘图方式的特点，在画图过程中，当鼠标移动到一个新位置后，再在老位置画同样的图，可把移动前所画的图清除，而不影响以前所画的图。

(5) 在图片框 picDraw 中移动鼠标的事件过程代码

该事件过程代码的工作是：先判断按下的键是否为左键，如果是左键，则认为是在画图过程中，否则什么也不做。在画图过程中所做的工作是：对于画笔类型，先把图片框 picDraw 的 DrawMode 属性设置成 vbCopyPen（等于 13），然后在前一位置和当前位置之间画一条直线（鼠标在移动过程中，不断在前一点和当前点之间画一条直线，这就相当于画笔的效果），最后把当前位置作为前一位置；对于其他画图类型，先在前一位置画一个图（清除前一位置的图），然后再在新位置上画一个图，最后把当前位置作为前一位置。如果是画圆，先要判断圆的半径是否为 0，如果圆的半径为 0，则不画这个圆。画完圆后，把新半径当作老半径。事件过程代码如下：

```
Private Sub picDraw_MouseMove(Button As Integer, Shift As Integer, _
                            X As Single, Y As Single)

    If (Button = 1) Then
        Select Case CurDraw
            Case 0 '画笔
                picDraw.DrawMode = vbCopyPen
                picDraw.Line (xOld, yOld)-(X, Y), CurColor
                xOld = X
                yOld = Y

            Case 1 '直线
                picDraw.Line (xStart, yStart)-(xOld, yOld), CurColor
                picDraw.Line (xStart, yStart)-(X, Y), CurColor
                xOld = X
                yOld = Y

            Case 2 '矩形
```

```
        picDraw.Line (xStart, yStart)-(xOld, yOld), CurColor, B
        picDraw.Line (xStart, yStart)-(X, Y), CurColor, B
        xOld = X
            yOld = Y


        Case 3 '圆
            If rOld <> 0 Then
                picDraw.Circle (xStart, yStart), rOld, CurColor
            End If
            r = Sqr((X - xStart) ^ 2 + (Y - yStart) ^ 2)
            If rOld <> 0 Then
                picDraw.Circle (xStart, yStart), r, CurColor
            End If
            rOld = r
        End Select
    End If
End Sub
```

(6) 在图片框 picDraw 中释放鼠标按键事件过程代码

该事件过程代码的工作是：先判断释放的键是否为左键，如果是左键，则认为是画图结束。画图结束所做的工作是：对于画笔类型，不作任何处理；对于其他画图类型，把图片框 picDraw 的 DrawMode 设置成 vbCopyPen（等于 13），画出最终的图形。事件过程代码如下：

```
Private Sub picDraw_MouseUp(Button As Integer, Shift As Integer, _
                            X As Single, Y As Single)
    If (Button = 1) Then
        picDraw.DrawMode = vbCopyPen
        Select Case CurDraw
            Case 1 '直线结束
                picDraw.Line (xStart, yStart)-(X, Y), CurColor
            Case 2 '矩形结束
                picDraw.Line (xStart, yStart)-(X, Y), CurColor, B
            Case 3 '圆结束
                picDraw.Circle (xStart, yStart), r, CurColor
        End Select
    End If
End Sub
```

(7) 清除画图命令按钮 btnClear 的单击事件过程代码

该事件过程代码的工作是：清除图片框（picDraw）中所画的图，用图片框的 Cls 方法即可实现。事件过程代码如下：

```
Private Sub btnClear_Click()
    picDraw.Cls
End Sub
```

(8) 窗体的加载事件过程代码

该事件代码的工作是：初始化程序的默认设置，默认的画图颜色为蓝色，通过调用事件过程 lblColor_Click 来实现，调用语句为：

```
Call lblColor_Click(6)
```

这个调用过程相当于单击【绘图颜色】选项组中的蓝色标签。

默认的线条宽度为 2 像素，用以下语句选中与 2 像素线宽所对应的单选按钮即可：

```
optWidth(2).Value = True
```

默认的画图类型是画笔，用以下语句选中【画笔】单选按钮即可：

```
optDraw(0).Value = True
```

综上所述，窗体的加载事件过程代码如下：

```
Private Sub Form_Load()
    '默认颜色为蓝色
    Call lblColor_Click(6)
    '默认线宽为 2 像素
    optWidth(2).Value = True
    '默认绘图操作是画笔
    optDraw(0).Value = True
End Sub
```

11.2.2 操作步骤

有了以上的案例解析，下面只需要按步骤操作就行了。

操作步骤

(1) 启动 VB 6.0，创建 "标准 EXE" 工程。

(2) 调整窗体到合适的大小，修改窗体的【(名称)】属性为 "frmDraw"。

(3) 在窗体上添加 1 个图片框（picDraw），3 个框架（fraTool、fraColor 和 fraWidth），调整到合适的大小和位置。

(4) 在框架 fraTool 内添加包含 4 个单选按钮控件的控件数组 optDraw（Index 属性为 0～3），再添加一个命令按钮 btnClear，并调整到合适的大小和位置。

(5) 在框架 fraColor 内添加 1 个标签 lblColorCurrent 和含有 8 个标签控件的控件数组 lblColor（Index 属性为 0～7），并调整到合适的大小和位置。

(6) 在框架 fraWidth 内添加含有 6 个单选按钮控件的控件数组 optWidth（Index 属性为 1～6），再添加含有 6 个直线控件的控件数组 Line1（Index 属性为 1～6），并调整到合适的大小和位置。

(7) 按表 11-7 所示设置各对象的属性。

表 11-7　　　　　　　　　　　　　　　对象的属性设置

对　象	属　性	属　性　值
frmDraw	Caption	"简易画板"
	BackColor	白色
fraTool	Caption	"绘图工具"
optDraw(0) ～ optDraw(3)	Caption	分别为 "画笔"、"直线"、"矩形" 和 "圆"
	Style	1
btnClear	Caption	"清除"
fraColor	Caption	"绘图颜色"
lblColorCurrent	Caption	空
	BackColor	蓝色
lblColor(0) ～ lblColor(7)	Caption	空
	BackColor	分别为白、红、黄、粉、黑、绿、蓝、青色
fraWidth	Caption	"线条宽度"
optWidth(1) ～ optWidth (6)	Caption	空
Line1(1) ～ Line1(6)	BorderWidth	分别为 1、2、3、4、5、6

(8) 双击窗体的空白处，在打开的代码开始处添加定义变量的语句（见案例解析）和 Form_Load 事件过程代码（见案例解析）。

(9) 双击单选按钮控件数组 optDraw 中的一个单选按钮，在打开的代码编辑器窗口的开始处添加 optDraw_Click 事件过程代码（见案例解析）。

(10) 双击命令按钮 btnClear 控件，在打开的代码编辑器窗口的开始处添加 btnClear_Click 事件过程代码（见案例解析）。

(11) 双击标签控件数组 lblColor 中的一个标签，在打开的代码编辑器窗口的开始处添加 lblColor_Click 事件过程代码（见案例解析）。

(12) 双击单选按钮控件数组 optWidth 中的一个单选按钮，在打开的代码编辑器窗口的开始处添加 optWidth_Click 事件过程代码（见案例解析）。

(13) 在代码编辑器窗口中添加 picDraw_MouseDown、picDraw_MouseMove 和 picDraw_MouseUp 事件过程代码（见案例解析）。

(14) 以 "案例 11.frm" 为文件名保存窗体文件到 "D:\案例" 文件夹；以 "案例 11.vbp" 为文件名保存工程文件到 "D:\案例" 文件夹。

(15) 单击工具栏上的【启动】按钮 ▶ 运行工程，出现程序窗口（见图 11-1）。

(16) 在【绘图工具】按钮组中选择一种绘图类型，在【绘图颜色】选项组中选择一种颜色，在【线条宽度】选项组中选择一种线条宽度，然后在图片框控件中拖曳鼠标指针，查看所绘制的图形。

(17) 单击程序窗口中的 ☒ 按钮，结束程序运行。

11.2.3 案例拓展

完成以上案例后，下面对该案例进行拓展。

在本章案例的基础上，再增加一个功能，要求在绘图前可以选择线条的样式，程序界面如图 11-8 所示。

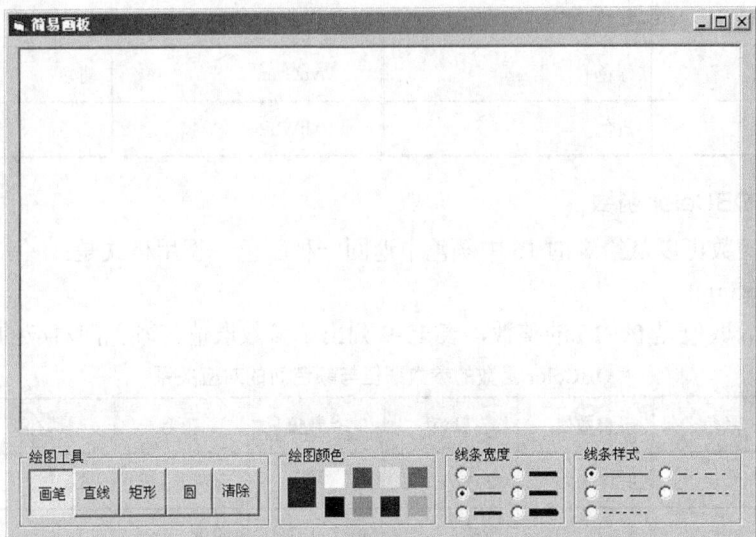

图11-8　程序运行的开始窗口

操作提示

添加一个框架（标题为"线条样式"），在框架中添加一个单选按钮控件数组（optStyle），有 5 个单选按钮，然后添加 5 个直线控件，并设置相应的 BorderStyle 属性。添加单选按钮控件数组的单击事件代码如下：

```
Private Sub optStyle_Click(Index As Integer)

    picDraw.DrawStyle = Index

    If (Index <> 0) Then optWidth(1).Value = True

End Sub
```

11.3　知识扩展

在 11.1 节中介绍了本案例所用到的基础知识，以下内容对前面的内容进行扩充，以扩大视野。

11.3.1　颜色的表示方法

1.　使用颜色常量

VB 6.0 定义了一些符号常量，用来代表颜色，如表 11-8 所示。

表 11-8　　　　　　　　　　　　　　　VB 6.0 的颜色符号常量

符号常量	颜　色	符号常量	颜　色
vbBlack	黑色	vbBlue	蓝色
vbRed	红色	vbMagenta	洋红
vbGreen	绿色	vbCyan	青色
vbYellow	黄色	vbWhite	白色

2. 使用 QBColor 函数

QBColor 函数可以从给定的 16 中颜色中返回一种颜色，调用格式是：

```
QBColor(n)
```

其中参数 n 取值是 0～15 的整数，表 11-9 列出了参数取值与颜色间对应的关系。

表 11-9　　　　　　　　　QBColor 函数的参数取值与颜色间的对应关系

参数值	颜色	参数值	颜色	参数值	颜色	参数值	颜色
0	黑色	4	红色	8	深灰	12	淡红
1	蓝色	5	洋红	9	浅蓝	13	淡洋红
2	绿色	6	棕色	10	浅绿	14	黄色
3	青蓝	7	淡灰	11	浅青	15	白色

3. 使用 RGB 函数

RGB 函数将红、绿、蓝 3 种颜色合成一种颜色（见表 11-10）。其调用格式为：

```
RGB(Red, Green, Blue)
```

其中 Red、Green 和 Blue 为 3 个 0～255 的数，分别代表红色、绿色和蓝色的值。

表 11-10　　　　　　　RGB 函数的参数值与常用颜色的对应关系

Red	Green	Blue	合成颜色	Red	Green	Blue	合成颜色
0	0	0	黑色	0	255	255	青色
255	0	0	红色	255	0	255	紫色
0	255	0	绿色	255	255	0	黄色
0	0	255	蓝色	255	255	255	白色

11.3.2 键盘事件

键盘事件也是控件常用的共有事件，当在控件上按下键盘上的某个键时，首先激发 KeyDown 事件，然后再激发 KeyPress 事件；释放按下的键时，便会激发 KeyUp 事件。

1. KeyPress 事件

KeyPress 事件过程代码的框架如下：

```
Private Sub Object_KeyPress([Index as Integer,] KeyAscii As Integer)
    ...
    End Sub
```

以上事件过程代码的框架说明如下。

- Object 是响应 KeyPress 事件的对象，如果对象是窗体，则 Object 为 Form。
- Index 是响应 KeyPress 事件的控件数组的元素下标，如果单击的不是控件数组中的控件，其事件过程没有 Index 参数。
- KeyAscii 是所按键上字符的 ASCII 码值。在事件代码中，如果把 KeyAscii 赋值为 0 时，可取消按键的响应，这样一来对象便接收不到字符。

2.　KeyDown 事件

KeyDown 事件过程代码的框架如下：

```
Private Sub Object_KeyDown([Index As Integer,] KeyCode As Integer, _
                           Shift As Integer)
    ...
    End Sub
```

以上事件过程代码的框架中，Object 和 Index 的含义与 KeyPress 事件过程代码相同，KeyCode 和 Shift 的含义说明如下。

- KeyCode 是所按键的扫描码，扫描码反映的是按键的位置信息。
- Shift 是用户按下（或释放）一个按键的同时，是否按下了 Shift 键、Ctrl 键和 Alt 键，以及这 3 个键的组合情况。在表 11-5 中列出了不同的 Shift 参数的返回值及其含义。

3.　KeyUp 事件

KeyUp 事件过程代码的框架如下：

```
Private Sub Object_ KeyDown([Index As Integer,] KeyCode As Integer, _
                           Shift As Integer)
    ...
    End Sub
```

以上事件过程代码的框架中，Object、Index、KeyCode 和 Shift 的含义与 KeyDown 事件过程代码相同，不再重复。

需要注意的是，KeyDown 或 KeyUP 事件过程可用来处理不被 KeyPress 识别的按键，诸如功能键、编辑键、定位键等。KeyCode 参数不能区分大小写，即 A 和 a 所对应的 KeyCode 都为 65，而 KeyAscii 参数可以区分大小写。

小结

本章围绕案例，首先介绍了实现该案例所用到的基础知识，包括图片框控件、坐标系统、绘图属性、绘图方法、鼠标事件。然后详细介绍了案例的实现，包括案例解析、操作步骤和案例拓展。最后介绍了一些扩展知识，包括颜色的表示方法、键盘事件。

习题

一、选择题

1. VB 6.0 窗体坐标系统中，默认的坐标原点位于窗体的（　　　）。

    A．左上角　　　　B．右下角　　　　C．左下角　　　　D．右上角

2. 窗体坐标系统默认的刻度单位是（　　　）。

    A．缇　　　　　　B．磅　　　　　　C．像素　　　　　D．英寸

3. 当窗体的 DrawMode 属性值为（　　　）时，在窗体同一个地方绘制同一个图 2 次，则窗体恢复到第 1 次绘图前的状态。

    A．vbBlackness　　B．vbXorPen　　　C．vbCopyPen　　D．vbWhiteness

4. 如果 CurrentX=100，CurrentY=100，则 Step (300,300)相当于坐标（　　　）。

    A．(100,100)　　　B．(200,200)　　　C．(300,300)　　　D．(400,400)

5. 在 MouseDown 事件过程中，Button 参数的值不可能是（　　　）。

    A．1　　　　　　B．2　　　　　　C．3　　　　　　D．4

二、填空题

1. 图片框的 AutoSize 属性值为_____时，图片框的大小与图片一样。

2. 自定义窗体坐标系统的刻度有两种方法，一种是通过设置窗体的_____、_____、_____和_____属性，另一种方法是通过调用窗体的_____方法。

3. 在窗体上用 PSet 画点，点的大小取决于窗体的_____属性。

4. 在窗体上从点 (100,100) 到点 (200,200) 画一条绿色直线的语句是_____。

5. 在窗体上以 (200,200) 为圆心，100 为半径画一个红色圆的语句是_____。

三、上机练习

设计一个程序，当单击窗体时，在窗体上绘制出如图 11-9 所示的图形。采用默认坐标系统，中心坐标是 (4000,2400)，最小正方形对角线长是 1000，最大正方形边长是 2000，绘图颜色是红色，线条宽度是 3 像素。

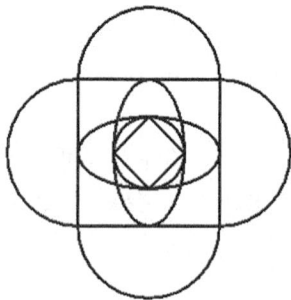

图11-9　绘制的图形

第12章 学生信息管理系统

在前面的案例中使用的是 VB 6.0 的标准数据类型，VB 6.0 还允许用户自己定义数据类型，VB 6.0 提供了强大的文件操作功能，可以方便地读取或保存数据。在前面案例中的程序只有一个窗口，在 VB 6.0 的应用程序中，可以定义多个窗口，为用户开发应用程序提供了方便。本章通过案例"学生信息管理系统"，介绍如何使用自定义数据类型、文件的操作和多窗体程序设计。

案例功能

程序运行时，出现如图 12-1 所示的窗口。

该程序的功能如下。

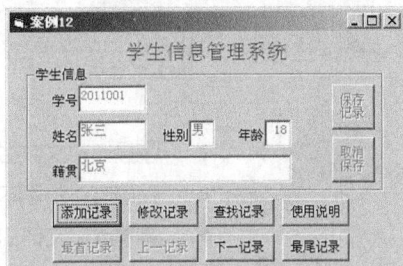

图12-1 程序运行后的窗口

- 学生信息记录在"Student.dat"文件中，如果该文件中有学生信息的记录，程序启动后，在【学生信息】框架相应的文本框中显示第 1 个学生的记录信息（见图 12-1），否则，在【学生信息】框架相应的文本框中显示空信息。

- 单击 添加记录 按钮，添加学生记录。可在【学生信息】框架中输入学生的相应信息，输入完信息后，单击 保存 按钮，把该记录保存到"Student.dat"文件中；单击 取消保存 按钮，取消刚输入的信息。

- 单击 修改记录 按钮，修改当前学生的记录信息。可在【学生信息】框架中修改学生的相应信息。保存与取消保存的操作与添加记录相同。

- 在没有单击 添加记录 （或 修改记录 ）按钮时，【学生信息】框架中的文本框和命令按钮都处于无效状态，单击 添加记录 （或 修改记录 ）按钮后，它们才处于有效状态。

- 单击 查找记录 按钮，查找学生的记录信息，弹出【查找学生记录】对话框，如图 12-2 所示。在其中输入一个学生姓名后，单击 确定 按钮，在"Student.dat"文件中查找该学生的信息。如果找到，则在【学生信息】框架中显示该学生的信息，否则显示没找到学生信息提示（见图 12-3，以查找"陈六"为例）。

图12-2 【查找学生记录】对话框

图12-3 没找到学生信息提示

- 单击 使用说明 按钮，打开一个窗口，窗口中显示"help.txt"文件信息（见图 12-4）。在窗口中单击 返回 按钮，关闭使用说明窗口。

- 最首记录 、 上一记录 、 下一记录 、 最尾记录 等按钮，根据记录总数和当前的记录号，自动改变是否为有效状态。通过这些按钮，浏览学生的成绩记录。

- 退出程序时，弹出如图 12-5 所示的退出询问对话框，以确定是否退出程序。

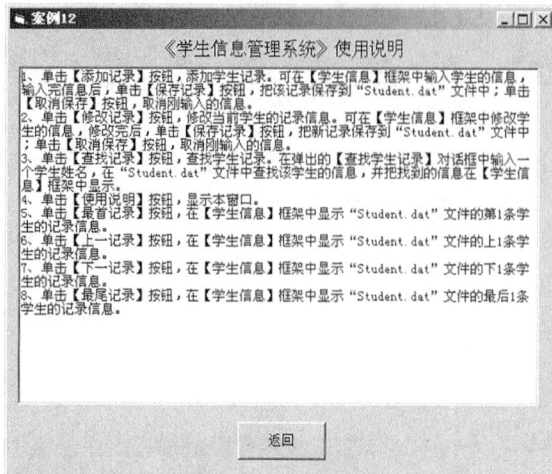

图12-4 使用说明窗口

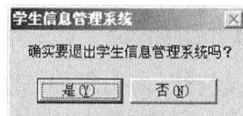

图12-5 退出询问对话框

学习目标

- 掌握自定义数据类型的方法。
- 理解文件的基本概念。
- 掌握顺序文件的使用方法。
- 掌握随机文件的使用方法。
- 掌握有关文件的函数的使用方法。
- 掌握多窗口程序设计的方法。

12.1 预备知识

要完成本案例所要求的功能，需要掌握相关的基础知识，下面就介绍这些知识。

12.1.1 自定义数据类型

在以前的案例中使用的变量的数据类型都是 VB 6.0 的标准数据类型。实际上，还可以利用 VB 6.0 的标准数据类型自定义数据类型。使用 Type 语句可以自定义数据类型，其语法格式如下：

```
[<访问权限>] Type <自定义类型名>
            <元素名 1> As <数据类型 1>
            <元素名 2> As <数据类型 2>
            ……
            <元素名 n> As <数据类型 n>
End Type
```

以上语法格式说明如下。

- Type 语句必须出现在模块的声明段中，即所有事件过程和通用过程之前。
- <访问权限>是关键字 Private 或 Public。Public 表示所有模块（如另外一个窗体模块）可使用该类型，Private 表示只能在当前模块中使用该类型。<访问权限>可以省略，默认的访问权限是 Public。在窗体模块中，必须使用关键字 Private。
- <自定义类型名>是要定义的类型的名字，命名规则和变量名的命名规则相同。
- <元素名 1>～<元素名 *n*>是自定义类型中所包含的元素的名称，元素的个数根据需要确定。<元素名 1>～<元素名 *n*>的命名规则和变量名的命名规则相同。
- <数据类型 1>～<数据类型 *n*>是 VB 6.0 合法的数据类型名，用来表明相应元素的数据类型。

【例12-1】在窗体中定义一个数据类型 Worker，包括 2 个元素：Name 为定长字符串类型（长度为 8），Salary 为单精度类型。

解：定义 Worker 的语句如下：

```
Private Type Worker
    Name As String * 8
    Salary As Single
End Type
```

自定义数据类型后，可以像使用标准数据类型一样来使用自定义数据类型，如用来定义变量。自定义数据类型的变量，其元素的表达方法与对象的属性的表达方法一样，就是在变量名和元素名之间加一个小数点"."。

自定义数据类型的变量所占用的存储空间用 Len 函数获得，一个 Worker 类型的变量 x，所占用的存储空间为 Len(x)。

【例12-2】定义一个变量 aWorker，其类型为例 12-1 定义的 Worker，为其 Name 元素赋值为"张三"，为其 Salary 元素赋值为 2500。

解：相应的语句如下：

```
Dim aWorker As Worker
aWorker.Name = "张三" : aWorker. Salary = 2500
```

12.1.2 文件的基本概念

用 VB 6.0 设计的程序，一般都是交互式的界面，既有数据的输入，也有数据的输出。在以前的案例中涉及的数据的输入和输出，只是通过键盘或鼠标完成输入，在显示器上完成输出，这些输入或输出随着程序的关闭而消失，不能够被永久保存。另外，如果输入的数据比较多时，用键盘来输入很费时。

如果使用文件来完成输入和输出，不仅可以永久性地保存输入或输出的数据，还可以一次性地完成大量数据的输入或输出。

1. 文件的结构

为了有效地对数据进行存储和读取，文件中的数据必须以某种特定的格式存储，这种特定的格式就是文件的结构。在 VB 6.0 中，一个文件由若干个记录组成，每个记录就像一个自定义类型的变量，由若干字段（相当于自定义类型中的元素）组成，每个字段又由若干个字节组成。

字段也称作域，用来表示记录中的一项数据。例如，一个人的年龄（整数类型）就是由 2 个字节组成，一个人的体重（浮点类型）就是由 4 个字节组成，一个人的姓名（字符串类型）"诸葛孔明"尽管由 4 个字符组成，但存储需要占 8 个字节（一个汉字占 2 个字节的存储空间）。

记录用来表示一个完整的数据，由一组相关的字段组成。例如，在通信录中，每个人的姓名、单位、地址、电话号码、邮政编码等构成一个记录。

文件用来表示一组完整的数据，文件由一组相关的记录构成，一个文件含有一个以上的记录。例如，在通信录文件中有 50 个人的信息，每个人的信息是一个记录，50 个记录构成一个文件。

2. 文件的分类

在 VB 6.0 中，根据文件中数据的存取方式不同，文件可分为顺序文件和随机文件。根据文件中所存储的数据的类型不同，文件可分为文本文件和二进制文件。

(1) 顺序文件和随机文件

顺序文件就像一般的正文文件。这种文件的结构比较简单，文件中的每条记录按顺序存放，记录的长度也可按需要变化。在这种文件中，只知道第一个记录的存放位置，其他记录的位置无从知道。当要查找某个数据时，只能从文件头开始，逐个记录地顺序读取，直至找到目标记录。顺序文件中记录的排列形式如下：

记录 1	记录 2	……	记录 n	文件结束符

顺序文件的维护十分困难。为了修改某条记录，必须对整个文件进行操作。整体读入内存，修改完后再重新写入文件。追加记录只能在文件尾进行，不能灵活地存取和增减数据。因此，顺序文件只适合用于有一定规律且不经常修改的数据。顺序文件的优点是占用存储空间少，文件的组织比较简单。

随机文件就像一般的数据库文件。在随机文件中，每条记录的长度是固定的，记录中每个字段的长度也是固定的。为了存取这类文件，需要预先明确记录的格式。随机文件中的每条记录都有一个记录号。在写入数据时，只要指定记录号，就可以把数据直接存入指定位置。而在读数据时，只要给出记录号，就能直接读取该记录，而不必考虑各个记录的排列顺序或位置。随机文件记录的排列方式如下：

记录 1	记录 2	……	记录 n

在随机文件中，可以同时进行读、写操作，因而能快速地查找和修改每个记录。其优点是数据存取灵活、修改方便，主要缺点是占用空间大，数据的组织较为复杂。

(2) 文本文件和二进制文件

文本文件是以不带任何格式（纯文本格式）的字符方式进行存储的。因为最常用的字符编码方式是 ASCII 码，所以文本文件又称 ASCII 文件。文本文件可以用 Windows 下的记事本程序建立和修改。

二进制文件中的数据是以二进制形式保存的，它以字节数来定位数据，应用程序可用各种方式对其进行存取。由于不是以字符方式存放，二进制文件不能用普通的文字处理软件进行编辑。

3. 文件的存取方式

对应于不同的文件，在 VB 6.0 中有 3 种文件的存取方式。

(1) 顺序存取

适用于以连续方式存储数据的文本文件。在文件中，字符以 ASCII 代码存储，并被认为是一个文本字符或文件格式字符。

(2) 随机存取

适用于具有固定结构的以二进制方式存储的文件。这种文件由固定长度的记录组成，记录可根据实际需要定义长度以及与各种各样的字段相对应的结构。

(3) 二进制存取

既适用于以连续方式存储数据的文本文件，又适用于具有固定结构的以二进制方式存储的文件。与随机存取类似，但是没有数据类型、记录长度等概念。

4. 文件的使用流程

在 VB 6.0 中，要想使用一个文件，首先必须打开这个文件，然后再通过相应的语句从该文件中读取数据，或者往该文件中写入数据；文件使用完毕后，还必须关闭该文件。

(1) 打开文件

在 VB 6.0 中，用 Open 语句可以打开一个文件。打开一个文件时，为该文件指派一个文件号，以后的读、写、关闭文件都是利用这个文件号进行的。打开文件时，还可根据实际需要，指定打开的存取方式，如顺序存取、随机存取或二进制存取。

(2) 读取/写入数据

在 VB 6.0 中，根据打开文件时指定的存取方式不同，读取/写入数据的语句也不同。对于顺序存取方式的文件，用 Input 或 Line Input 语句读取数据，用 Print 语句或 Write 语句写入数据；对于随机或二进制存取方式的文件，用 Get 语句读取数据，用 Put 语句写入数据。

无论是读取数据还是写入数据，相应的语句中必须指定文件号，这个文件号就是用 Open 打开文件时所指派的文件号。

(3) 关闭文件

在 VB 6.0 中，用 Close 语句关闭一个已经打开的文件。Close 语句中必须指定文件号，这个文件号就是用 Open 打开文件时所指派的文件号。

12.1.3 顺序文件的使用

在 VB 6.0 中，用 Open 语句打开顺序文件，用 Input 或 Line Input 语句从顺序文件中读取数据、用 Print 或 Write 语句往顺序文件中写入数据，用 Close 语句关闭顺序文件。

1. 打开顺序文件

Open 语句打开顺序文件的语法格式如下：

```
Open <文件名> For <打开方式> As [#]<文件号> [Len=<缓冲区大小>]
```

以上语法格式说明如下。

- <文件名>指定要打开的文件名（文件名用字符串表示），<文件名>可以不包含路径（如"Student.dat"），也可以包含路径（如"D:\案例 12\ Student.dat"）。

- <打开方式>指定文件的打开方式，打开文件后，只能按指定的方式进行一种操作。有 3 种方式：Input（打开文件后，从文件中读取数据）、Output（打开文件后，清除文件中原有的数据，向文件中写入新数据）和 Append（打开文件后，向文件末尾添加数据）。

- <文件号>为打开的文件指派的一个编号，<文件号>的范围是 1～511 的整数。打开文件后，指派的文件号就与该文件相关联，程序通过文件号来对文件进行读、写操作，直至关闭文件。

- <缓冲区大小>指定一块内存（缓冲区）的字节数。使用缓冲区的目的是为了避免频繁地直接对文件进行读写操作，以提高文件的存取速度。"Len=<缓冲区大小>"可以省略，默认的<缓冲区大小>为 512 字节。

有关 Open 语句的使用，说明如下。

- 对于顺序文件，不同的打开方式决定了对文件可进行的操作。以 Input 方式打开文件，只能从该文件中读取数据，而不能写入数据；以 Append 方式打开文件，只能在文件的末尾添加数据；以 Output 方式打开文件，从文件的开始写入数据，而文件原有的数据会丢失。

- 以 Input 方式打开文件，若指定文件不存在时，会产生一个错误；以 Output 或 Append 方式打开文件，若指定文件不存在时，会创建该文件。

- 如果在程序中已打开多个文件（此时占用的文件号未必连续），则再打开文件时，为了避免文件号重复，可使用 FreeFile()函数，该函数返回当前程序未被占用的最小的文件号，可通过把函数值赋给一个变量来取得这个文件号。

【例12-3】指出以下 Open 语句的功能：

```
Open "File1.dat" For Input AS #1
Open "File2.dat" For Output AS #1
Open "File3.dat" For Append AS #1
```

解：第 1 条语句的功能是打开一个已经存在的文件"File1.dat"，指派的文件号是#1，准备从该文件中读取数据。第 2 条语句的功能是创建一个文件"File2.dat"，指派的文件号是#1，准备往该文件中写入数据，如果该文件已存在，则原有数据将丢失。第 3 条语句的功能是打开文件"File3.dat"，指派的文件号是#1，准备往该文件的末尾添加数据，如果该文件不存在，则创建该文件。

2. 从顺序文件中读取数据

顺序文件读取数据的语句有两种：Input 语句和 Line Input 语句。

(1) Input 语句

Input 语句可以从指定的文件号中读取一个或多个数据给相应的变量，其语法格式如下：

```
Input #<文件号>, <变量列表>
```

以上语法格式说明如下。

- <文件号>是用 Open 语句打开文件（打开方式必须是 Input）时所指派的文件号。

- <变量列表>是多个变量名，变量名之间用逗号","间隔。

【例12-4】写出从文件号 1 中读数据到变量 a,b 的语句。

解：相应的语句是：

```
Input #1, a, b
```

也可以是以下 2 条语句：

```
Input #1, a
Input #1, b
```

(2) Line Input 语句

Input 语句可以从指定的文件号中读取一行数据（以回车或换行符结束的字符串）给一个字符串类型的变量，其语法格式如下：

```
Line Input #<文件号>, <字符串变量名>
```

以上语法格式说明如下。

- <文件号>是用 Open 语句打开文件（打开方式必须是 Input）时所指派的文件号。
- <字符串变量名>是一个变量名，变量的数据类型是字符串类型。

【例12-5】写出从文件号 1 中读一行数据到 s 的语句。

解：相应的语句是：

```
Line Input #1, s
```

在顺序文件中，如果文件中已无数据可读（即文件的指针已经指到文件的末尾了），这时再读取数据，就会产生一个错误。为了避免这种错误，通常先用 Eof 函数判断文件的指针是否指到文件的末尾，然后再根据情况决定所否读取。有关 Eof 函数的内容，详见 "12.1.5 有关文件的函数" 一节。

【例12-6】修改例 12-4 的语句，使其只有当文件有数据可读时，才读取数据。

解：相应的语句是：

```
If Not Eof(1) Then
    Input #1, a
    If Not Eof(1) Then Input #1, b
End If
```

【例12-7】修改例 12-5 的语句，当文件无数据可读时，显示 "已经到文件末尾"。

解：相应的语句是：

```
If Eof(1) Then
    MsgBox " 已经到文件末尾"
Else
    Line Input #1, s
End If
```

3. 往顺序文件中写入数据

往顺序文件中写入数据的语句有两种：Print 语句和 Write 语句。

(1) Print 语句

Print 语句可以往指定的文件号所对应的文件中写入一个或多个数据，其语法格式如下：

```
Print #<文件号>, [<数据列表>]
```

以上语法格式说明如下。

- <文件号>是用 Open 语句打开文件（打开方式必须是 Output 或 Append）时所指派的文件号。
- <数据列表>是多个表达式，表达式之间可以使用逗号 "," 或分号 ";" 分隔，"," 和 ";" 的意义与窗体的 Print 方法中的相同，参见 "3.3.2 窗体的 Print 方法" 一节。<数据列表>可以省略，省略此项时，将向文件中写入一个空行。

【例12-8】写出向文件号 2 中写入变量 a,b 所保存数据的语句，两个数据之间用空格间隔。

解：相应的语句是：

```
Print #2, a; b
```

也可以是以下 2 条语句：

```
Print #2, a;
Print #2, b
```

(2) Write 语句

Write 语句可以往指定的文件号所对应的文件中写入一个或多个数据，其语法格式如下：

```
Write #<文件号>, [<数据列表>]
```

以上语法格式中的各语法项与 Print 语句相同，不再重复说明。需要注意的是，虽然 Write 语句和 Print 语句一样，可以向顺序文件中写入数据，但不同的是，不论表达式间使用逗号还是分号分隔，Write 语句写入文件时都会自动在各数据项之间增加一个逗号，并在字符串数据的两边自动添加双引号。

【例12-9】写出向文件号 2 中写入变量 a,b 所保存数据的语句，两个数据之间用逗号间隔，并且输出字符串数据时，字符串两边自动加双引号。

解：相应的语句是：

```
Write #2, a; b
```

也可以是以下 2 条语句：

```
Write #2, a;
Write #2, b
```

4. 关闭文件

文件使用完毕后，必须关闭该文件，否则，有可能对文件造成难以预料的破坏。无论是顺序文件、随机文件还是二进制文件，关闭文件的语句都是 Close 语句，语法格式如下：

```
Close [[#]<文件号 1>[,[#]<文件号 2>]…
```

以上语法格式中，<文件号 1>、<文件号 2>等，是要关闭的文件号。如果要同时关闭多个文件，各文件号之间用逗号 "," 间隔。如果省略所有文件号，将关闭所有用 Open 语句打开的文件。

12.1.4 随机文件的使用

随机文件是由长度相等的记录组成的，每条记录中可以包含一个或多个字段，通常使用用户自定义类型来定义记录。在 VB 6.0 中，用 Open 语句打开随机文件，用 Get 语句从随机文件中读取数据，用 Put 语句往随机文件写入数据，用 Close 语句关闭随机文件。

1. 打开随机文件

打开随机文件同样也用 Open 语句，无论是向随机文件中写入数据还是从文件中读取数据，都用 Random 方式打开文件。Open 语句的其语法格式如下：

```
Open <文件名> For Random As [#]<文件号> [Len=<记录长度>]
```

以上语法格式中，<文件名>与<文件号>与打开顺序文件类似，其他语法项说明如下：

- Random 表示以随机方式打开，既可以从打开的文件中读取数据，也可以向打开的文件中写入数据。如果<文件名>所表示的文件不存在，则创建该文件。
- <记录长度>为随机文件一个记录的字节数。"Len=<记录长度>"可以省略，默认的<记录长度>为 128 字节。

【例12-10】 写出一个 Open 语句，以文件号 1 打开随机文件 Worker.dat，文件的一个记录与例 12-2 所定义的变量 aWorker 对应。

答：相应的语句是：

```
Open "Worker.dat" For Random AS #1 Len = Len(aWorker)
```

2. 从随机文件中读取数据

从随机文件中读取记录应用 Get 语句，Get 语句的语法格式如下：

```
Get [#]<文件号>, [<记录号>], <变量名>
```

以上语法格式说明如下。

- <文件号>是用 Open 语句打开文件（打开方式应为 Random）时所指派的文件号。
- <记录号>指定从文件中读取的记录的位置（即第几个记录），<记录号>可以省略，默认值为当前记录的记录号。
- <变量名>保存读取记录的变量名，其数据类型应当与文件的记录类型一致。

【例12-11】 写出一个 Get 语句，从例 12-10 打开的文件中读取第 3 个记录，保存到变量 aWorker 中。

答：相应的语句是：

```
Get #1, 3, aWorker
```

3. 用 Put 语句将记录写入文件

往随机文件中写入记录应使用 Put 语句，Put 语句的语法格式如下：

```
Put [#]<文件号>, [<记录号>], <变量名>
```

以上语法格式中，<文件号>和<记录号>的含义与 Get 语句类似，<变量名>用来保存一个记录的值，把该记录写到随机文件中<记录号>所指定的记录中。

【例12-12】 写出一个 Put 语句，把变量 aWorker 作为第 4 个记录写入到例 12-10 打开的随机文件中。

答：相应的语句是：

```
Put #1, 4, aWorker
```

12.1.5 有关文件的函数

在 VB 6.0 中，有以下常用的文件函数。

1. EOF 函数

EOF 函数的语法格式如下：

```
EOF(<文件号>)
```

当文件打开后，其内部有一记录指针指向第一个字符。随着记录的读出，记录指针向后移动，直到指针指向末尾，以表示文件中的数据全部读完。

EOF 函数的功能是检查由<文件号>指定的文件中的记录指针是否指向文件尾，若指向文件尾，则 EOF 函数的返回值是 True，否则为 False。

2. LOF 函数

LOF 函数的语法格式如下：

```
LOF(<文件号>)
```

LOF 函数的功能是返回由<文件号>指定的文件的大小，以字节为单位。LOF 函数的返回值的数据类型是长整数类型。

3. Loc 函数

Loc 函数的语法格式如下：

```
Loc(<文件号>)
```

Loc 函数的功能是返回由<文件号>指定的文件的最近读/写位置。Loc 函数的返回值的数据类型是长整数类型。对于随机文件，它将返回最近读写的记录号；对于二进制文件，它将返回最近读写的字节位置。对于顺序文件，返回的是最近读写的字节位置所在的区号，每区为 128 个字节。

4. FreeFile 函数

FreeFile 函数的语法格式如下：

```
FreeFile[(<区间号>)]
```

FreeFile 函数的功能是返回一个尚未使用的文件号，这个文件号通常用于 Open 语句。其中，可选的参数<区间号>指定一个范围，以便返回该范围之内的下一个可用文件号。如果等于 0（默认值），则返回一个 1～255 的尚未使用的文件号；如果等于 1，则返回一个 256～511 的尚未使用的文件号。FreeFile 函数的数据类型是整数类型。

5. FileLen 函数

FileLen 函数的语法格式如下：

```
FileLen(<文件名>)
```

FileLen 函数的功能是返回磁盘上<文件名>所指定的文件的大小，以字节为单位。FileLen 函数与 LOF 函数都能返回文件的大小，但是，FileLen 函数不需要打开文件，而 LOF 函数则必须要打开文件。

12.1.6 多窗体程序设计

在前面案例中的程序只有有关窗体，而实际应用中，有关程序往往有多个窗体。VB 6.0

允许在一个程序中有多个窗体，并且在一个窗体可显示或隐藏其他窗体。有关多窗体程序设计，需要掌握以下内容。

1. 添加/移除窗体

启动 VB 6.0 后，系统会自动产生一个窗体。在程序运行时，这个窗体自动显示，称这个窗体为启动窗体。用户还可以再添加窗体，添加窗体后还可以将其移除。

(1) 添加窗体

添加窗体的方法是，选择【工程】/【添加窗体】命令，弹出如图 12-6 所示的【添加窗体】对话框，在【新建】选项卡中选择一种窗体类型（通常选择【窗体】），然后单击 打开(O) 按钮，即可在工程中添加相应的窗体，默认的名称为 Form2（如果之前已添加过窗体，则这个名称中的序号会自动增加）。

在工程中添加窗体后，在 VB 6.0 的集成开发环境中就会增加一个窗体设计窗口，并且在【工程】窗口中就会看到新添加的窗体，如图 12-7 所示中的【Form2】窗体。

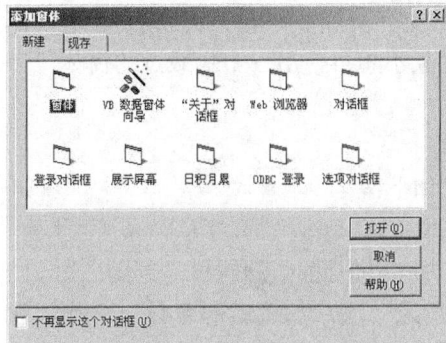

图12-6 【添加窗体】对话框

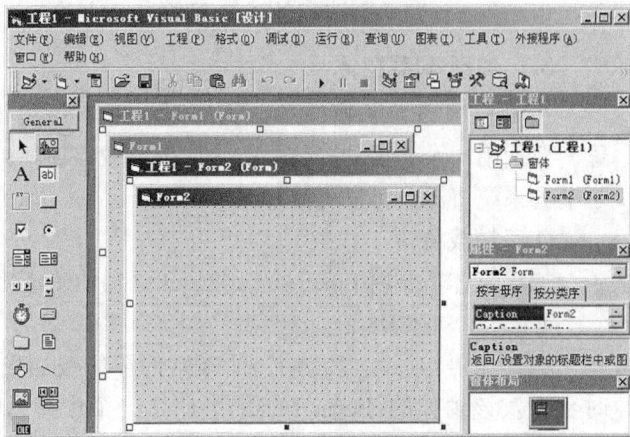

图12-7 添加一个窗体后的 VB 6.0 集成开发环境

添加的新窗体跟 VB 6.0 自动生成的窗体一样，用户可以在窗体中添加控件，编写程序代码。

(2) 移除窗体

移除窗体的方法是：首先选择要移除的窗体的设计窗口，或在【工程】窗口中选择要移除的窗体，然后选择【工程】/【移除 Form2】命令（该命令随移除窗体的不同而不同，如果要移除 Form3，则命令是【移除 Form3】）。如果要移除的窗体改动过，VB 6.0 会弹出图 12-8 所示的询问对话框，让用户确认是否保存更改过的窗体文件。

2. 设置启动窗体

前面讲过，启动 VB 6.0 后，系统会自动产生一个窗体，并且把这个窗体作为启动窗体，即在程序运行时，总是首先显示这个窗体。还可以设置另外的窗体作为启动窗体，方法是：选择【工程】/【工程 1 属性】命令（该命令根据当前工程的不同而不同，如果当前工程是"工程 2"，则命令是【工程 2 属性】），弹出如图 12-9 所示的【工程 1－工程属性】对话框。

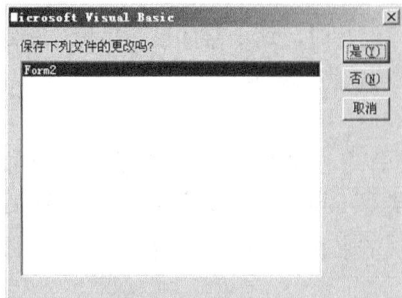

图12-8 询问对话框

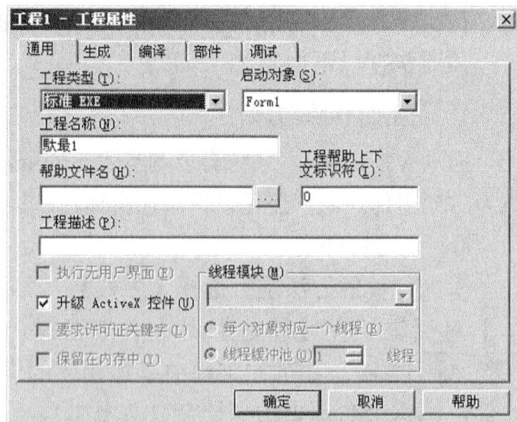

图12-9 【工程 1－工程属性】对话框

在【工程 1－工程属性】对话框中，在【启动对象】下拉列表中选择所需要的窗体的名称（如"Form2"），则该窗体为工程的启动窗体。

3. 加载/卸载窗体

在工程中添加了窗体后，程序运行时，该窗体还没有被加载，用户还无法使用该窗体。要使用一个非启动窗体，首先应该加载该窗体。如果不想再使用一个加载过的窗体，为了节省系统资源，可以将其卸载。

(1) 加载窗体

加载窗体需要用 Load 语句，Load 语句的语法格式如下：

```
Load <窗体名>
```

执行该语句后，<窗体名>所指定的窗体被加载到内存，但此时窗体并不显示出来，同时会激发该窗体的 Form_Load()事件。一个窗体只能加载一次，加载后的窗体，再次加载时，系统不会做任何事情，也不会激发该窗体的 Form_Load()事件。

(2) 卸载窗体

卸载窗体需要用 Unload 语句，Unload 语句的语法格式如下：

```
Unload <窗体名>
```

执行该语句后，<窗体名>所指定的窗体从内存中清除，如果该窗体已经在屏幕上显示，则该窗体从屏幕上消失。在卸载窗体的同时会产生一个 Form_QueryUnload()事件。通过该事件，用户可取消窗体的卸载（参见"8.1.3 窗体的常用事件"一节）。如果用户不取消窗体的卸载，紧接着会产生一个 Form_Unload()事件。

如果<窗体名>所指定的窗体没有被加载，或已经被卸载，卸载该窗体时，系统不会做任何事情，也不会激发该窗体的 Form_QueryUnload()和 Form_Unload()事件。

4. 显示/隐藏窗体

窗体加载后，并没有显示在屏幕上。如果想要显示该窗体，可通过调用窗体的 Show 方法来实现。如果要把一个显示的窗体隐藏，可通过调用窗体的 Hide 方法来实现。

(1) 显示窗体

显示窗体需要用窗体的 Show 方法，调用 Show 方法的语法格式如下：

```
[<窗体名>].Show [<模式>] [,<拥有者>]
```

以上语法格式说明如下。

- <窗体名>要显示的窗体名称。如果<窗体名>所指定的窗体还没有加载，系统先加载该窗体。如果省略了<窗体名>，则为当前窗体。
- <模式>指定窗体显示的模式，可以为 vbModal（等于 1）或 vbModeless（等于 0，默认值），1 表示将窗体作为模式窗口显示，这种情况下，Show 方法后的代码要等到模式窗口关闭之后才能执行，且焦点也不能移动到其他窗体；0 表示将窗体作为无模式窗口显示，这种情况下，焦点能在其他窗体之间转移。
- <拥有者>是另一个窗体名，为<窗体名>指定窗体的拥有者。当<拥有者>窗体最小化时它也最小化，或者在其父窗体关闭时它也卸载。

(2) 隐藏窗体

显示窗体需要用窗体的 Hide 方法，调用 Hide 方法的语法格式如下：

```
[<窗体名>].Hide
```

调用该方法后，<窗体名>所指定的窗体就隐藏起来（但并没有被卸载）。如果<窗体名>所指定的窗体还没有加载，系统先加载该窗体。如果省略了<窗体名>，则隐藏当前窗体。

12.2 案例的实现

有了以上预备知识，下面来实现本章开始所介绍的案例。首先对本案例进行解析，然后给出具体的操作步骤，最后对本案例进行拓展，以巩固提高所学的内容。

12.2.1 案例解析

要用 VB 6.0 实现该案例，主要有两个任务：设计界面和编写代码。

1．设计界面

本案例有两个窗体，即主窗体和帮助窗体。设计界面的主要工作是在这两个窗体上添加控件和设置控件属性。主窗体及其控件如下。

- 主窗体的名称为 frmMain，标题为 "SIMS Ver 1.0"。
- 6 个标签，名称分别为 Label1～Label6，Label1 的字号为 "四号"、ForeColor 为红色，Label1～Label6 的标题分别为 "学生信息管理系统"、"学号"、"姓名"、"性别"、"年龄" 和 "籍贯"。
- 1 个框架控件：名称为 fraInfor，标题为 "学生信息"。
- 5 个文本框，名称分别为 txtId、txtName、txtSex、txtAge、txtNative，分别用来显示或输入学生的 "学号"、"姓名"、"性别"、"年龄"、"籍贯"，它们的 Text 属性都为空。
- 10 个命令按钮，名称（标题）分别为 btnSave（"保存记录"）、btnCancel（"取消保存"）、btnAppend（"添加记录"）、btnModify（"修改记录"）、btnSearch（"查找记录"）、btnHelp（"使用说明"）、btnFirst（"最首记录"）、btnPrev（"上一记录"）、btnNext（"下一记录"）和 btnLast（"最尾记录"）。

帮助窗体及其控件如下。

- 帮助窗体的名称为 frmHelp，标题为 "SIMS Ver 1.0"。
- 1 个标签，名称为 Label1，字号为 "四号"、ForeColor 为蓝色。
- 1 个文本框，名称为 txtHelp，Text 属性为空，MutiLine 属性设置为 True，Locked 属性设置为 True。
- 1 个命令按钮，名称为 btnReturn，标题为 "返回"。

2. 编写代码

本案例要编写两个窗体的过程代码：主窗体（frmMain）的过程代码和帮助窗体（frmHelp）的过程代码。

先看主窗体的过程代码。在编写代码前，应先确定有哪些窗体级的自定义类型和变量。根据对案例功能要求的分析，首先需要定义一个学生记录的类型 Student，定义语句如下：

```
Private Type Student
    Id     As String * 8
    Name   As String * 8
    Sex    As String * 2
    Age    As Integer
    Native As String * 20
End Type
```

另外，还需要定义一个学生记录的变量 stu、保存记录总数的变量 RecAll、保存当前记录位置的变量 RecCurr，保存前一个记录位置的变量 OldCurr。定义语句如下：

```
Dim stu As Student
Dim RecAll As Integer
Dim RecCurr As Integer
Dim OldCurr As Integer
```

确定了以上自定义类型和变量后，在编写事件过程代码之前，先确定要编写的通用过程代码，以便在事件过程代码中调用这些通用过程。

(1) 显示当前记录的通用过程 ShowRec

该通用过程的功能是：显示学生信息文件（打开的文件号为 1）的当前记录（记录号为 RecCurr）。这个工作不难完成，只要从文件中读出该记录（读到变量 stu 中），然后把记录各字段的值在相应的文本框中显示即可。还应该注意的是，显示了一条记录后，还要设置各文本框，使其不能修改文本框中的内容。可以调用另一个通用过程 SetText，把各文本框的 Enabled 属性设置成 False。为了使 SetText 更具有通用性，把 False 作为参数传递给通用过程 SetText。通用过程 ShowRec 的代码如下：

```
Private Sub ShowRec()
    Get #1, RecCurr, stu
    txtId.Text = stu.Id : txtName.Text = stu.Name
    txtSex.Text = stu.Sex : txtAge.Text = Str(stu.Age)
    txtNative.Text = stu.Native
    Call SetText(False)
End Sub
```

(2) 设置文本框 Enabled 属性的通用过程 SetText

该通用过程的功能是：把各文本框的 Enabled 属性值设置成参数的值。该通用过程的代码如下：

```
Private Sub SetText(value As Boolean)
    txtId.Enabled = value :  txtName.Enabled = value
    txtSex.Enabled = value : txtAge.Enabled = value
    txtNative.Enabled = value
End Sub
```

(3) 设置文本框为空的通用过程 SetBlank

该通用过程的功能是：把各文本框的 Text 属性值设置为""。该通用过程是为添加一条记录前的准备工作，其通用过程的代码如下：

```
Private Sub SetBlank()
    txtId.Text = "" : txtName.Text = ""
        txtSex.Text = "" : txtAge.Text = ""
    txtNative.Text = ""
End Sub
```

(4) 保存当前记录的通用过程 SaveRec

该通用过程的功能是：把当前编辑的记录保存的学生信息文件中。首先把文本框中的数据保存到学生记录变量 stu 中，然后把学生记录变量 stu 保存到学生信息文件的当前记录（记录号为 RecCurr）中。该通用过程的代码如下：

```
Private Sub SaveRec()
    stu.Id = txtId.Text :    stu.Name = txtName.Text
    stu.Sex = txtSex.Text :  stu.Age = Val(txtAge.Text)
    stu.Native = txtNative.Text
    Put #1, RecCurr, stu
End Sub
```

(5) 设置框架内 2 个命令按钮 Enabled 属性的通用过程 SetSave

该通用过程的功能是：把框架内的两个命令按钮的 Enabled 属性值设置成参数的值。该通用过程的代码如下：

```
Private Sub SetSave(value As Boolean)
    btnSave.Enabled = value
    btnCancel.Enabled = value
End Sub
```

(6) 设置框架外 7 个命令按钮的 Enabled 属性为 False 的通用过程 SetBtnDisable

该通用过程的功能是：把框架外除了 使用说明 按钮外的 7 个按钮的 Enabled 属性设置为 False。该通用过程是为了在添加或修改记录时，使这些命令按钮不响应单击操作。该通用过程的代码如下：

```
Private Sub SetBtnDisable()
    btnAppend.Enabled = False: btnModify.Enabled = False
        btnSearch.Enabled = False
```

```
        btnFirst.Enabled = False: btnPrev.Enabled = False
            btnNext.Enabled = False: btnLast.Enabled = False
    End Sub
```

(7) 根据记录位置和数目情况设置相关命令按钮的通用过程 SetButton

该通用过程的功能是：根据记录总数是否为 0，设置相应按钮的 Enabled 属性。在记录总数不为 0 的情况下，根据当前记录的位置设置相应按钮的 Enabled 属性。该通用过程的目的是：根据记录位置和数目情况设置命令按钮的 Enabled 属性为 False，使这些命令按钮在操作条件不满足的情况下，不响应单击操作。该通用过程的代码如下：

```
Private Sub SetButton()
    btnAppend.Enabled = True
    If (RecAll = 0) Then
        btnModify.Enabled = False: btnSearch.Enabled = False
        btnFirst.Enabled = False: btnPrev.Enabled = False
        btnNext.Enabled = False: btnLast.Enabled = False
    Else
        btnModify.Enabled = True
            btnSearch.Enabled = True
        btnFirst.Enabled = (RecCurr <> 1)
            btnPrev.Enabled = (RecCurr > 1)
        btnNext.Enabled = (RecCurr < RecAll)
            btnLast.Enabled = (RecCurr <> RecAll)
    End If
End Sub
```

(8) 姓名转换函数 NameChange

由于文件保存字符串信息时，是按字节来保存的，而在 VB 6.0 中，字符串是按字符来处理的。对于英文字符，字符和字节是一一对应的，而对于汉字则不是。因此，从文件中读出的姓名，保存到学生记录 stu 中的时候，stu.Name 的末尾会填充 ASCII 码为 0 的字符，这会使姓名的比较无法正确完成，因此需要把这些 ASCII 码为 0 的字符去掉，这就是 NameChange 要做的工作。该通用过程的代码如下：

```
Private Function NameChange(OldName As String) As String
    Dim i As Integer, n As Integer
    n = Len(OldName)
    i = 1
    Do While (i <= n) And (Asc(Mid(OldName, i, 1)) <> 0)
        i = i + 1
    Loop
    NameChange = Left(OldName, i - 1)
End Function
```

以上通用过程代码确定了以后，下面介绍事件过程代码。

(9) 窗体加载的事件过程代码

该事件代码的工作是：以随机方式打开学生信息文件（"D:\案例\Student.dat"），文件号是 1，记录长度是 Len(stu)。然后计算记录总数（把文件的长度 LOF(1)除以记录长度 Len(stu)就是记录总数）。把当前记录号设置为 1。如果记录总数为 0，则调用通用过程 SetBlank，使文本框中显示的信息都为空；否则，调用通用过程 ShowRec 显示当前记录。然后再调用通用过程 SetText（参数为 False）把文本框设置成不能编辑。最后调用通用过程 SetButton，根据记录的位置和数目情况设置相应按钮的 Enabled 属性。事件过程代码如下：

```
Private Sub Form_Load()
    Open "D:\案例\Student.dat" For Random As #1 Len = Len(stu)
    RecAll = LOF(1) / Len(stu)
        RecCurr = 1
    If (RecAll = 0) Then Call SetBlank Else Call ShowRec
    Call SetText(False) :  Call SetButton
End Sub
```

(10)【添加记录】命令按钮 btnAppend 的单击事件过程代码

该事件代码的工作是：保存当前记录号到变量 OldCurr 中（取消添加记录时，再显示以前的记录）。把当前记录号设置成记录总数+1。调用通用过程 SetBlank，使文本框中显示的信息都为空。再调用通用过程 SetText（参数为 True）把文本框设置成可编辑。再调用通用过程 SetSave（参数为 True），使框架内的两个命令按钮能响应单击操作。最后调用通用过程 SetBtnDisable，使相应按钮不响应单击操作。事件过程代码如下：

```
Private Sub btnAppend_Click()
    OldCurr = RecCurr
    RecCurr = RecAll + 1
    Call SetBlank :      Call SetText(True)
    Call SetSave(True) : Call SetBtnDisable
End Sub
```

(11)【修改记录】命令按钮 btnModify 的单击事件过程代码

该事件代码的工作是：调用通用过程 SetText（参数为 True），把文本框设置成可编辑。再调用通用过程 SetSave（参数为 True），使框架内的两个命令按钮能响应单击操作。最后调用通用过程 SetBtnDisable，使相应按钮不响应单击操作。事件过程代码如下：

```
Private Sub btnModify_Click()
    Call SetText(True) :    Call SetSave(True)
    Call SetBtnDisable
End Sub
```

(12)【查找记录】命令按钮 btnModify 的单击事件过程代码

该事件代码的工作是：用 InputBox 输入要查找的学生的姓名，如果姓名不为空，则从学生信息文件中查找该姓名的学生记录，否则什么也不做。查找学生的方法是：逐个读出记录，比较姓名是否相同，如果相同则结束查找，显示找到的记录。如果找不到记录，显示相应的提示信息。需要注意的是，在读出一个学生记录时，调用函数 NameChange，对学生姓名进行转换。事件过程代码如下：

```
Private Sub btnSearch_Click()
    Dim SearchName As String * 8, TrueName As String * 8
    Dim st As Student
    Dim i As Integer

    SearchName = InputBox("请输入要查找学生的姓名", "查找学生记录")
    If (Trim(SearchName) <> "") Then
        For i = 1 To RecAll
            Get #1, i, st
            TrueName = NameChange(st.Name)
            If (SearchName = TrueName) Then Exit For
        Next i
        If (i <= RecAll) Then
            RecCurr = i :     Call ShowRec
            Call SetButton  : Call SetText(False)
        Else
            MsgBox "无姓名为[" & Trim(SearchName) & "]的学生"
        End If
    End If
End Sub
```

(13)【使用帮助】命令按钮 btnHelp 的单击事件过程代码

该事件代码的工作是显示帮助窗口 frmHelp。这个工作比较简单，只要调用 frmHelpd 的 Show 方法即可。为了在进行记录操作时还能够查看帮助信息，因此显示窗口的模式是 vbModeless（0）。另外还要 frmMain 作为 frmHelp 的拥有者，使得程序退出时，也关闭 frmHelp 窗口。事件过程代码如下：

```
Private Sub btnHelp_Click()
    frmHelp.Show vbModeless, frmMain
End Sub
```

(14)【最首记录】命令按钮 btnFirst 的单击事件过程代码

该事件代码的工作是显示第 1 条学生记录。首先把当前记录号设置为 1，然后调用通用过程 ShowRec 显示当前记录。最后调用通用过程 SetButton，根据记录的位置和数目情况设置相应按钮的 Enabled 属性。事件过程代码如下：

```
Private Sub btnFirst_Click()
    RecCurr = 1
    Call ShowRec : Call SetButton
End Sub
```

(15)【上一记录】命令按钮 btnPrev 的单击事件过程代码

该事件代码的工作是显示上 1 条学生记录。首先把当前记录号减 1，然后调用通用过程

ShowRec 显示当前记录。最后调用通用过程 SetButton，根据记录的位置和数目情况设置相应按钮的 Enabled 属性。事件过程代码如下：

```
Private Sub btnPrev_Click()
    RecCurr = RecCurr - 1
    Call ShowRec  :  Call SetButton
End Sub
```

（16）【下一记录】命令按钮 btnNext 的单击事件过程代码

该事件代码的工作是显示下 1 条学生记录。首先把当前记录号加 1，然后调用通用过程 ShowRec 显示当前记录。最后调用通用过程 SetButton，根据记录的位置和数目情况设置相应按钮的 Enabled 属性。事件过程代码如下：

```
Private Sub btnNext_Click()
    RecCurr = RecCurr + 1
    Call ShowRec  :  Call SetButton
End Sub
```

（17）【最尾记录】命令按钮 btnLast 的单击事件过程代码

该事件代码的工作是显示最后 1 条学生记录。首先把当前记录号设置为 RecAll，然后调用通用过程 ShowRec 显示当前记录。最后调用通用过程 SetButton，根据记录的位置和数目情况设置相应按钮的 Enabled 属性。事件过程代码如下：

```
Private Sub btnLast_Click()
    RecCurr = RecAll
    Call ShowRec  :  Call SetButton
End Sub
```

（18）【保存记录】命令按钮 btnSave 的单击事件过程代码

该事件代码的工作是根据情况修改总记录数。调用通用过程 SaveRec，保存所编辑的记录。再调用通用过程 SetSave（参数为 False），使框架内的两个命令按钮不能响应单击操作。再调用通用过程 SetText（参数为 False），把文本框设置成不能编辑。最后调用通用过程 SetButton，根据记录的位置和数目情况设置相应按钮的 Enabled 属性。事件过程代码如下：

```
Private Sub btnSave_Click()
    If (RecCurr = RecAll + 1) Then RecAll = RecAll + 1
    Call SaveRec  :  Call SetSave(False)
    Call SetText(False)  :  Call SetButton
End Sub
```

（19）【取消保存】命令按钮 btnCancel 的单击事件过程代码

该事件代码的工作是取消修改或添加记录操作。首先在文本框中恢复当前学生记录（保存在变量 stu 中）的信息，根据情况（取消的是添加操作）恢复当前记录号。再调用通用过程 SetSave（参数为 False），使框架内的两个命令按钮不能响应单击操作。再调用通用过程 SetText（参数为 False），把文本框设置成不能编辑。最后调用通用过程 SetButton，根据记录的位置和数目情况设置相应按钮的 Enabled 属性。事件过程代码如下：

```
Private Sub btnCancel_Click()
    txtId.Text = stu.Id  :  txtName.Text = stu.Name
```

```
txtSex.Text = stu.Sex  :  txtAge.Text = Str(stu.Age)

txtNative.Text = stu.Native

If (RecCurr = RecAll + 1) Then RecCurr = OldCurr

Call SetSave(False)  :  Call SetText(False)

Call SetButton
```
    End Sub

(20) 窗体的 QueryUnload 事件过程代码

该事件代码的工作是询问用户是否退出系统。类似的工作在第 8 章的案例中已经做过，不再详细介绍了。事件过程代码如下：

```
Private Sub Form_QueryUnload(Cancel As Integer, UnloadMode As Integer)

    Dim Answer As Integer

    Answer = MsgBox("确实要退出学生信息管理系统吗？", vbYesNo, "学生信息管理系统")

    Cancel = (Answer = vbNo)

End Sub
```

下面介绍帮助窗体 frmHelp 的事件过程代码。

(21) 窗体加载的事件过程代码

该事件代码的工作是：把帮助文件（"D:\案例\案例 12\Help.txt"）中的数据逐行读出，添加到帮助文本框 txtHelp 中。为了使文本框中的信息换行，利用 VB 6.0 定义的符号常量 vbCrLf。最后，还要关闭文件。事件过程代码如下：

```
Private Sub Form_Load()

    Dim OneLine As String

    Open "D:\案例\Help.txt" For Input As #2

    Do While Not EOF(2)

        Line Input #2, OneLine

        txtHelp.Text = txtHelp.Text & OneLine & vbCrLf

    Loop

    Close #2

End Sub
```

(22) 【返回】命令按钮 bntReturn 的单击事件过程代码

该事件过程很简单，就是关闭当前窗口。事件过程代码如下：

```
Private Sub bntReturn_Click()

    Hide

End Sub
```

12.2.2 操作步骤

有了以上的案例解析，下面只需要按步骤操作就行了。

操作步骤

(1) 启动 VB 6.0，创建"标准 EXE"工程。

(2) 调整窗体到合适的大小，修改窗体的【(名称)】属性为"frmMain"。

(3) 在窗体上添加 1 个标签（Label1），1 个框架（fraInfor），调整到合适的大小和位置。

(4) 在框架 fraInfor 内添加 5 个标签（Label2～Label6）、5 个文本框（txtId、txtName、txtSex、txtAge、txtNative）和 2 个命令按钮（btnSave、btnCancel），调整到合适的大小和位置。

(5) 在窗体上添加 10 个命令按钮（btnSave、btnCancel、btnAppend、btnModify、btnSearch、btnHelp、btnFirst、btnPrev、btnNext、btnLast），调整到合适的大小和位置。

(6) 按表 12-1 所示设置各对象的属性，设置完后窗体如图 12-10 所示。

表 12-1 对象的属性设置

对　象	属　性	属　性　值
frmMain	Caption	"SIMS Ver 1.0"
Label1	Caption	"学生信息管理系统"
	字体大小	四号
	ForeColor	红色
fraInfor	Caption	"学生信息"
fraColor	Caption	"绘图颜色"
Label2～Label6	Caption	分别为"学号"、"姓名"、"性别"、"年龄"、"籍贯"
txtId、txtName、txtSex、txtAge、txtNative	Text	空
btnSave、btnCancel	Caption	分别为"保存记录"、"取消保存"
btnAppend、btnModify btnSearch	Caption	分别为"添加记录"、"修改记录"、"查找记录"
btnHelp、btnFirst、btnPrev	Caption	分别为"使用说明"、"最首记录""上一记录"
btnNext、btnLast	Caption	分别为"下一记录"、"最尾记录"

(7) 选择【工程】/【添加窗体】命令，弹出【添加窗体】对话框（见图 12-6 所示），在【新建】选项卡中选择【窗体】选项，然后单击 打开(O) 按钮，添加一个窗体。

(8) 调整新添加的窗体到合适的大小，修改窗体的【(名称)】属性为"frmHelp"。

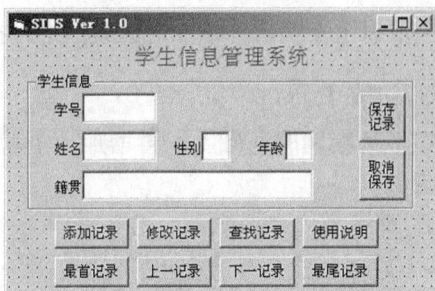

图12-10 设置完对象属性后的主窗体

(9) 在窗体上添加 1 个标签（Label1）、1 个文本框（txtHelp）、1 个命令按钮（btnReturn），调整到合适的大小和位置。

(10) 按表 12-2 所示设置各对象的属性，设置完后窗体如图 12-11 所示。

表 12-2　　　　　　　　　　　　　　对象的属性设置

对　　象	属　　性	属　性　值
frmHelp	Caption	"SIMS Ver 1.0"
Label1	Caption	"《学生信息管理系统》使用说明"
	字体大小	四号
	ForeColor	蓝色
txtHelp	Text	空
	MutiLine	True
	Locked	True
btnReturn	Caption	"返回"

(11) 双击主窗体 frmMain 的空白处，在打开的代码开始处添加自定义类型的语句和定义变量的语句（见案例解析）。

(12) 在代码窗口中添加 8 个通用过程和 12 个事件过程的代码（见案例解析）。

(13) 双击帮助窗体 frmHelp 的空白处，在打开的代码开始处添加 Form_Load 和 bntReturn_Click 事件过程代码（见案例解析）。

(14) 以"案例 12_1.frm"为文件名保存主窗体文件到"D:\案例"文件夹；以"案例 12_2.frm"为文件名保存帮助窗体文件到"D:\案例"文件夹；以"案例 11.vbp"为文件名保存工程文件到"D:\案例"文件夹。

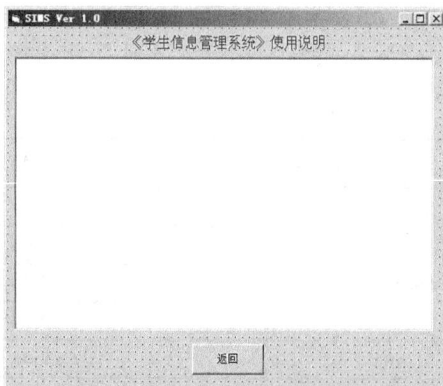

图12-11　设置完对象属性后的帮助窗体

(15) 在"D:\案例"文件夹中建立文本文件"Help.txt"，内容为图 12-4 中所显示的内容。

(16) 单击工具栏上的【启动】按钮 ▶ 运行工程，出现程序窗口（见图 12-1）。

(17) 利用主窗口中的命令按钮，添加一些学生记录，然后浏览、修改或查找记录。

(18) 单击程序窗口中的 ✕ 按钮，结束程序运行。

12.2.3 案例拓展

完成以上案例后，下面对该案例进行拓展。

功能要求

在本章案例的基础上，再增加一个功能，就是在保存学生记录时进行合法性检查，检查项目如下。

- 学号必须都是数字，且不能空。
- 姓名不能少于 2 个字。
- 性别只能为"男"或"女"。
- 年龄只能在 15～25 岁。
- 籍贯不能少于 2 个字。

如果学生记录信息合法，就保存该记录，否则提示错误信息。图 12-12 所示为输入的学生记录信息，图 12-13 所示为检查的结果。

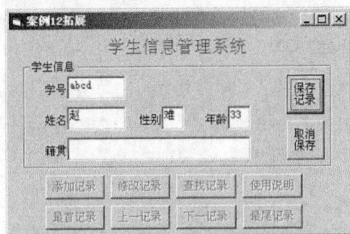

图12-12 错误的学生记录信息

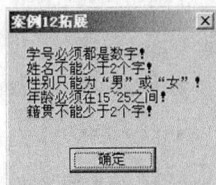

图12-13 提示错误信息对话框

操作提示

界面不做改动，在主窗体的代码编辑器窗口中添加以下 2 个通用过程。

```
Private Function IsDigit(c As String)
    Dim cAsc As Integer
        cAsc = Asc(c)
    IsDigit = (cAsc >= 48 And cAsc <= 57)
End Function
Function RecOk() As Boolean
        Dim ErrMsg As String
    Dim age As Integer
    Dim StudentId As String
    Dim i As Integer, n As Integer
    ErrMsg = ""
    StudentId = Trim(txtId.Text)
    If StudentId = "" Then
        ErrMsg = ErrMsg & "学号不能空!" & vbCrLf
    Else
        n = Len(StudentId)
        For i = 1 To n
            If Not IsDigit(Mid(StudentId, i, 1)) Then Exit For
        Next i
        If (i <= n) Then ErrMsg = ErrMsg & "学号必须都是数字!" & vbCrLf
    End If
    If Len(Trim(txtName.Text)) < 2 Then
        ErrMsg = ErrMsg & "姓名不能少于 2 个字!" & vbCrLf
    End If
    If (txtSex.Text <> "男") And (txtSex.Text <> "女") Then
        ErrMsg = ErrMsg & "性别只能为"男"或"女"!" & vbCrLf
    End If
    age = Val(txtAge.Text)
    If (age < 15) Or (age > 25) Then
        ErrMsg = ErrMsg & "年龄必须在 15～25 岁!" & vbCrLf
    End If
    If (Len(Trim(txtNative.Text)) < 2) Then
```

```
                    ErrMsg = ErrMsg & "籍贯不能少于 2 个字！" & vbCrLf
            End If
            If (ErrMsg <> "") Then
                MsgBox ErrMsg
                RecOk = False
            Else
                RecOk = True
            End If
    End Function
```

修改 btnSave_Click 事件过程代码如下：

```
Private Sub btnSave_Click()
    If RecOk() Then
        If (RecCurr = RecAll + 1) Then RecAll = RecAll + 1
        Call SaveRec
        Call SetSave(False)
        Call SetText(False)
        Call SetButton
    End If
End Sub
```

12.3 知识扩展

在 12.1 节中介绍了本案例所用到的基础知识，以下内容对前面的内容进行扩充，以扩大视野。

VB 6.0 为用户提供了 3 个文件系统控件：驱动器列表控件、文件夹列表控件和文件名列表控件，如图 12-14 所示。这 3 个控件既可以单独使用，也可以组合起来使用。

图12-14 文件控件

12.3.1 驱动器列表控件

驱动器列表控件是一个下拉式的列表框，与一般的下拉式列表框的不同仅在于，它提供了一个驱动器的列表。当单击右边的箭头时，则弹出计算机中的所有驱动器的下拉列表（见图 12-15）。默认状态下，在驱动器列表中显示的是当前驱动器。用户可以输入或从下拉列表中选择有效的驱动器标示符。

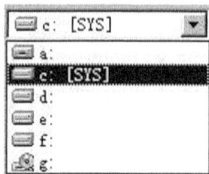

图12-15 驱动器下拉列表

驱动器列表控件除了组合框等一些常用共有属性之外，还有一个重要的 Drive 属性和 Change 事件。

1. Drive 属性

功能：Drive 属性用来设置或返回所选择的驱动器。

说明：Drive 属性的数据类型是字符串类型。用户可以通过设置该属性来改变默认的驱动器。由于 Drive 属性不显示在【属性】窗口，因此只能通过代码来设置，具体语法格式如下：

<文件列表控件名>.Drive＝<驱动器名>

【例12-13】 编写窗体的 Load()事件过程代码，用来设置驱动器列表控件 Drive1 的默认驱动器为 "E:"。

解：事件过程代码如下：

```
Private Sub Form_Load()
    Drive1.Drive="e:"
End Sub
```

2. Change 事件

由于驱动器列表框是一个下拉式的组合框，因此和组合框控件一样，Change 事件是驱动器列表框控件最常用的事件，但它不能响应任何鼠标事件。当驱动器列表框中的所选择的驱动器发生改变时，便会激发该事件。

12.3.2 文件夹列表控件

文件夹列表控件用于显示当前驱动器的目录结构，文件夹列表框从最高层目录开始，显示当前驱动器的目录结构，并以层次缩进的方式展现根目录下的所有子目录。在文件夹列表框中，双击某个文件夹便可以选中该文件夹，并以图标的形式显示该文件夹，表示该文件夹被打开。文件夹列表框控件的常用属性和事件如下。

1. Path 属性

功能：Path 属性用来设置或返回所选择的路径。

说明：Path 属性的数据类型是字符串类型。用户可以通过设置该属性来改变当前驱动器的路径，以显示该文件夹的目录结构。Path 属性也只能在程序的代码中设置，不能通过【属性】窗口设置。

一般在应用程序的设计中，如果用到文件夹列表框控件，则同时要用到驱动器列表控件与之相关联，在驱动器列表控件的 Change 事件中，改变文件夹列表框控件中的 Path 属性，使两者同步。

【例12-14】 编写驱动器列表控件 Drive1 的 Change 事件，当驱动器列表发生变化时，使文件夹列表 Dir1 中显示该驱动器根目录的目录结构。

解：事件过程代码如下：

```
Private Sub Drive1_Change()
    Dir1.Path=Drive1.Drive
End Sub
```

2. Change 事件

Change 是文件夹列表控件最常用事件，文件夹列表框中所选择的文件夹发生变化时才激发 Change 事件。

12.3.3 文件列表控件

文件列表控件用于显示当前路径下的部分或所有文件，常用属性如下。

1. Path 属性

功能：返回或设置列表框中文件的路径。

说明：在用文件名列表控件显示文件列表时，必须先为所显示的文件指定路径，但只能通过在代码中改变 Path 属性值来指定文件的路径。

2. Pattern 属性

功能：返回或设置所要显示文件的类型或特定的文件。

说明：默认值为 "*.*"，表示显示全部的各种类型的文件。设置 Pattern 属性时，必须按文件命名的形式为其赋值，既要给出文件的主文件名，还要给出文件的扩展名，但可以含有通配符 "*" 或 "？"。在设置 Pattern 属性后，文件名列表框中只显示与 Pattern 属性相符的文件。另外，Pattern 属性还可以设置为多个值，但每个值之间必须以分号间隔。

3. FileName 属性

功能：FileName 属性返回文件列表控件中所选择的文件名。

说明：在文件名列表框控件中单击某个文件，该文件被选中。FileName 属性除了返回文件列表控件中被选中的文件之外，还可以用来设置所要显示的文件的类型，但此时的 FileName 属性只能通过代码来设置。例如，如果将 "FileName" 属性设为如下形式：

```
File1.FileName="*.frm"
```

则文件列表控件中只显示扩展名为.frm 的文件。

一般在应用程序的设计中，如果用到文件列表框控件，则同时要用到文件夹列表控件与之相关联，在文件夹列表控件的 Change 事件中，改变文件列表框控件中的 Path 属性，使两者同步。

【例12-15】 编写文件夹列表控件 Dir1 的 Change 事件，在文件夹列表发生变化时，使文件列表控件 File1 中显示该文件夹中的文件。

解：事件过程代码如下：

```
Private Sub Dir1_Change()
    File1.Path = Dir1.Path
End Sub
```

【例12-16】 设计如图 12-16 所示的磁盘文件显示器，先在驱动器列表中选中磁盘名，然后在文件列表框中双击某个文件夹，该文件夹中的所有文件便会显示在文件列表框中。在文件列表框中双击某个文件，用 MsgBox 函数显示该文件的大小。

解：向窗体中添加 1 个驱动器列表控件、1 个文件夹列表控件、1 个文件列表控件，使用默认的名称，按要求调整控件的大小及位置。打开代码编辑器窗口，填写以下事件过程代码：

```
Private Sub Form_Load()
    Drive1.Drive = "D"
End Sub
Private Sub Drive1_Change()
    Dir1.Path = Drive1.Drive
End Sub
Private Sub Dir1_Change()
    File1.Path = Dir1.Path
End Sub
Private Sub File1_DblClick()
    Dim FullName As String, FileSize As Long
    '得到文件的完整路径
    FullName = File1.Path + "\" + File1.FileName
    FileSize = FileLen(FullName)    '获得文件大小
    MsgBox "文件" & FullName & "共有" & FileSize & "字节"
End Sub
```

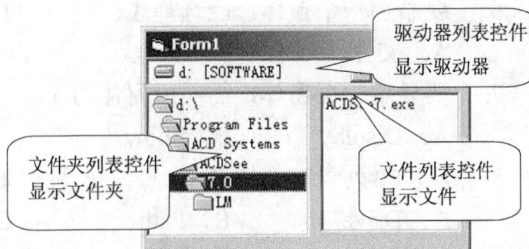

图12-16 用 3 个控件来管理文件

小结

本章围绕案例，首先介绍了实现该案例所用到的基础知识，包括自定义数据类型、文件的基本概念、顺序文件的使用、随机文件的使用、有关文件的函数和多窗体程序设计。然后详细介绍了案例的实现，包括案例解析、操作步骤和案例拓展。最后介绍了一些扩展知识，包括驱动器列表控件、文件夹列表控件和文件列表控件。

习题

一、选择题

1. 如果变量 x 是一个自定义类型的变量，则该变量所占的存储空间是（　　　　）。

　　A. Len(x)　　　　　B. LenOf(x)　　　　C. Size(x)　　　　D. SizeOf(x)

2. 打开顺序文件时，默认的缓冲区的大小是（　　　）字节。

　　A. 128　　　　　　B. 256　　　　　　C. 512　　　　　　D. 1024

3. 用（　　　　）函数判断文件的指针是否指到文件的末尾。

　　A. Eof　　　　　　B. Foe　　　　　　C. Bof　　　　　　D. Fob

4. 在语句"Open "File.dat" For Random AS #1 Len = 64"中，"Len = 64"表示（　　　）的大小。

　　A. 缓冲区　　　　B. 记录　　　　　C. 文件　　　　　D. 磁盘

5. 函数 FreeFile(1)返回一个（　　　）的尚未使用的文件号。

　　A. 1～255　　　　B. 1～256　　　　C. 255～511　　　D. 255～512

6. 要添加一个窗体，应选择【（　　　　）】/【添加窗体】命令（　　　　）。

    A．文件　　　　　　B．工程　　　　　　C．窗体　　　　　　D．编辑

7. 要显示一个窗体，需要用窗体的（　　　　）方法。

    A．Display　　　　B．Show　　　　　C．Open　　　　　D．Run

8. 驱动器列表控件的（　　　　）属性用来设置或返回所选择的驱动器。

    A．Drive　　　　　B．Path　　　　　C．Dir　　　　　D．FileName

9. 文件夹列表控件的（　　　　）属性用来设置或返回所选择的路径。

    A．Drive　　　　　B．Path　　　　　C．Dir　　　　　D．FileName

10. 文件夹表控件的（　　　　）属性用来设置或返回所选择的文件。

    A．Drive　　　　　B．Path　　　　　C．Dir　　　　　D．FileName

二、填空题

1. 在窗体模块中要定义一个类型，其访问权限必须是_____。

2. 在 VB 6.0 中，根据文件中数据的存取方式不同，文件可分为_____和_____文件。根据文件中所存储的数据的类型不同，文件可分为_____和_____文件。

3. 在 VB 6.0 中，关闭文件的语句是_____，打开文件的语句是_____。

4. 用 Write 语句往顺序文件中写入数据时，文件中两个数据项之间用_____间隔，字符串数据两边都加_____。

5. 从随机文件中读取记录应该用_____语句，往随机文件中写入数据应该用_____语句。

6. 用_____函数和_____函数都可获得文件的长度，但前者需要打开文件，而后者则不需要。

7. 当驱动器列表框中所选择的驱动器发生改变时，会激发_____事件。

三、上机练习

设计一个程序，程序运行时，出现如图 12-17 所示的窗口。

该程序的功能如下。

- 学生成绩记录在"Score.dat"文件中，如果该文件中有学生信息的记录，程序启动后，在【学生信息】框架中相应的文本框中显示第 1 个学生的记录信息（见图 12-17），否则，在【学生信息】框架的相应的文本框中显示空信息。

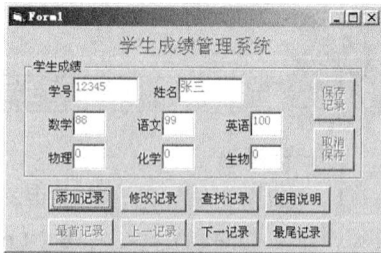

图12-17　程序运行后的窗口

- 通过单击 添加记录 、 修改记录 、 查找记录 按钮，实现学生成绩记录的添加、修改和查找工作。

- 通过单击 最首记录 、 上一记录 、 下一记录 、 最尾记录 按钮，实现学生成绩记录的浏览工作。

- 在添加记录或修改记录的过程中，单击 保存记录 按钮，保存所添加或修改的记录；单击 取消保存 按钮，取消添加或修改的记录。

- 单击 使用说明 按钮，打开一个窗口，窗口中显示"help.txt"文件信息（类似图 12-4）。在窗口中单击 返回 按钮，关闭使用说明窗口。